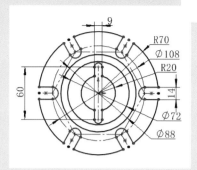

拨叉草图

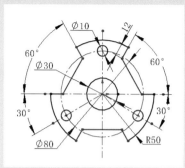

连接片截面草图

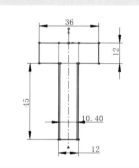

角铁草图

螺栓草图

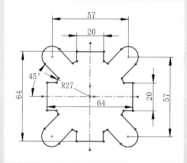

气缸体截面草图

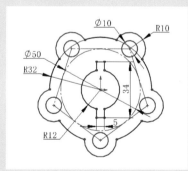

压片

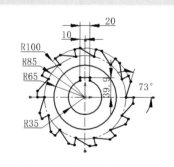

棘轮

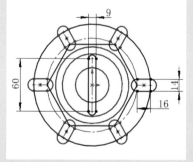

槽口尺寸

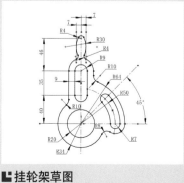

挂轮架草图

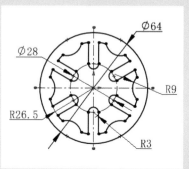

间歇轮截面草图

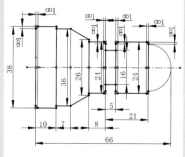

球头轴草图

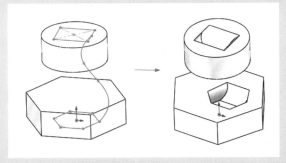

多实体边界切除效果

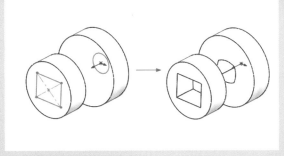

多实体放样切除效果

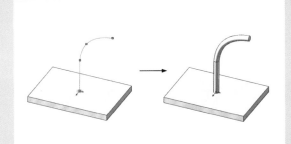

由扫描特征形成的零件

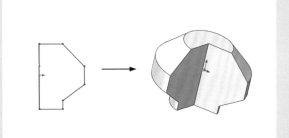

由旋转特征形成的零件

安装板

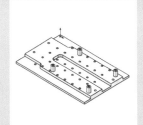

承重台

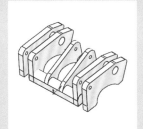

铲斗支撑架

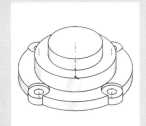

壳体底座

凉水壶

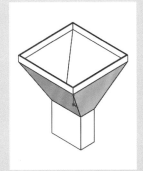

料斗

桨叶

电容

杯子

杯托

茶壶

宠物盆

装饰帽

花瓶

吹风机

熨斗

花盆

壶铃

油烟机罩

链轮

保持架

导流盖

垫片

法兰盘

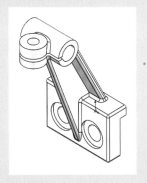

托架

锁紧轴座

移动轮装配体

轴盖

手压阀阀体

异形弯管

轴座

支撑轴组件装配

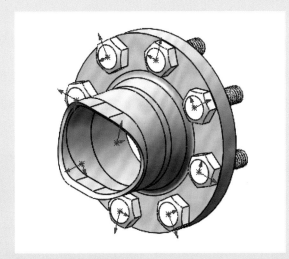

法兰上螺栓的装配

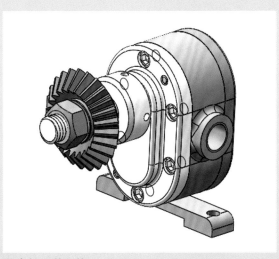

齿轮泵装配体

CAD/CAM/CAE/EDA 微视频讲解大系

中文版 SOLIDWORKS

零件与装配体设计从入门到精通

（实战案例版）

577 分钟同步微视频讲解　175 个实例案例分析

☑草图绘制　☑草图编辑　☑零件建模　☑凸台特征　☑孔特征　☑简单放置特征

☑复杂放置特征　☑特征编辑　☑装配体设计

天工在线　编著

中国水利水电出版社
www.waterpub.com.cn
·北京·

内 容 提 要

SOLIDWORKS 是世界上第一个基于 Windows 开发的三维 CAD 系统，是一个以设计功能为主的 CAD、CAM、CAE、EDA 软件。它采用直观、一体化的三维开发环境，涵盖产品开发流程的各个环节，如零件设计、钣金设计、装配体设计、工程图设计、仿真分析、产品数据管理和技术沟通等，提供了将创意转化为上市产品所需的多种资源。

《中文版 SOLIDWORKS 零件与装配体设计从入门到精通（实战案例版）》既是一本详细介绍 SOLIDWORKS 零件与装配体设计使用方法和操作技巧的图文教程，也是一本视频案例教程。全书共 11 章，包括 SOLIDWORKS 2024 概述、草图绘制、草图编辑、凸台/基体特征、草绘切除特征、孔特征、简单放置特征、复杂放置特征、特征的复制、零件特征编辑和装配体设计等。本书中的每个重要知识点均配有实例讲解，这样既可以提高读者的动手能力，又能让读者深入理解知识点。读者可根据前言中"关于本书服务"所述方法获取下载链接。

本书配备了 120 集（577 分钟）同步微视频、175 个实例案例分析及配套的实例素材源文件，还附赠了大量相关案例的学习视频和练习资料（如 290 集 SOLIDWORKS 教学视频及源文件）。

本书适合 SOLIDWORKS 入门或者需要系统学习 SOLIDWORKS 的读者阅读使用。本书基于 SOLIDWORKS 2024 版本编写，使用 SOLIDWORKS 2022、SOLIDWORKS 2020、SOLIDWORKS 2018 等较低版本的读者也可以参考学习。

图书在版编目（CIP）数据

中文版SOLIDWORKS零件与装配体设计从入门到精通 ：
实战案例版 / 天工在线编著. -- 北京 ：中国水利水电
出版社, 2025. 3. -- (CAD/CAM/CAE/EDA微视频讲解大
系). -- ISBN 978-7-5226-3068-7

I. TH13-39

中国国家版本馆CIP数据核字第2025FV7547号

丛 书 名	CAD/CAM/CAE/EDA 微视频讲解大系	
书 名	中文版 SOLIDWORKS 零件与装配体设计从入门到精通（实战案例版） ZHONGWENBAN SOLIDWORKS LINGJIAN YU ZHUANGPEITI SHEJI CONG RUMEN DAO JINGTONG	
作 者	天工在线 编著	
出版发行	中国水利水电出版社 （北京市海淀区玉渊潭南路 1 号 D 座 100038） 网址：www.waterpub.com.cn E-mail：zhiboshangshu@163.com 电话：（010）62572966-2205/2266/2201（营销中心）	
经 售	北京科水图书销售有限公司 电话：（010）68545874、63202643 全国各地新华书店和相关出版物销售网点	
排 版	北京智博尚书文化传媒有限公司	
印 刷	河北文福旺印刷有限公司	
规 格	190mm×235mm 16 开本 26.5 印张 654 千字 2 插页	
版 次	2025 年 3 月第 1 版 2025 年 3 月第 1 次印刷	
印 数	0001—2500 册	
定 价	99.80 元	

前　言
Preface

SOLIDWORKS 是世界上第一个基于 Windows 开发的三维 CAD 系统，是一个以设计功能为主的 CAD、CAM、CAE、EDA 软件。它采用直观、一体化的三维开发环境，涵盖产品开发流程的各个环节，如零件设计、钣金设计、装配体设计、工程图设计、仿真分析、产品数据管理和技术沟通等，提供了将创意转化为上市产品所需的多种资源。

SOLIDWORKS 因具有功能强大、易学易用和技术不断创新等特点，已成为市场上领先的、主流的三维 CAD 解决方案。其应用涉及平面工程制图、三维造型、求逆运算、加工制造、工业标准交互传输、模拟加工过程、电缆布线和电子线路等领域。

一、本书特点

本书详细介绍了 SOLIDWORKS 零件与装配体设计的方法和技巧，包括 SOLIDWORKS 2024 概述、草图绘制、草图编辑、凸台/基体特征、草绘切除特征、孔特征、简单放置特征、复杂放置特征、特征的复制、零件特征编辑和装配体设计等知识。

❧ **体验好，随时随地学习**

二维码扫一扫，随时随地看视频。本书中的重点基础知识和实例都提供了视频资源，读者可以通过手机扫一扫书中的二维码，随时随地观看相关的教学视频。

❧ **实例多，用实例学习更高效**

实例丰富详尽，边做边学更快捷。跟着大量实例去学习，边学边做，从做中学，可以使学习更深入、更高效。

❧ **入门易，全面为初学者着想**

遵循学习规律，入门与实战相结合。本书采用"基础知识+实例"的编写模式，内容由浅入深，循序渐进，将基础知识与实战操作相结合。

❧ **服务快，学习无后顾之忧**

提供在线服务，随时随地可交流。本书提供公众号、QQ 群等多渠道贴心服务。

二、本书配套资源

为了方便读者学习，本书提供了极为丰富的学习资源。

↘ 配套资源

（1）为了方便读者学习，本书中的重点基础知识和实例均录制了视频讲解文件，共 120 集（可扫描二维码直接观看或通过下述方法下载后观看）。

（2）用实例学习更专业，本书包含 175 个中小实例（素材和源文件可通过下述方法下载后参考和使用）。

↘ 拓展学习资源

赠送 290 集 SOLIDWORKS 教学视频及源文件，包含知识拓展和案例详解，可以拓展视野，提升实战能力。

三、关于本书服务

↘ "SOLIDWORKS 简体中文版"安装软件的获取

本书中的各类操作都需要事先在计算机中安装 SOLIDWORKS 软件。读者可以登录官方网站或在网上商城购买正版软件，也可以通过网络搜索或在相关学习群中咨询软件获取方式。

说明：本书插图是在软件中文界面下截取，其中有些菜单、命令或选项名称可能与习惯称呼略有不同，请以正文表述为准，特此说明。

↘ 本书资源下载及在线交流服务

（1）扫描下面的微信公众号二维码，关注后输入 SD30687 并发送到公众号后台，即可获取本书资源下载链接。将该链接复制到计算机浏览器的地址栏中，按 Enter 键后进入资源下载页面，根据提示下载即可。

（2）推荐加入 QQ 群：793608610（若此群已满，请根据提示加入相应的群），读者可在 QQ 群中进行在线交流学习，作者会不定时在线答疑解惑。

四、关于作者

本书由天工在线组织编写。天工在线是一个专注于 CAD/CAM/CAE/EDA 技术研讨、工程开发、培训咨询和图书创作的工程技术人员协作联盟，包含 40 多位专职和众多兼职 CAD/CAM/CAE/EDA 工程技术专家。其创作的很多教材已成为国内具有引导性的旗帜作品，在国内相关专业方向图书领域具有举足轻重的地位。

五、致谢

本书能够顺利出版，是作者、编辑和所有审校人员共同努力的结果，在此表示深深的感谢。同时，祝福所有读者在通往优秀工程师的道路上一帆风顺。

编　者

目　　录

Contents

第 1 章　SOLIDWORKS 2024 概述

内容简介

本章将对 SOLIDWORKS 软件的概况进行简要介绍，包括初识 SOLIDWORKS 2024、SOLIDWORKS 2024 用户界面、设置系统属性和模型显示等，主要是为后面绘图操作打下基础。

内容要点

➢ 初识 SOLIDWORKS 2024
➢ SOLIDWORKS 2024 用户界面
➢ 设置系统属性
➢ 模型显示
➢ 参考几何体

案例效果

1.1　初识 SOLIDWORKS 2024

相比之前版本的 SOLIDWORKS，SOLIDWORKS 2024 在创新性、使用的方便性及界面的人性化等方面都得到了提高，性能和质量有了大幅度的提升，尤其是新增的一些设计功能，更是使产品开发流程发生了根本性的变革——支持全球性的协作和连接，大大拓展了项目之间的合作。

SOLIDWORKS 2024 在用户界面、草图绘制、特征、成本、零件、装配体、SOLIDWORKS Workgroup PDM、Simulation、运动算例、工程图、出详图、钣金设计、输出和输入及网络协同等方面都得到了增强，用户可以更方便地使用该软件。本节将介绍 SOLIDWORKS 2024 的一些基础知识。

1.1.1　启动 SOLIDWORKS 2024

SOLIDWORKS 2024 安装完成后，就可以启动该软件了。在 Windows 10 操作环境下，选择菜单栏中的"开始"→"所有程序"→SOLIDWORKS 2024→SOLIDWORKS 2024 x64 Edition 命令或者双击桌面上的 SOLIDWORKS 2024 x64 Edition 快捷方式 ，就可以启动该软件。图 1.1 所示为 SOLIDWORKS 2024 的启动画面。

该启动画面消失后，系统进入 SOLIDWORKS 2024 初始界面。该初始界面中只有菜单栏和标准工具栏，如图 1.2 所示。

图 1.1　SOLIDWORKS 2024 的启动画面

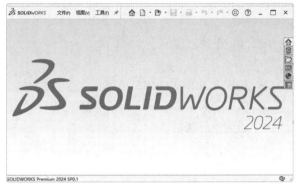

图 1.2　SOLIDWORKS 2024 初始界面

1.1.2　新建文件

本小节创建新的 SOLIDWORKS 文件。

【执行方式】

➢ 工具栏：单击"快速访问"/"标准"工具栏中的"新建"按钮 。
➢ 菜单栏：选择菜单栏中的"文件"→"新建"命令。

【选项说明】

执行上述操作，系统弹出图 1.3 所示的"新建 SOLIDWORKS 文件"对话框。该对话框中包含三种模板。

（1） （零件）：选择该模板，可以生成单一的三维零部件文件。

（2） （装配体）：选择该模板，可以生成零件或其他装配体的排列文件。

（3） （工程图）：选择该模板，可以生成属于零件或装配体的二维工程图文件。

选择" （零件）"模板，单击"确定"按钮，进入完整的用户界面。

在 SOLIDWORKS 2024 中，"新建 SOLIDWORKS 文件"对话框中有两个版本可供选择：一个是新手版本；另一个是高级版本。

单击图 1.3 中的"高级"按钮就会进入高级版本显示模式，如图 1.4 所示。当用户选择某一文件类型时，模板预览出现在预览框中。在该版本中，用户可以添加自己的选项卡并保存模板文件，也可以选择 Tutorial 选项卡来访问指导教程模板。

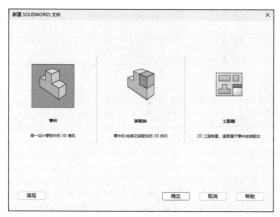

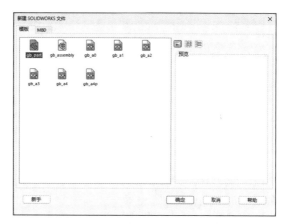

图 1.3 "新建 SOLIDWORKS 文件"对话框　　图 1.4 "新建 SOLIDWORKS 文件"对话框高级版本

1.1.3　打开文件

打开已存储的文件，对其进行相应的编辑。

【执行方式】

➢ 工具栏：单击"快速访问"/"标准"工具栏中的"打开"按钮 📂。
➢ 菜单栏：选择菜单栏中的"文件"→"打开"命令。

【选项说明】

执行上述操作，系统弹出图 1.5 所示的"打开"对话框。该对话框中部分选项的含义如下。

（1）文件类型："文件类型"下拉列表用于选择文件的类型，除了可以选择 SOLIDWORKS 自有的文件类型（如*.sldprt、*.sldasm 和*.slddrw）外，还可以选择其他文件类型（SOLIDWORKS 软件还可以调用其他软件所生成的图形并对其进行编辑），图 1.6 所示为 SOLIDWORKS 的文件类型。选择不同的文件类型，将在该对话框中显示所选文件夹中对应文件类型的文件。

（2）显示预览窗格 ■：单击该按钮，所选择的文件就会显示在右侧的"预览"窗口中，但是并不打开该文件。

（3）快速过滤器：单击任意组合的快速过滤选项，查看文件类型。

1）🗄：过滤零件（*.prt、*.sldprt）。

2）🗄：过滤装配体（*.asm、*.sldasm）。

3）🗄：过滤工程图（*.drw、*.slddrw）。

4）🗄：过滤顶层装配体（*.asm、*.sldasm）。仅显示顶层装配体，而不显示子装配体。如果文件夹中有大量文件或文件名称很长，可能需要若干秒时间。如果要取消，则按 Esc 键。

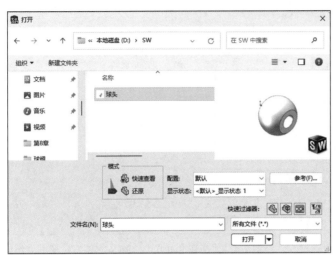

图 1.5   "打开"对话框   图 1.6   "文件类型"下拉列表

1.1.4　保存文件

只有将设计完成的文件保存起来，用户才能在需要时打开该文件，并对其进行相应的编辑。SOLIDWORKS 提供了三种保存文件的命令：保存、另存为和保存所有。

【执行方式】

> 工具栏：单击"快速访问"／"标准"工具栏中的"保存"按钮💾、"另存为"按钮📥或"保存所有"按钮📑。
> 菜单栏：选择菜单栏中的"文件"→"保存""另存为""保存所有"命令。

【选项说明】

执行上述操作，系统弹出图 1.7 所示的"另存为"对话框。该对话框中部分选项的含义如下。

（1）保存类型：在"保存类型"下拉列表中，除了可以选择 SOLIDWORKS 自有的文件类型（如*.sldprt、*.sldasm 和*.slddrw）外，还可以选择其他类型。也就是说，SOLIDWORKS 不但可以把文件保存为自有类型，还可以保存为其他类型，以方便其他软件对其调用并进行编辑，如图 1.8 所示。"保存类型"下拉列表用于选择文件的保存类型。在不同的工作模式下，通常系统会自动设置文件的保存类型。

（2）"文件名"下拉列表用于输入或选择要保存的文件名称。

在图 1.7 中，可以在将文件保存的同时保存一份备份文件。保存备份文件需要预先设置要保存到的文件目录。选择菜单栏中的"工具"→"选项"命令，系统弹出"系统选项"对话框，在"系统选项"选项卡中选择左侧树形列表中的"备份/恢复"选项，勾选"每个文档的备份数"复选框，在"备份文件夹"文本框中可以修改保存备份文件的目录，如图 1.9 所示。

图 1.7 "另存为"对话框   图 1.8 "保存类型"下拉列表

图 1.9 "系统选项(S)-备份/恢复"对话框

1.1.5 退出 SOLIDWORKS 2024

在文件编辑并保存完成后,就可以退出 SOLIDWORKS 2024 了。选择菜单栏中的"文件"→"退出"命令,或者单击操作界面右上角的"关闭"按钮✕,即可直接退出。

　　如果对文件进行了编辑而没有保存文件，或者在操作过程中不小心执行了"退出"命令，则系统会弹出 SOLIDWORKS 对话框，如图 1.10 所示。如果要保存修改过的文档，则选择"全部保存"选项，系统会保存修改后的文件，并退出 SOLIDWORKS；如果不保存对文件的修改，则选择"不保存"选项，系统不保存修改后的文件，并退出 SOLIDWORKS；单击"取消"按钮，则取消退出操作，回到原来的操作界面。

图 1.10　SOLIDWORKS 对话框

扫一扫，看视频

动手学——文本另存为

本例打开图 1.11 所示的球头，并对其进行另存。

【操作步骤】

（1）打开文件。单击"快速访问"工具栏中的"打开"按钮，系统弹出"打开"对话框，选择"球头"文件，单击"打开"按钮，如图 1.11 所示。

（2）编辑特征。在 FeatureManager 设计树中选择"旋转 1"特征，右击，在弹出的快捷菜单中单击"编辑特征"按钮，如图 1.12 所示。系统弹出"旋转 1"属性管理器，修改旋转角度为 270 度，如图 1.13 所示。单击"确定"按钮，结果如图 1.14 所示。

（3）另存文件。选择菜单栏中的"文件"→"另存为"命令，系统弹出"另存为"对话框。输入文件名称为"部分旋转球头"，文件类型采用默认，单击"保存"按钮，文件另存完成。

图 1.11　球头

图 1.12　快捷菜单

图 1.13　修改参数

图 1.14　修改结果

1.2　SOLIDWORKS 2024 用户界面

新建一个零件文件后，进入完整的 SOLIDWORKS 2024 用户界面，如图 1.15 所示。

📢 提示：

　　装配体文件和工程图文件与零件文件的用户界面类似，在此不再一一罗列。

　　图 1.15 所示的用户界面主要由菜单栏、"快速访问"工具栏、标题栏、选项卡、工具栏、状态栏、FeatureManager 设计树、任务窗格以及绘图区等九部分组成。其中，菜单栏中包含了所有的 SOLIDWORKS 命令；工具栏可根据文件类型（零件、装配体或工程图）来调整、放置并设定其显示状态；位于底部的状态栏可以为设计师提供正在执行的功能的有关信息。下面介绍该用户界面中的一些基本功能。

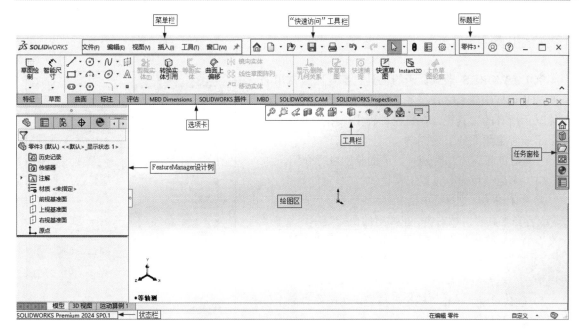

图 1.15　SOLIDWORKS 2024 用户界面

1.2.1　标题栏

标题栏用于显示文件的名称。

1.2.2　菜单栏

默认情况下，菜单栏是隐藏的，其位置只显示了一个 ▶ 按钮，如图 1.16 所示。

图 1.16　默认菜单栏

要显示菜单栏，需要将光标移动到 SOLIDWORKS 徽标 $\mathcal{DS}$ **SOLIDWORKS** 上或单击它，如图 1.17 所示。若要始终保持菜单栏可见，需要将"图钉"按钮 ➤ 更改为钉住状态 ✖。菜单栏中包括"文件""编辑""视图""插入""工具""窗口"6 个菜单项，单击任一菜单项，即可打开相应的下拉菜单。其中最关键的功能集中在"插入"与"工具"菜单中。

图 1.17　菜单栏

在不同的工作环境下，菜单项及其相应的菜单命令会有所不同。在以后的应用中会发现，在进行某些操作时，不起作用的菜单命令会临时变灰，此时将无法应用该命令。

1.2.3　工具栏

SOLIDWORKS 默认显示的工具栏都是比较常用的。其实 SOLIDWORKS 中有很多工具栏,但由于绘图区有限,不能显示所有的工具栏。在建模过程中,用户可以根据需要显示或者隐藏部分工具栏。

工具栏的设置方法有两种,下面分别进行介绍。

（1）利用菜单命令设置工具栏。

1）执行命令。选择菜单栏中的"工具"→"自定义"命令,或者在工具栏区域右击,在弹出的快捷菜单中选择"自定义"命令,弹出如图 1.18 所示的"自定义"对话框。

2）设置工具栏。选择"工具栏"选项卡,在左侧的列表框中会列出系统所有的工具栏,从中勾选需要的工具栏。

3）确认设置。单击"确定"按钮,在操作界面上便会显示所选工具栏。

图 1.18　"自定义"对话框

如果要隐藏已经显示的工具栏,单击已经勾选的工具栏,则取消勾选,然后单击"确定"按钮,此时在操作界面中便会隐藏取消勾选的工具栏。

（2）利用鼠标右键设置工具栏。

1）执行命令。在工具栏区域右击,弹出用于设置工具栏的快捷菜单,如图 1.19 所示。

图 1.19　工具栏快捷菜单

2）设置工具栏。单击需要的工具栏,该工具栏名称前面出现复选框 ✓ ,在操作界面上便会显示所选工具栏。

如果单击已经显示的工具栏，则该工具栏前面复选框消失，操作界面中便会隐藏所选工具栏。

另外，隐藏工具栏还有一种简便的方法，即将界面中不需要的工具栏用鼠标将其拖到绘图区中，此时工具栏中会出现标题栏。图 1.20 所示是拖到绘图区中的"注解"工具栏，然后单击标题栏右上角的"关闭"按钮 ×，操作界面中便会隐藏该工具栏。

图 1.20　"注解"工具栏

（3）设置工具栏命令按钮。

系统默认显示的工具栏中的命令按钮有时无法满足需要，用户可以根据需要添加或者删除命令按钮。

1）选择"命令"选项卡，如图 1.21 所示。

2）在"工具栏"列表框中选择命令所在的工具栏，在"按钮"列表框中便会列出该工具栏中所有的命令按钮。

3）在"按钮"列表框中单击选择要添加的命令按钮，然后按住鼠标左键将其拖动到要放置的工具栏中，最后松开鼠标。

4）确认添加的命令按钮。单击"确定"按钮，则工具栏中便会显示添加的命令按钮。

如果要删除无用的命令按钮，只需在"自定义"对话框中选择"命令"选项卡，在左侧的"工具栏"列表框中选择命令所在的工具栏，然后在右侧的"按钮"列表框中单击选择要删除的命令按钮，按住鼠标左键将其拖动到绘图区，就可以在工具栏中删除该命令按钮。

图 1.21　选择"命令"选项卡

例如，在"草图"工具栏中添加"椭圆"命令按钮的操作如下。首先选择菜单栏中的"工具"→"自定义"命令，打开"自定义"对话框；然后选择"命令"选项卡，在左侧"工具栏"列表框中选择"草图"工具栏，在右侧"按钮"列表框中单击选择"3 点圆弧"命令按钮 ⌒，按住鼠标左键将其拖到"草图"工具栏中合适的位置后松开鼠标，该命令按钮就被添加到"草图"工具栏中，如图 1.22 所示。

（a）添加命令按钮前

（b）添加命令按钮后

图 1.22　添加命令按钮

◁🔊 **注意：**

> 在工具栏中添加或删除命令按钮时，对工具栏的设置会应用到当前激活的 SOLIDWORKS 文件类型中。

1.2.4　选项卡

选项卡可以将工具栏按钮集中起来使用，从而为绘图区节省空间。默认情况下，打开文档时将启用并展开选项卡。如果选项卡未出现，则可以从"自定义"对话框中选择"工具栏"选项卡，勾选"激活 CommandManager"复选框，如图 1.23 所示。也可以在菜单栏、"快速访问"工具栏、标题栏等位置右击，在弹出的快捷菜单中勾选"启用 CommandManager"复选框，如图 1.24 所示。

图 1.23　"自定义"对话框

图 1.24　快捷菜单

如果要切换按钮的说明和大小，则可以从"自定义"对话框中勾选"使用带有文本的大按钮"复选框，也可以在菜单栏、"快速访问"工具栏、标题栏等位置右击，在弹出的快捷菜单中勾选"使用带有文本的大按钮"复选框。

如果要显示或隐藏选项卡，则可以在选项卡、菜单栏、"快速访问"工具栏、标题栏等位置右击，在弹出的快捷菜单中选择"选项卡"命令，打开"选项卡"子菜单，如图 1.25 所示。勾选需要的选项卡，该选项卡即可显示，取消勾选则隐藏。

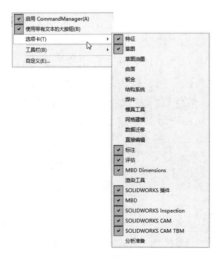

图 1.25　选项卡下拉列表

设置选项卡中的命令按钮与设置工具栏中的命令按钮相似，这里不再赘述。

1.2.5　"快速访问"工具栏

用户可以自定义"快速访问"工具栏中显示的工具按钮，设置方法与在"自定义"对话框中自定义其他工具栏相同，不能关闭"快速访问"工具栏。

同其他标准的 Windows 程序一样，"快速访问"工具栏中的工具按钮可用于对文件执行最基本的操作，如"新建""打开""保存""打印"等。其中，"重建模型"工具为 SOLIDWORKS 所特有：单击该按钮，可以根据所进行的更改重建模型。

单击"快速访问"工具栏中的下拉按钮，在弹出的下拉列表中选择相应的命令，可以执行相应的附加功能。例如，单击"保存"右侧的下拉按钮，在弹出的下拉列表中包括"保存""另存为""保存所有"三种命令，如图 1.26 所示。

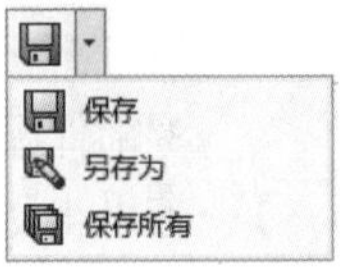

图 1.26　下拉菜单

1.2.6　状态栏

状态栏位于用户界面的底部，为用户提供了当前正在绘图区中编辑的内容名称，以及鼠标指针位置坐标、草图状态等信息。

在编辑草图的过程中，状态栏中会出现五种状态，即完全定义、过定义、欠定义、没有找到解、发现无效的解。在零件设计完成之前，最好应该完全定义草图，图 1.27 所示为草图欠定义的状态栏状态。

距离: 66.64mm　dX: -66.64mm　dY: 0mm　dZ: 0mm　欠定义　　在编辑 草图1

图 1.27　草图欠定义的状态栏状态

1.2.7　FeatureManager 设计树

FeatureManager 设计树位于用户界面的左侧，其中提供了激活的零件、装配体或工程图的大纲视图，用户可以很方便地在 FeatureManager 设计树中查看模型或装配体的构造情况，或者查看工程图中的不同图纸和视图。

FeatureManager 设计树和绘图区是动态链接的，用户在使用时可以在任何窗格中选择特征、草图、工程视图和构造几何线。FeatureManager 设计树用于组织和记录模型中各个要素的参数信息、要素之间的相互关系，以及模型、特征和零件之间的约束关系等，几乎包含了所有设计信息。FeatureManager 设计树如图 1.28 所示。

FeatureManager 设计树的主要功能如下。

➢ 以名称来选择模型中的项目，即可以通过在模型中选择其名称来选择特征、草图、基准面及基准轴。在这方面，SOLIDWORKS 有很多功能与 Windows 操作界面类似。例如，在选择项目的同时按住 Shift 键，可以选取多个连续项目；在选择项目的同时按住 Ctrl 键，可以选取多个非连续项目。

➢ 确认和更改特征的生成顺序。在 FeatureManager 设计树中通过拖动项目可以重新调整特征的生成顺序，这将更改重建模型时特征重建的顺序。

➢ 双击特征的名称可以显示特征的尺寸。

➢ 如果要更改项目的名称，则可以在名称上单击两次以选择该名称，然后输入新的名称，如图 1.29 所示。

➢ 压缩和解压缩零件特征和装配体零部件，在装配零件时是很常用的。同样地，如果要选择多个特征，则可以在选择特征时按住 Ctrl 键。

➢ 右击 FeatureManager 设计树中的特征，然后选择父子关系，即可快速查看父子关系。

➢ 右击 FeatureManager 设计树还可以显示如下项目：特征说明、零部件说明、零部件配置名称、零部件配置说明等。

➢ 可以将文件夹添加到 FeatureManager 设计树中。

图 1.28 FeatureManager 设计树

图 1.29 在 FeatureManager 设计树中
更改项目名称

掌握如何对 FeatureManager 设计树进行操作是熟练应用 SOLIDWORKS 的基础，也是其重点所在。由于其内容丰富、功能强大，在此就不一一列举了，在后面章节中应用时会详细讲解。只有在学习的过程中熟练应用 FeatureManager 设计树的功能，才能加快建模的速度和效率。

1.2.8　绘图区

绘图区是进行零件设计、工程图制作、装配的主要操作窗口。后面章节中提到的草图绘制、零件装配、工程图的绘制等操作，均是在这个区域中完成的。

1.2.9　任务窗格

用户可以通过任务窗格访问 SOLIDWORKS 资源、可重用设计元素库、可拖到工程图图纸上的视图以及其他有用项目和信息。

1. 控制任务窗格的显示状态

（1）显示或隐藏任务窗格。

1）选择菜单栏中的"视图"→"用户界面"→"任务窗格"命令。

2）在绘图区以上或以下的边界中右击，然后选择或清除"任务窗格"。

（2）扩展任务窗格的大小：单击任务窗格标签，即可弹出扩大的任务窗格。

（3）折叠任务窗格：单击绘图区或 FeatureManager 设计树，即可折叠任务窗格。如果任务窗格被固定，则不会折叠。

（4）固定或取消固定任务窗格。

1）单击标题栏中的"自动显示"按钮 ➡，即可固定任务窗格。

2）单击标题栏中的"自动显示"按钮 ⚲，即可取消固定任务窗格。

（5）浮动或对接任务窗格。

1）如果要浮动任务窗格，可以通过标题栏将之拖动到绘图区中。

2）当任务窗格浮动时，如果要对接任务窗格，可以单击标题栏中的"停放任务窗格"按钮 ⏭。

（6）调整任务窗格的大小：拖动未对接的任意边框。

2．自定义任务窗格选项卡

用户可以重新排序、显示或隐藏任务窗格中的选项卡，还可以指定打开任务窗格时要打开的默认选项卡。

自定义任务窗格的步骤如下。

（1）右击任何任务窗格选项卡或任务窗格的标题，在弹出的快捷菜单中选择"自定义"命令，系统弹出"自定义任务窗格选项卡"对话框，如图 1.30 所示。

（2）在"自定义任务窗格选项卡"对话框中，可以执行以下操作。

1）勾选或取消勾选相应的复选框，即可显示或隐藏任务窗格选项卡。

2）重新排序，拖动选项卡标题。

3）指定默认选项卡，在默认情况下，单击相应的按钮。

（3）单击绘图区中的任何位置以关闭"自定义任务窗格选项卡"对话框。

图 1.30　"自定义任务窗格选项卡"
对话框

以上设置完成后，SOLIDWORKS 将保存新设置。当重新启动 SOLIDWORKS 时，任务窗格选项卡将使用自定义设置。

1.3　设置系统属性

要设置系统属性，可选择菜单栏中的"工具"→"选项"命令，或者在"快速访问"工具栏中单击"选项"按钮，在弹出的下拉列表中选择"选项"命令，系统弹出"系统选项"对话框。

"系统选项"对话框强调了"系统选项"和"文档属性"之间的不同，该对话框中有两个选项卡。

（1）系统选项：在该选项卡中设置的内容都将保存在注册表中。它不仅仅应用于当前文件，因此这些更改会影响当前和将来的所有文件。

（2）文档属性：在该选项卡中设置的内容仅应用于当前文件。

每个选项卡中列出的选项以树形列表形式显示在选项卡的左侧。单击其中一个选项时，该选项中的内容就会出现在选项卡的右侧。

1.3.1　设置系统选项

选择菜单栏中的"工具"→"选项"命令，打开"系统选项"对话框中的"系统选项"选项卡，如图1.31所示。"系统选项"选项卡中有很多选项，它们以树形列表形式显示在选项卡的左侧，对应的选项出现在选项卡的右侧。下面介绍"系统选项"选项卡中几个常用的选项。

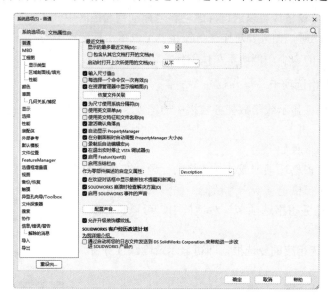

图1.31　"系统选项"选项卡

1．"普通"选项的设定

（1）启动时打开上次所使用的文档：如果希望在打开SOLIDWORKS时自动打开最近使用的文件，则在其下拉列表中选择"始终"选项；否则选择"从不"选项。

（2）输入尺寸值：建议勾选该复选框。勾选该复选框后，当对一个新的尺寸进行标注后，会自动显示尺寸值修改框；否则，必须在双击标注尺寸后才会显示该修改框。

（3）每选择一个命令仅一次有效：勾选该复选框后，当每次使用草图绘制或者尺寸标注工具进行操作之后，系统会自动取消其选择状态，从而避免了该命令的连续执行。双击某工具可使其保持为选择状态以继续使用。

（4）在资源管理器中显示缩略图：在建立装配体文件时，经常会遇到只知其名，不知何物的尴尬情况，如果勾选该复选框，则在Windows资源管理器中显示每个SOLIDWORKS零件或装配体文件的缩略图，而不是图标。该缩略图将以文件保存时的模型视图为基础，并使用16色的调色板，如果其中没有模型使用的颜色，则用相似的颜色代替。此外，该缩略图也可以在"打开"对话框中使用。

（5）为尺寸使用系统分隔符：勾选该复选框，系统将使用默认的系统小数点分隔符来显示小数数值。如果要使用不同于系统默认的小数点分隔符，可取消勾选该复选框，此时其右侧的文本框便被激活，可以在其中输入作为小数点分隔符的符号。

（6）使用英文菜单：SOLIDWORKS支持多种语言（如中文、俄语和西班牙语等）。如果在安装 SOLIDWORKS 时已指定使用其他语言，则勾选此复选框可以改为使用英文版本。

注意：

> 必须退出并重新启动 SOLIDWORKS 后，语言的更改才会生效。

（7）激活确认角落：勾选该复选框，当进行某些需要确认的操作时，在绘图区的右上角将会显示确认角落，如图 1.32 所示。

图 1.32　确认角落

（8）自动显示 PropertyManager：勾选该复选框，在对特征进行编辑时，系统将自动显示该特征的属性管理器。例如，如果选择了一个草图特征进行编辑，则所选草图特征的属性管理器将自动出现。

2."工程图"选项的设定

SOLIDWORKS 是一个基于造型的三维机械设计软件，它的基本设计思路是：实体造型—虚拟装配—二维图纸。

SOLIDWORKS 2024 推出了更加方便的二维转换工具，该工具能够在保留原有数据的基础上，让用户方便地将二维图纸转换到 SOLIDWORKS 的环境中，从而完成详细的工程图。此外，利用它独有的快速制图功能，用户可以迅速生成与三维零件和装配体暂时脱开的二维工程图，但依然保持与三维的全相关性。这样的功能使得从三维到二维的瓶颈问题得以彻底解决。

下面介绍"工程图"选项，如图 1.33 所示。

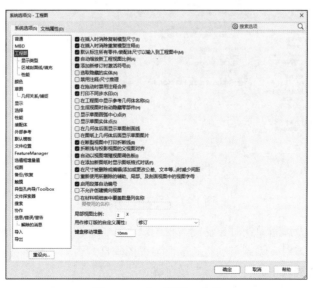

图 1.33　"工程图"选项

（1）自动缩放新工程视图比例：勾选该复选框，当插入零件或装配体的标准三视图到工程图时，系统将会调整三视图的比例以配合工程图纸的大小，而不管已选的图纸大小。

（2）选取隐藏的实体：勾选该复选框，用户可以选择隐藏实体的切边和边线。当光标经过隐藏的边线时，边线将以双点画线显示。

（3）在工程图中显示参考几何体名称：勾选该复选框，当将参考几何体输入工程图中时，它们的名称将在工程图中显示出来。

（4）生成视图时自动隐藏零部件：勾选该复选框，当生成新的视图时，装配体的任何隐藏零部件将自动列举在"工程视图属性"对话框中的"隐藏/显示零部件"选项卡上。

（5）显示草图圆弧中心点：勾选该复选框，将在工程图中显示模型中草图圆弧的中心点。

（6）显示草图实体点：勾选该复选框，草图中的实体点将在工程图中一同显示。

（7）局部视图比例：局部视图比例是指局部视图相对于原工程图的比例，在其右侧的文本框中指定该比例。

3."草图"选项的设定

SOLIDWORKS 所有的零件都是建立在草图基础上的，大部分 SOLIDWORKS 的特征也都是从二维草图绘制开始。提高草图绘制能力会直接影响到零件编辑的能力，所以能够熟练地使用草图绘制工具绘制草图非常重要。

下面介绍"草图"选项中的部分选项，如图 1.34 所示。

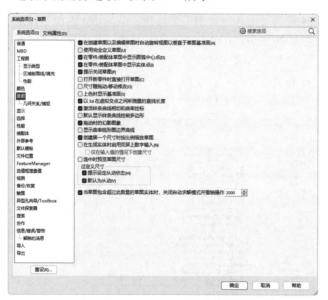

图 1.34　"草图"选项

（1）在创建草图以及编辑草图时自动旋转视图以垂直于草图基准面：勾选该复选框，则在选择基准面进入草图绘制状态时，系统自动将基准面与视图垂直；否则，要单击"视图（前导）"工具栏中"视图定向"下拉列表中的"正视于"按钮 ⬆。

（2）使用完全定义草图：所谓完全定义草图，是指草图中所有的直线和曲线及其位置均由尺寸或几何关系或两者说明。勾选该复选框，草图用于生成特征之前必须是完全定义的。

（3）在零件/装配体草图中显示圆弧中心点：勾选该复选框，草图中所有的圆弧圆心点都将显示在草图中。

（4）在零件/装配体草图中显示实体点：勾选该复选框，草图中实体的端点将以实心圆点的方式显示。

📢 **注意：**

> 该圆点的颜色反映了草图中该实体的状态，颜色的含义如下。
>
> （1）黑色表示该实体是完全定义的。
>
> （2）蓝色表示该实体是欠定义的，即草图中实体的一些尺寸或几何关系未定义，可以随意改变。
>
> （3）红色表示该实体是过定义的，即草图中实体的一些尺寸或几何关系，或者两者处于冲突中或是多余的。

（5）提示关闭草图：勾选该复选框，当利用具有开放轮廓的草图生成凸台时，如果此草图可以用模型的边线进行封闭，则系统就会弹出"封闭草图到模型边线"对话框，选择"是"，即选择用模型的边线来封闭草图轮廓，同时还可以选择封闭草图的方向。

（6）打开新零件时直接打开草图：勾选该复选框，新建零件时可以直接使用草图绘制区域和草图绘制工具。

（7）尺寸随拖动/移动修改：勾选该复选框，用户可以通过拖动草图中的实体或在"移动/复制属性管理器"选项卡中移动实体来修改尺寸值。拖动完成后，尺寸会自动更新。

📢 **注意：**

> 生成几何关系时，其中至少必须有一个项目是草图实体。其他项目可以是草图实体或边线、面、顶点、原点、基准面、轴，或者其他草图的曲线投影到草图基准面上形成的直线或圆弧。

（8）上色时显示基准面：勾选该复选框，如果在上色模式下编辑草图，网格线会显示基准面看起来也上了色。

（9）"过定义尺寸"选项组中有两个复选框。

1）提示设定从动状态：所谓从动尺寸，是指该尺寸是由其他尺寸或条件所驱动的，不能被修改。勾选该复选框，当添加一个过定义尺寸到草图时，弹出图 1.35 所示的对话框，以询问尺寸是否应设为从动。

2）默认为从动：勾选该复选框，当添加一个过定义尺寸到草图时，尺寸会被默认为从动。

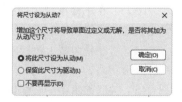

图 1.35　将尺寸设为从动

4."显示/选择"选项的设定

任何一个零件的轮廓都是一个复杂的封闭边线回路，在 SOLIDWORKS 的操作中离不开对边线的操作。该选项就是为边线显示和边线选择设定系统的默认值。

下面介绍"显示"和"选择"选项，如图 1.36 所示。

图 1.36　"显示/选择"选项

（1）"隐藏边线显示为"选项组：这组单选按钮只有在隐藏线变暗模式下才有效。选择"实线"单选按钮，则将零件或装配体中的隐藏线以实线显示。所谓"虚线"模式，是指以浅灰色线显示视图中不可见的边线，而可见的边线仍正常显示。

（2）"隐藏边线选择"选项组中有两个复选框。

1）允许在线架图及隐藏线可见模式下选择：勾选该复选框，在这两种模式下可以选择隐藏的边线或顶点。"线架图"模式是指显示零件或装配体的所有边线；"隐藏线可见"模式是指将零件或装配体不可见的边线以虚线显示。

2）允许在消除隐藏线及上色模式下选择：勾选该复选框，在这两种模式下可以选择隐藏的边线或顶点。"消除隐藏线"模式是指系统仅显示在模型旋转到的角度下可见的线条，不可见的线条将被消除。"上色模式"是指系统将对模型使用颜色渲染。

（3）"零件/装配体上的相切边线显示"选项组：这组单选按钮用于控制在消除隐藏线和隐藏线变暗模式下模型切边的显示状态。

（4）"在带边线上色模式下的边线显示"选项组：这组单选按钮用于控制在上色模式下模型边线的显示状态。

（5）关联编辑中的装配体透明度：该下拉列表用于设置在关联中编辑装配体的透明度，可以选择"保持装配体透明度"和"强制装配体透明度"选项，其右边的移动滑块用于设置透明度的值。所谓关联，是指在装配体的零部件中生成一个参考其他零部件几何特征的关联特征，此关联特征对其他零部件进行了外部参考。如果改变了参考零部件的几何特征，则相关的关联特征也会相应地改变。

（6）高亮显示所有图形区域中选中特征的边线：勾选该复选框，在单击模型特征时，所选特征的所有边线会以高亮显示。

（7）图形视区中动态高亮显示：勾选该复选框，当移动光标经过草图、模型或工程图时，系统将以高亮度显示模型的边线、面及顶点。

（8）以不同的颜色显示曲面的开环边线：勾选该复选框，系统将以不同的颜色显示曲面的开环边线，这样可以更容易地区分曲面开环边线和任何相切边线或侧影轮廓边线。

（9）显示上色基准面：勾选该复选框，系统将显示上色基准面。

（10）显示参考三重轴：勾选该复选框，在绘图区中显示参考三重轴。

（11）启用通过透明度选择：勾选该复选框，可以通过装配体中零部件透明度的不同进行选择。

1.3.2 设置文档属性

"文档属性"选项卡中设置的内容仅应用于当前的文件，该选项卡仅在文件打开时可用。对于新建文件，如果没有特别指定该文档属性，将使用建立该文件的模板中的文件设置（如网格线、边线显示和单位等）。

选择菜单栏中的"工具"→"选项"命令，打开"系统选项"对话框中的"文档属性"选项卡，在该选项卡中设置文档属性，选择"尺寸"选项，如图1.37所示。

图1.37 "尺寸"选项

选项卡中列出的选项以树形列表形式显示在选项卡的左侧。单击其中一个选项时，该选项中的内容就会出现在选项卡的右侧。下面介绍两个常用的选项。

1. "尺寸"选项的设定

单击"尺寸"选项后，该选项中的内容就会出现在选项卡右侧，见图1.37。

（1）添加默认括号：勾选该复选框，将添加默认括号并在括号中显示工程图的参考尺寸。

（2）置中于延伸线之间：勾选该复选框，标注的尺寸文字将被置于尺寸界线的中间位置。

（3）"等距距离"选项组：该选项组用于设置标准尺寸间的距离。

（4）"箭头"选项组：该选项组用于指定标注尺寸中箭头的显示状态。

（5）"水平折线"选项组：该选项组中的"引线长度"是指在工程图中如果尺寸界线彼此交叉，需要穿越其他尺寸界线时，可折断尺寸界线。

（6）"主要精度"选项组：该选项组用于设置主要尺寸、角度尺寸及替换单位的尺寸精度和公差值。

2. "单位"选项的设定

该选项用于指定激活的零件、装配体或工程图文件中所使用的线性单位类型和角度单位类型，系统默认的单位系统为"MMGS(毫米、克、秒)"，用户可以根据需要自定义其他类型的单位系统及具体的单位，如图1.38所示。

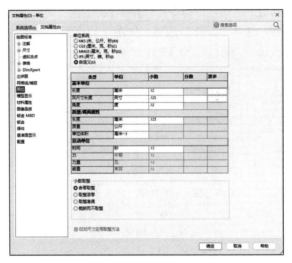

图1.38   "单位"选项

（1）"单位系统"选项组：该选项组用于设置文件的单位系统。如果选中"自定义"单选按钮，则激活其余的选项。

（2）双尺寸长度：用于指定系统的第二种长度单位。

（3）角度：用于设置角度单位的类型。其中可选择的单位有度、度/分、度/分/秒、弧度。只有在选择单位为度或弧度时，才可以选择小数位数。

扫一扫，看视频

动手学——设置背景

本例介绍更改操作界面的背景及颜色，以设置个性化的用户界面。

【操作步骤】

（1）执行命令。选择菜单栏中的"工具"→"选项"命令，系统弹出"系统选项"对话框。

（2）设置颜色。选择"系统选项"选项卡，在左侧的树形列表中选择"颜色"选项，如图1.39所示。

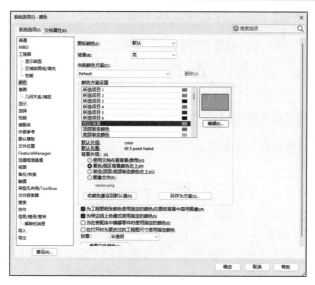

图 1.39　"系统选项-颜色"对话框

（3）在右侧"颜色方案设置"列表框中选择"视区背景"，然后单击"编辑"按钮，在弹出的"颜色"对话框中选择"白色"，单击"确定"按钮，如图 1.40 所示。也可以使用该方式设置其他选项的颜色。

（4）在"背景外观"选项组中选中"素色(视区背景颜色在上)"单选按钮。

（5）单击"确定"按钮，系统背景颜色设置成功，如图 1.41 所示。

（6）如果只设置当前文件的背景，可以在"视图（前导）"工具栏中单击"应用布景"按钮🌑·右侧的下拉按钮，在弹出的下拉列表中选择"单白色"命令，如图 1.42 所示。

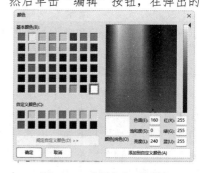

图 1.40　"颜色"对话框

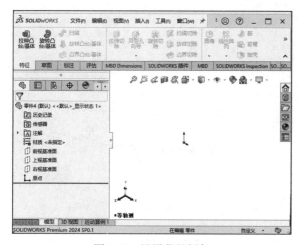

图 1.41　设置背景颜色

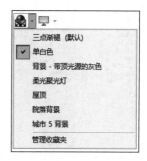

图 1.42　"应用布景"下拉列表

📢 **注意：**

（1）在"系统选项"对话框中设置背景颜色时，如果新建文件，则新文件背景均为设置的背景颜色。

（2）在"视图（前导）"工具栏中设置背景颜色时，只能控制当前文件，即新建文件时需要重新设置背景颜色。

扫一扫，看视频

动手学——设置绘图单位和标注样式

本例介绍绘图单位和标注样式的设置。

【操作步骤】

（1）新建文件。选择菜单栏中的"文件"→"新建"命令，或者单击"快速访问"工具栏中的"新建"按钮 📄，在弹出的"新建 SOLIDWORKS 文件"对话框中单击"零件"按钮 🔧，然后单击"确定"按钮，创建一个新的零件文件。

（2）设置背景颜色。单击"视图（前导）"工具栏中的"应用布景"按钮 🔵 ·右侧的下拉按钮，在弹出的下拉列表中选择"单白色"命令。

（3）设置单位。选择菜单栏中的"工具"→"选项"命令，在弹出的"系统选项"对话框中选择"文档属性"选项卡，然后在左侧的树形列表中选择"单位"选项。单位系统选择"自定义"，将长度单位设置为"毫米"，小数位数设置为"无"；角度单位设置为"度"，小数位数设置为".12"；小数取整选择"舍零取整"，如图 1.43 所示。

（4）设置标注样式。选择"尺寸"选项，在"文档属性-尺寸"对话框中单击"字体"按钮 字体(F)...，系统弹出"选择字体"对话框。设置字体为"仿宋"，高度选中"单位"单选按钮，大小设置为 5mm，如图 1.44 所示。单击"确定"按钮，返回"文档属性-尺寸"对话框，在"箭头"选项组中勾选"以尺寸高度调整比例"复选框，如图 1.45 所示。选择"角度"选项，修改文本位置为"折断引线，文字水平 📐" 如图 1.46 所示。选择"直径"选项，修改文本位置为"折断引线，文字水平 ⊘"，勾选"显示第二向外箭头"复选框，如图 1.47 所示。选择"半径"选项，修改文本位置为"折断引线，文字水平 ⊘"，如图 1.48 所示。

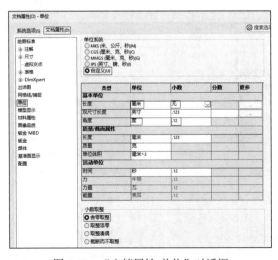

图 1.43 "文档属性-单位"对话框

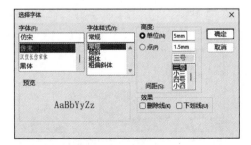

图 1.44 设置字体

图 1.45　设置箭头

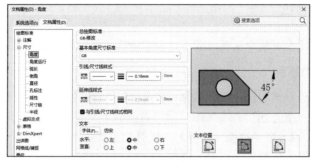

图 1.46　设置角度

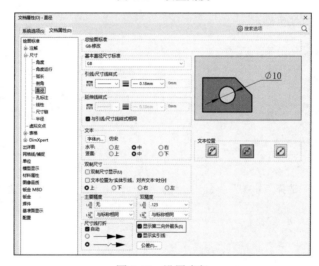

图 1.47　设置直径

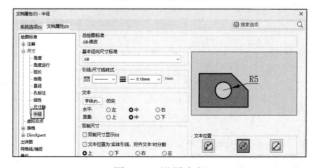

图 1.48　设置半径

1.4 模型显示

进行零件建模时，SOLIDWORKS 2024 提供了外观显示。用户可以根据实际需要设置零件的颜色及透明度，使显示的设计零件的外观更接近实物。

1.4.1 设置零件的颜色

设置零件的颜色包括设置整个零件的颜色、设置所选特征的颜色及设置所选面的颜色。

1. 设置整个零件的颜色

在 FeatureManager 设计树中选择文件名称，右击，在弹出的快捷菜单中选择"外观"→"外观"命令，如图 1.49 所示；或者单击"外观"按钮 右侧的下拉按钮，在弹出的下拉菜单中选择文件名称，如图 1.50 所示；或者在"视图（前导）"工具栏中单击"编辑外观"按钮 ，如图 1.51 所示，系统弹出"颜色"属性管理器，如图 1.52 所示。在该属性管理器中可以将颜色、材料外观和透明度应用到零件和装配体零部件。在"颜色"选项组中选择需要的颜色，然后单击"确定"按钮 ，此时整个零件将以设置的颜色显示。

图 1.49 选择"外观"命令

图 1.50 选择文件名称

图 1.51 "视图（前导）"工具栏

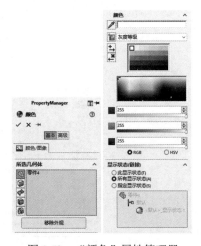

图 1.52 "颜色"属性管理器

2. 设置所选特征的颜色

（1）在 FeatureManager 设计树中选择需要改变颜色的特征，可以按 Ctrl 键选择多个特征。

（2）右击所选特征，在弹出的快捷菜单中单击"外观"按钮，在下拉菜单中选择第（1）步中选中的特征，如图 1.53 所示。

（3）系统弹出"颜色"属性管理器，在"颜色"选项中选择需要的颜色，然后单击"确定"按钮，颜色设置完成。

（4）或者在"视图（前导）"工具栏中单击"编辑外观"按钮，系统弹出"颜色"属性管理器。先在 FeatureManager 设计树中选择要修改颜色的特征，再选择需要的颜色，然后单击"确定"按钮，颜色设置完成。

图 1.53　选择特征名称

3. 设置所选面的颜色

（1）右击图 1.54 所示的面 1，在弹出的快捷菜单中单击"外观"按钮，在下拉菜单中选择刚选中的面，如图 1.55 所示。

（2）系统弹出"颜色"属性管理器，在"颜色"选项组中选择需要的颜色，然后单击"确定"按钮，颜色设置完成。

（3）或者在"视图（前导）"工具栏中单击"编辑外观"按钮，系统弹出"颜色"属性管理器，先在 FeatureManager 设计树中选择要修改颜色的面，再选择需要的颜色，然后单击"确定"按钮，颜色设置完成，如图 1.56 所示。

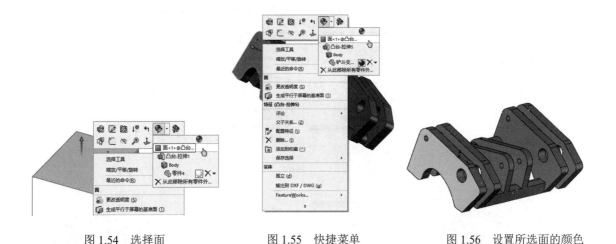

图 1.54　选择面　　　　　图 1.55　快捷菜单　　　　　图 1.56　设置所选面的颜色

1.4.2　设置零件的透明度

在装配体零件中，外面的零件会遮挡内部的零件，给零件的选择造成困难。设置零件的透明度后，用户可以透过透明零件选择非透明零件。

在 FeatureManager 设计树中选择文件名称，右击，在弹出的快捷菜单中单击"更改透明度"命令按钮🔘，如图 1.57 所示；或者右击视图中的模型，在弹出的快捷菜单中选择"更改透明度"命令，如图 1.58 所示。

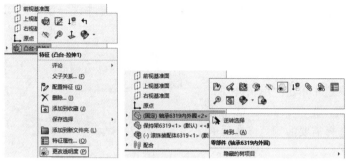

图 1.57　单击"更改透明度"命令按钮　　　　　图 1.58　选择"更改透明度"命令

扫一扫，看视频

动手学——设置轴承的颜色和透明度

本例对图 1.59 所示的轴承 6319 进行颜色和透明度设置。

【操作步骤】

（1）打开文件。单击"快速访问"工具栏中的"打开"按钮📂，打开"轴承 6319"源文件，如图 1.59 所示。

（2）设置颜色。在"视图（前导）"工具栏中单击"编辑外观"按钮🎨，系统弹出"颜色"属性管理器。在 FeatureManager 设计树中选择文件名称"保持架 6319""滚珠装配体 6319"，选择颜色为(79,143,255)，如图 1.60 所示。单击"确定"按钮✔️，结果如图 1.61 所示。

　　图 1.59　轴承 6319　　　　　　图 1.60　设置颜色　　　　　图 1.61　设置零部件颜色

（3）设置透明度。在 FeatureManager 设计树中选择文件名称"轴承 6319 内外圈"，如图 1.62 所示，右击，在弹出的快捷菜单中单击"更改透明度"按钮，在绘图区中单击，结果如图 1.63 所示。

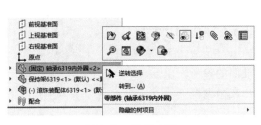

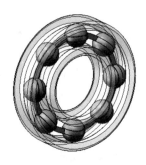

图 1.62　选择文件　　　　　　　　　　图 1.63　更改透明度结果

1.5　参考几何体

"参考几何体"下拉菜单位于"特征"选项卡中，如图 1.64 所示。

图 1.64　"参考几何体"下拉菜单

1.5.1　基准面

基准面主要应用于零件图和装配图中。用户可以利用基准面绘制草图、生成模型的剖视图、用于拔模特征中的中性面等。

SOLIDWORKS 提供了前视基准面、上视基准面和右视基准面 3 个默认的相互垂直的基准面。通常情况下，用户在这 3 个基准面上绘制草图，然后使用特征命令创建实体模型即可绘制需要的图形。但是，对于一些特殊的特征（如创建扫描和放样特征），需要在不同的基准面上绘制草图，才能完成模型的构建，这就需要创建新的基准面。

【执行方式】

➢ 菜单栏：选择菜单栏中的"插入"→"参考几何体"→"基准面"命令。

➢ 选项卡：单击"特征"选项卡中的"参考几何体"→"基准面"按钮。

【选项说明】

执行上述操作，系统弹出"基准面"属性管理器，如图 1.65 所示。

一个基准面至少需要两个参考面才能正确构建。两个参考面之间的几何关系如下。

（1）⬚平行：选择已有面（特征面、工作面），说明基准面与之平行。

（2）⬚角度：选择已有面，说明这是新基准面的参考面；选择某棱边，说明这是新工作面通过的轴；在微调框中输入该平面与参考面的夹角。

（3）⬚距离：选择已有面，说明这是新基准面的参考面；在微调框中输入该平面与参考面的间距。

（4）⬚垂直：选择已有面（特征面、工作面），说明基准面与之垂直。

（5）⬚重合：选择已有面（特征面、工作面），说明基准面与之重合。

图 1.65　"基准面"属性管理器

在 SOLIDWORKS 中，基准面与其创建时所依赖的几何对象是相互关联的。当依赖对象的参数发生改变后，基准面也会相应改变。

创建基准面有以下六种方式。

（1）通过直线和点：用于创建一个通过边线、轴或者草图线及点或者通过三点的基准面。

（2）平行：用于创建一个平行于基准面或者面的基准面。

（3）两面夹角：用于创建一个通过一条边线、轴线或者草图线，并与一个面或者基准面成一定角度的基准面。

（4）等距距离：用于创建一个平行于一个基准面或者面，并等距指定距离的基准面。

（5）垂直于曲线：用于创建一个通过一个点且垂直于一条边线或者曲线的基准面。

（6）曲面切平面：用于创建一个与空间面或圆形曲面相切于一点的基准面。

1.5.2　基准轴

基准轴通常在生成草图几何体或者圆周阵列时使用。每个圆柱和圆锥面都有一条轴线。临时轴是由模型中的圆锥和圆柱隐含生成的，用户可以选择菜单栏中的"视图"→"隐藏/显示"→"临时轴"命令来隐藏或显示所有临时轴；也可以单击"视图（前导）"工具栏中的"隐藏/显示项目"按钮 ⬚，在弹出的下拉菜单中选择"观阅临时轴"命令。

【执行方式】

➢ 菜单栏：选择菜单栏中的"插入"→"参考几何体"→"基准轴"命令。

➢ 选项卡：单击"特征"选项卡中的"参考几何体"→"基准轴"按钮⬚。

【选项说明】

执行上述操作,系统弹出"基准轴"属性管理器,如图 1.66 所示。创建基准轴有以下五种方式。

（1）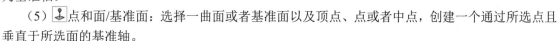一直线/边线/轴:选择一草图的直线、实体的边线或者轴,创建所选直线所在的轴线。

（2）两平面:将所选两平面的交线作为基准轴。

（3）两点/顶点:将两个点或者两个顶点的连线作为基准轴。

（4）圆柱/圆锥面:选择圆柱面或者圆锥面,将其临时轴确定为基准轴。

图 1.66　"基准轴"属性管理器

（5）点和面/基准面:选择一曲面或者基准面以及顶点、点或者中点,创建一个通过所选点且垂直于所选面的基准轴。

1.5.3　坐标系

用户可以定义零件或装配体的坐标系。此坐标系与测量和质量属性工具配合使用,可将 SOLIDWORKS 文件输出至 IGES、STL、ACIS、STEP、Parasolid、VRML 和 VDA 文件。

【执行方式】

➤ 菜单栏:选择菜单栏中的"插入"→"参考几何体"→"坐标系"命令。

➤ 选项卡:单击"特征"选项卡中的"参考几何体"→"坐标系"按钮。

【选项说明】

执行上述操作,系统弹出"坐标系"属性管理器,如图 1.67 所示。该属性管理器中各选项的含义如下。

（1）位置。

1）原点:为坐标系原点选择顶点、点、中点、零件上或装配体上默认的原点。

2）用数值定义位置:勾选该复选框,则需要输入 X、Y 和 Z 值以指定位置。这些值定义了相对于局部原点的位置,而不是全局原点 (0, 0, 0)。

（2）方向。

1）X 轴/Y 轴/Z 轴:轴方向参考可以选择顶点、点或中点、线性边线或草图直线、非线性边线或草图实体和平面中的一项。

2）反转 X 轴/Y 轴/Z 轴方向:反转轴的方向。

3）用数值定义旋转:勾选该复选框,则需要输入 X、Y 和 Z 值以指定旋转。至少需要设置一个轴的数值,轴始终依次按 、 和 的顺序旋转。

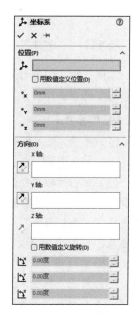

图 1.67　"坐标系"属性管理器

1.5.4　点

参考点主要用于定义零件或装配体的点。在进行特征操作时，如果遇到必须使用特殊点作为参考的情形，应提前将选出的对应点设置成参考基准。

【执行方式】

➢ 菜单栏：选择菜单栏中的"插入"→"参考几何体"→"点"命令。

➢ 选项卡：单击"特征"选项卡中的"参考几何体"→"点"按钮 ▣。

【选项说明】

执行上述操作，系统弹出"点"属性管理器，如图1.68所示。

图1.68　"点"属性管理器

该属性管理器中各选项的含义如下。

（1） 圆弧中心：选择圆弧或圆，从而将它们的圆心作为参考点。

（2） 面中心：在所选面的轮廓中心生成一参考点。

（3） 交叉点：在两个所选实体（可以是特征边线、曲线、草图线段、参考轴等）的交点处生成一参考点。

（4） 投影：选择一已有点（可以是特征顶点、曲线的端点、草图线段端点等）作为投影对象，选择一基准面、平面或非平面作为被投影面，从而在被投影面上生成投影对象在投影面上的投影点。

（5） 在点上：在草图点和草图区域末端上生成参考点。

（6） 沿曲线距离或多个参考点：沿边线、曲线或草图线段按照指定距离生成一组参考点。

扫一扫，看视频

动手学——创建基准

本例介绍利用图1.69所示的长方体创建基准面、基准轴、坐标系和参考点。

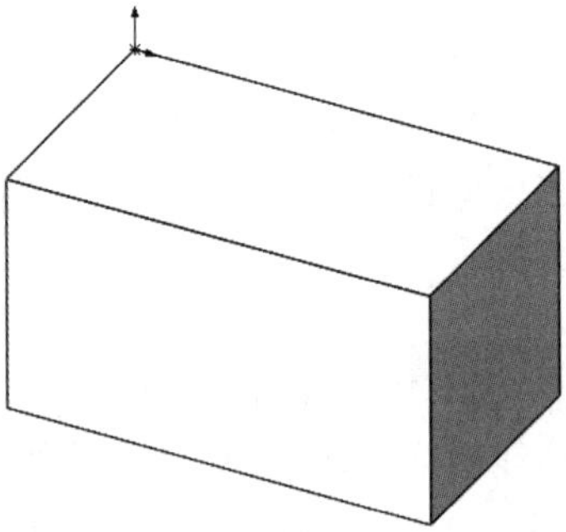

【操作步骤】

（1）打开文件。单击"快速访问"工具栏中的"打开"按钮 ，打开"长方体"源文件，见图1.69。

（2）单击"特征"选项卡中的"参考几何体"→"基准面"按钮 ，系统弹出"基准面"属性管理器。在FeatureManager设计树中选择"前视基准面"，设置偏移距离为50mm，勾选"反转等距"复选框，如图1.70所示。单击"确定"按钮 ，基准面1创建完成，如图1.71所示。

图1.69　长方体

（3）单击"特征"选项卡中的"参考几何体"→"基准轴"按钮 ，系统弹出"基准轴"属性管理器。单击"两平面"按钮 ，选择长方体的上表面和基准面1，如图1.72所示。单击"确定"按钮 ，基准轴1创建完成，如图1.73所示。

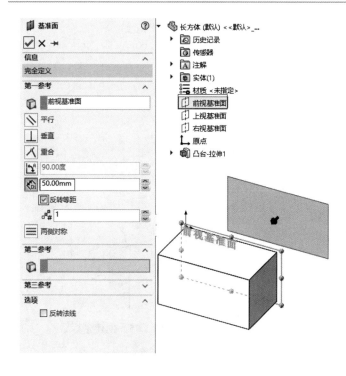

图 1.70　基准面的参数设置

图 1.71　创建基准面 1

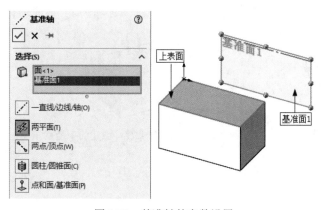

图 1.72　基准轴的参数设置

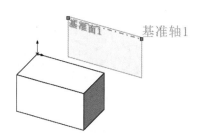

图 1.73　创建基准轴 1

（4）单击"特征"选项卡中的"参考几何体"→"坐标系"按钮 ⚓，系统弹出"坐标系"属性管理器。选择长方体的顶点为坐标原点，选择边 1 作为 X 轴，边 2 作为 Y 轴，如图 1.74 所示。单击"确定"按钮 ✔，结果如图 1.75 所示。

（5）单击"参考几何体"工具栏中的"点"按钮 ◉，系统弹出"点"属性管理器。选择点类型为"面中心"，在绘图区中选择长方体的上表面，如图 1.76 所示，单击"确定"按钮 ✔，即可创建一个新的参考点，如图 1.77 所示。

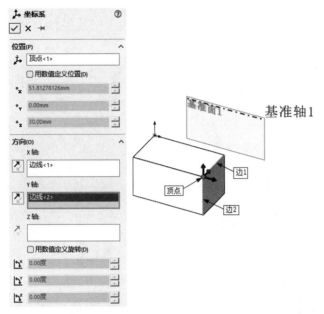

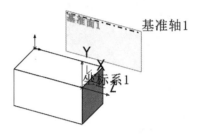

图 1.74　坐标系的参数设置

图 1.75　创建坐标系

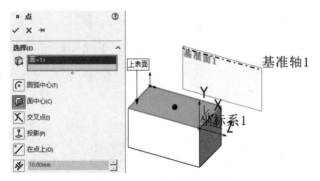

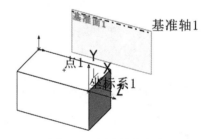

图 1.76　参考点的参数设置

图 1.77　创建的参考点

第2章 草图绘制

内容简介

SOLIDWORKS 的大部分特征是从绘制二维草图开始的，草图绘制在该软件的使用中占重要地位，本章将详细介绍草图的绘制方法和编辑方法。

内容要点

➢ 草图绘制状态的进入与退出
➢ 草图绘制工具
➢ 综合实例 ——绘制曲柄草图

案例效果

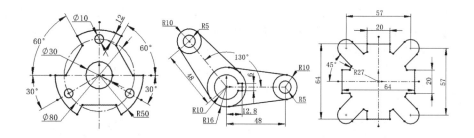

2.1 草图绘制状态的进入与退出

当新建零件文件时，首先要生成草图。草图是三维模型的基础。用户可以在任何默认基准面（前视基准面、上视基准面及右视基准面）或生成的基准面上生成草图。本节主要介绍如何进入和退出草图绘制状态。

2.1.1 进入草图绘制状态

绘制二维草图时，必须先进入草图绘制状态。草图必须在平面上绘制，这个平面可以是基准面，也可以是三维模型上的平面。由于开始进入草图绘制状态时，草图环境中没有三维模型，因此必须指定基准面，操作步骤如下。

（1）在 FeatureManager 设计树中选择要绘制草图的基准面，即前视基准面、右视基准面和上视基准面中的一个面。

（2）单击"视图（前导）"工具栏中的"正视于"按钮↓，旋转基准面。

（3）单击"草图"选项卡中的"草图绘制"按钮 ，或者单击要绘制的草图实体，进入草图绘制状态。

2.1.2　退出草图绘制状态

草图绘制完毕，可立即建立特征，也可以退出草图绘制状态再建立特征。有些特征的建立需要用到多个草图，如扫描实体等，因此需要了解退出草图绘制状态的方法。操作步骤如下。

（1）单击右上角的"退出草图"按钮 ，完成草图的绘制，退出草图绘制状态。

（2）单击右上角的"关闭草图"按钮 ，弹出 SOLIDWORKS 对话框，提示用户是否保存对草图的修改，如图 2.1 所示。根据需要单击其中的按钮，退出草图绘制状态。

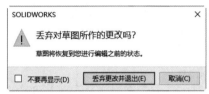

图 2.1　SOLIDWORKS 对话框

2.2　草图绘制工具

绘制草图必须认识草图绘制工具。草图绘制工具集中放置在"草图"工具栏和"草图"选项卡中。

在选项卡的空白处右击，在弹出的快捷菜单中选择"工具栏"→"草图"命令，如图 2.2 所示，系统弹出图 2.3 所示的"草图"工具栏。

图 2.2　快捷菜单

图 2.3　"草图"工具栏

在 FeatureManager 设计树中选择要绘制草图的基准面（前视基准面、右视基准面和上视基准面中的一个面），单击"草图"选项卡中的"草图绘制"按钮 或者单击绘图命令按钮，如图 2.4 所示，进入草图绘制状态。

（a）进入草图绘制状态前

（b）进入草图绘制状态后

图 2.4　"草图"选项卡

图 2.4 中显示了常见的草图绘制工具，下面分别介绍在草图绘制状态下草图绘制的各个命令。

2.2.1　绘制点

【执行方式】

➢ 工具栏：单击"草图"工具栏中的"点"按钮 ▫ 。

➢ 菜单栏：选择菜单栏中的"工具"→"草图绘制实体"→"点"命令。

➢ 选项卡：单击"草图"选项卡中的"点"按钮 ▫ 。

【选项说明】

执行上述操作后，光标 ▯ 变为绘图光标 ▯ ，在绘图区中的任何位置都可以绘制点，如图 2.5 所示。绘制的点不影响三维建模的外形，只起参考作用。

"点"命令还可以生成草图中两条不平行线段的交点，以及特征实体中两个不平行边缘的交点，产生的交点作为辅助图形，用于标注尺寸或者添加几何关系，并不影响实体模型的建立。

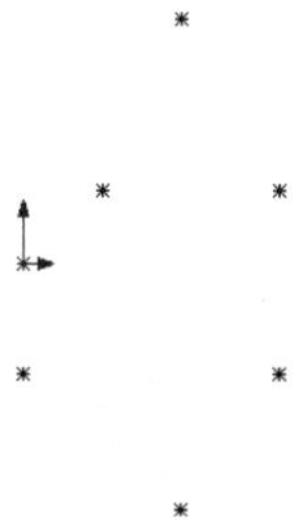

图 2.5　绘制点

2.2.2　绘制直线与中心线

【执行方式】

➢ 工具栏：单击"草图"工具栏中的"中心线"按钮 ✐ /"直线"按钮 ╱ /"中点线"按钮 ╲ 。

➢ 菜单栏：选择菜单栏中的"工具"→"草图绘制实体"→"中心线"/"直线"/"中点线"命令。

➢ 选项卡：单击"草图"选项卡中的"中心线"按钮 ✐ /"直线"按钮 ╱ /"中点线"按钮 ╲ （图 2.6）。

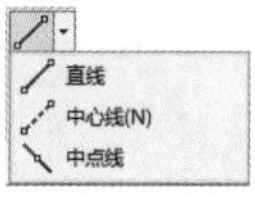

图 2.6　"直线/中心线"按钮

【选项说明】

执行上述操作后，系统弹出"插入线条"属性管理器，如图 2.7 所示。光标 ▯ 变为绘图光标 ▯ 时，开始绘制直线。

（1）在"方向"选项组中有 4 个单选按钮，默认选中"按绘制原样"单选按钮。选中不同的单选按钮，绘制直线的类型不一样。选中"按绘制原样"单选按钮以外的任意一个，均会要求输入直线的参数。例如，选中"角度"单选按钮，系统弹出"线条属性"属性管理器，如图 2.8 所示，要求输入直线的参数。设置好参数后，单击直线的起点即可绘制出所需要的直线。

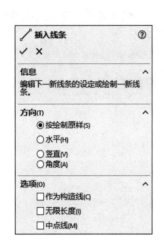

图 2.7　"插入线条"属性管理器　　　图 2.8　"线条属性"属性管理器

直线与中心线、中点线的绘制方法相同，执行不同的命令，按照类似的操作步骤，在绘图区中绘制相应的图形即可。

直线分为三种类型，即水平直线、竖直直线和任意角度直线。在绘制过程中，不同类型的直线的显示方式不同，下面分别介绍。

➢ 水平直线：在绘制直线过程中，绘图光标附近会出现水平直线图标━，如图 2.9 所示。

➢ 竖直直线：在绘制直线过程中，绘图光标附近会出现竖直直线图标┃，如图 2.10 所示。

➢ 任意角度直线：在绘制直线过程中，绘图光标附近会出现任意角度直线图标╱，如图 2.11 所示。

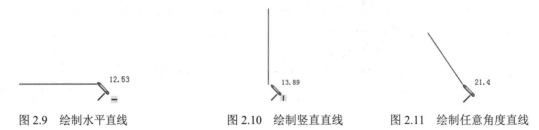

图 2.9　绘制水平直线　　　　　图 2.10　绘制竖直直线　　　　　图 2.11　绘制任意角度直线

在绘制直线过程中，绘图光标上方显示的参数为直线的长度和角度，可供参考。一般在绘制过程中首先绘制一条直线，然后标注尺寸，直线也随之改变长度和角度。

绘制直线的方式有拖动式和单击式两种。

> 拖动式：在绘制直线的起点按住鼠标左键开始拖动鼠标，直到直线终点放开。

> 单击式：在绘制直线的起点处单击，然后在直线终点处单击。

（2）在"线条属性"属性管理器的"选项"选项组中有两个复选框，勾选不同的复选框，可以分别绘制构造线和无限长直线。

（3）在"线条属性"属性管理器的"参数"选项组中有两个文本框，分别是长度文本框和角度文本框。设置这两个参数可以绘制一条直线。

扫一扫，看视频

动手学——绘制工字钢截面草图

本例绘制图 2.12 所示的工字钢截面草图。

【操作步骤】

（1）新建文件。选择菜单栏中的"文件"→"新建"命令，或者单击"快速访问"工具栏中的"新建"按钮 📄，在弹出的"新建 SOLIDWORKS 文件"对话框中单击"零件"按钮 🗋，然后单击"确定"按钮，创建一个新的零件文件。

（2）设置背景颜色。选择菜单栏中的"工具"→"选项"命令，在弹出的"系统选项"对话框左侧的树形列表中选择"颜色"选项，在右侧"颜色方案设置"列表框中选择"视区背景"，然后单击"编辑"按钮。在弹出的"颜色"对话框中选择"白色"，单击"确定"按钮，在"背景外观"选项组中选择"素色(视区背景颜色在上)"，单击"确定"按钮，系统背景颜色设置成功。

（3）设置草绘平面。在 FeatureManager 设计树中选择"前视基准面"作为草绘基准面。单击"草图"选项卡中的"草图绘制"按钮 ⌐，进入草图绘制状态。

（4）绘制直线。单击"草图"选项卡中的"直线"按钮 ╱，❶捕捉原点为起点，水平向右拖动鼠标，❷输入长度尺寸为 100mm 并按 Enter 键，如图 2.13 所示；拖动鼠标向下，❸输入长度尺寸为 6mm 并按 Enter 键，如图 2.14 所示。

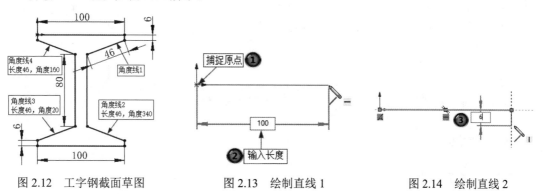

图 2.12　工字钢截面草图　　　　图 2.13　绘制直线 1　　　　图 2.14　绘制直线 2

📣 注意：

> 绘制过程中若要显示尺寸标注，可以在菜单栏中选择"选项"→"系统选项"→"草图"选项，勾选"在生成实体时启用荧幕上数字输入"复选框。

（5）绘制角度线 1。继续拖动鼠标，输入长度尺寸为 46mm 并按 Enter 键，再按下 Tab 键，修改角度为 200 度，如图 2.15 所示。

（6）继续绘制直线。使用同样的方法绘制其他直线，结果如图2.16所示。

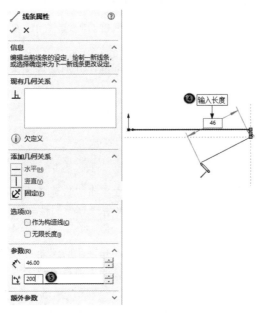

图2.15　绘制角度线1

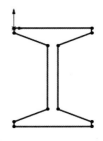

图2.16　工字钢

动手练——绘制螺栓草图

利用上面所学知识绘制图2.17所示的螺栓草图。

【操作提示】

（1）绘制一条过原点的中心线。
（2）过原点绘制长度为18mm的中点线。
（3）利用直线命令绘制其他直线。

📢 **注意：**

> 先绘制中心线，然后绘制一系列直线，尺寸可以适当自取。

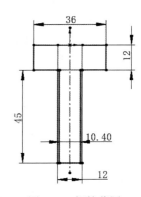

图2.17　螺栓草图

2.2.3　绘制圆

【执行方式】

➢ **工具栏**：单击"草图"工具栏中的"圆"按钮 ⊙ / "周边圆"按钮 ⊙ 。
➢ **菜单栏**：选择菜单栏中的"工具"→"草图绘制实体"→"圆"/"周边圆"命令。
➢ **选项卡**：单击"草图"选项卡中的"圆"按钮 ⊙ / "周边圆"按钮 ⊙ （图2.18）。

【选项说明】

当执行"圆"命令时，系统弹出"圆"属性管理器，如图2.19所示。在该属性管理器中可以通过两种方式绘制圆：一种是绘制基于中心的圆（图2.20）；另一种是绘制基于周边的圆（图2.21）。

图 2.18 "圆"按钮　　　　　图 2.19 "圆"属性管理器

圆绘制完成后，可以通过拖动修改圆。通过拖动圆的周边可以改变圆的半径，拖动圆的圆心可以改变圆的位置。同时，也可以通过图 2.19 所示的"圆"属性管理器修改圆的属性，通过该属性管理器中的"参数"选项可以修改圆心坐标和圆的半径。

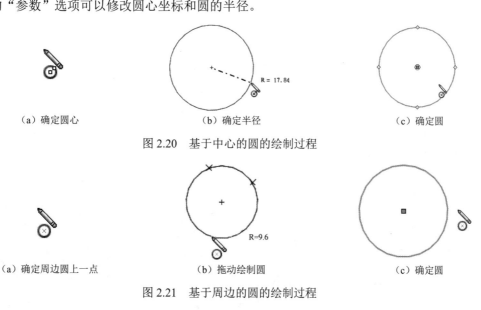

（a）确定圆心　　　　（b）确定半径　　　　（c）确定圆

图 2.20 基于中心的圆的绘制过程

（a）确定周边圆上一点　　（b）拖动绘制圆　　　（c）确定圆

图 2.21 基于周边的圆的绘制过程

动手学——绘制连接片截面草图

在本例中，将利用草图绘制工具绘制图 2.22 所示的连接片截面草图。

【操作步骤】

（1）绘制中心线。创建一个新的零件文件，在 FeatureManager 设计树中选择"前视基准面"作为草绘基准面，单击"草图"选项卡中的"中心线"按钮，绘制中心线，如图 2.23 所示。

（2）绘制中心圆。单击"草图"选项卡中的"圆"按钮，绘制半径为 40mm 的圆。选中绘制的圆，在弹出的快捷菜单中单击"构

扫一扫，看视频

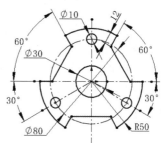

图 2.22 连接片截面草图

造几何线"按钮 ⟷，如图 2.24 所示，将圆转换为中心圆，结果如图 2.25 所示。

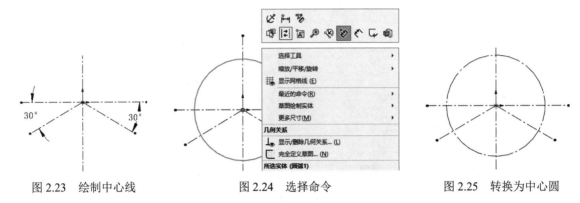

| 图 2.23　绘制中心线 | 图 2.24　选择命令 | 图 2.25　转换为中心圆 |

（3）绘制圆。单击"草图"选项卡中的"圆"按钮 ⊙，❶捕捉原点为圆心，❷输入半径 50mm 并按 Enter 键，如图 2.26 所示。继续捕捉原点，绘制半径为 38mm 和 15mm 的圆，以中心线与中心线的交点为圆心绘制半径为 5mm 的圆，如图 2.27 所示。

✍ 技巧荟萃：

> 在捕捉交点时，可能捕捉不到，这时可以在绘图区中右击，在弹出的快捷菜单中选择"快速捕捉"→"交叉点捕捉"命令。

（4）绘制中点线。单击"草图"选项卡中的"中点线"按钮 ⟍，以原点为中点绘制角度线，长度为 50mm，如图 2.28 所示。

| 图 2.26　绘制半径为 50 的圆 | 图 2.27　绘制其他圆 | 图 2.28　绘制角度线 |

（5）剪裁图线。单击"草图"选项卡中的"剪裁实体"按钮 ⧓（该命令会在第 3 章中详细介绍），系统弹出"剪裁"属性管理器，选择"剪裁到最近端"选项，如图 2.29 所示。在绘图区中要剪裁掉的图形位置单击，剪裁多余图线，剪裁结果如图 2.30 所示。

（6）绘制连线。单击"草图"选项卡中的"直线"按钮 ╱，在角度线端点绘制连线，如图 2.31 所示。

图 2.29 "剪裁"属性管理器

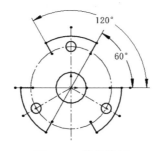

图 2.30 剪裁结果

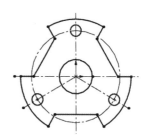

图 2.31 绘制连线

动手练——绘制挡圈草图

本例绘制图 2.32 所示的挡圈草图。

【操作提示】

（1）绘制半径为 60mm、48mm 和 15mm 的圆，并将半径为 48mm 的圆转换为构造线。

（2）在半径为 48mm 的圆的下象限点绘制半径为 3mm 的圆。

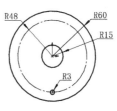

图 2.32 挡圈草图

2.2.4 绘制圆弧

【执行方式】

- ➢ 工具栏：单击"草图"工具栏中的"圆弧"按钮 。
- ➢ 菜单栏：选择菜单栏中的"工具"→"草图绘制实体"→"圆弧"命令。
- ➢ 选项卡：单击"草图"选项卡中的"圆弧"按钮 （图 2.33）。

【选项说明】

执行"圆弧"命令，系统弹出"圆弧"属性管理器，如图 2.34 所示，同时可在该属性管理器中选择其他绘制圆弧的方式。

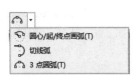

图 2.33 "圆弧"按钮

图 2.34 "圆弧"属性管理器

（1）圆心/起/终点画弧 🔿：先指定圆弧的圆心，然后顺序拖动光标指定圆弧的起点和终点，确定圆弧的大小和方向，如图 2.35 所示。

（2）切线弧 🔿：生成一条与草图实体相切的弧线。草图实体可以是直线、圆弧、椭圆和样条曲线等，如图 2.36 所示。

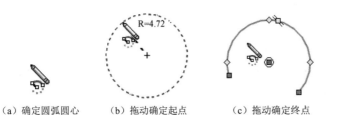

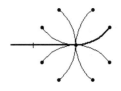

| （a）确定圆弧圆心 | （b）拖动确定起点 | （c）拖动确定终点 |

图 2.35　用"圆心/起/终点画弧"方式绘制圆弧的过程　　　　图 2.36　绘制的八种切线弧

（3）3 点圆弧 🔿：通过确定起点、终点与中点的方式绘制圆弧，如图 2.37 所示。

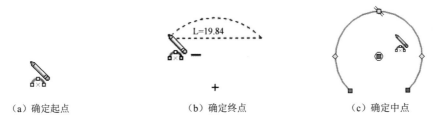

（a）确定起点　　　　　　　（b）确定终点　　　　　　　（c）确定中点

图 2.37　用"3 点圆弧"方式绘制圆弧的过程

除了上述三种绘制圆弧的方式，还可以使用"直线"命令绘制圆弧。首先在直线之后必须将光标拖回至终点，然后再拖出才能绘制圆弧，如图 2.38 所示。也可以在此状态下右击，在弹出的快捷菜单中选择"转到圆弧"命令即可绘制圆弧，如图 2.39 所示。同样，在绘制圆弧的状态下，选择快捷菜单中的"转到直线"命令即可绘制直线，如图 2.40 所示。

图 2.38　使用"直线"命令绘制圆弧的过程

图 2.39　选择"转到圆弧"命令　　　　　图 2.40　选择"转到直线"命令

扫一扫，看视频

动手学——绘制角铁草图

本例绘制图 2.41 所示的角铁草图。

【操作步骤】

（1）绘制直线。创建一个新的零件文件，在 FeatureManager 设计树中选择"前视基准面"，单击"草图"选项卡中的"直线"按钮 ✏，绘制一条长度为 45mm 的竖直线。

（2）绘制圆弧。单击"草图"选项卡中的"切线弧"按钮 ⌒，系统弹出"圆弧"属性管理器，❶在绘图区中捕捉竖直线的下端点，❷输入半径为 15mm，❸在出现竖直推理线（虚线）时单击。圆弧绘制完成，如图 2.42 所示。

（3）绘制直线。单击"草图"选项卡中的"直线"按钮 ✏，绘制长度为 65mm 的水平直线和长度为 60mm、角度为 120 度的角度线，如图 2.43 所示。

（4）绘制直线。单击"草图"选项卡中的"直线"按钮 ✏，以端点 1 为起点，绘制其余直线，如图 2.44 所示。

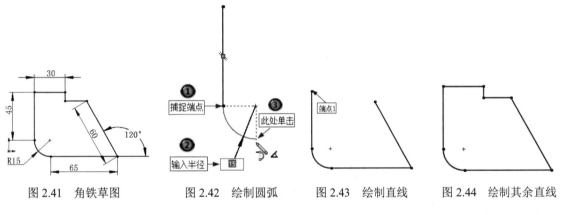

图 2.41 角铁草图　　图 2.42 绘制圆弧　　图 2.43 绘制直线　　图 2.44 绘制其余直线

动手练——绘制定位销草图

试利用上面所学知识绘制图 2.45 所示的定位销草图。

【操作提示】

先绘制中心线，再绘制其他直线，最后绘制两边的圆弧，尺寸可以适当自取。

图 2.45 定位销草图

2.2.5 绘制矩形

【执行方式】

➢ 工具栏：单击"草图"工具栏中的"边角矩形"按钮 ▢ 等。

➢ 菜单栏：选择菜单栏中的"工具"→"草图绘制实体"→"边角矩形"命令等。

➢ 选项卡：单击"草图"选项卡中的"边角矩形"按钮 ▢ 等（图 2.46）。

【选项说明】

执行上述操作，系统弹出"矩形"属性管理器，如图 2.47 所示。在该属性管理器中可选择其他绘制矩形的方式。

图2.46　快捷菜单　　　　图2.47　"矩形"属性管理器

绘制矩形的方式主要有以下五种。

（1）边角矩形 □：指定矩形的两个对角点确定矩形的长度和宽度，绘制过程如图2.48所示。

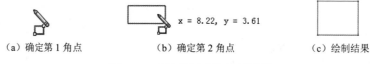

（a）确定第1角点　　　（b）确定第2角点　　　（c）绘制结果

图2.48　"边角矩形"绘制过程

（2）中心矩形 □：指定矩形的中心与右上的端点确定矩形的中心和4条边线，绘制过程如图2.49所示。

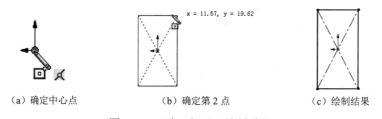

（a）确定中心点　　　（b）确定第2点　　　（c）绘制结果

图2.49　"中心矩形"绘制过程

（3）3点边角矩形 ◇：通过指定3个点来确定矩形，前面两个点用于定义角度和一条边，第3点用于确定另一条边，绘制过程如图2.50所示。

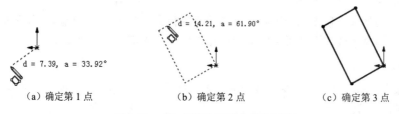

（a）确定第1点　　　（b）确定第2点　　　（c）确定第3点

图2.50　"3点边角矩形"绘制过程

（4）3 点中心矩形 ◇：通过指定 3 个点来确定矩形，绘制过程如图 2.51 所示。

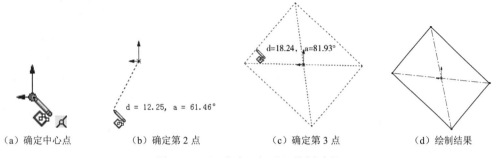

（a）确定中心点　　　（b）确定第 2 点　　　（c）确定第 3 点　　　（d）绘制结果

图 2.51 "3 点中心矩形"绘制过程

（5）平行四边形 ▱：该命令既可以生成平行四边形，也可以生成边线与草图网格线不平行或不垂直的矩形，绘制过程如图 2.52 所示。

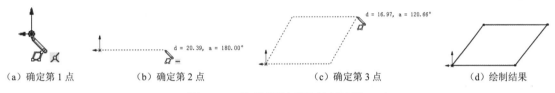

（a）确定第 1 点　　　（b）确定第 2 点　　　（c）确定第 3 点　　　（d）绘制结果

图 2.52 "平行四边形"绘制过程

矩形绘制完成后，按住鼠标左键拖动矩形的一个角点，可以动态改变 4 条边的尺寸。按住 Ctrl 键移动光标，可以改变平行四边形的形状。

动手学——绘制气缸体截面草图

本例将利用草图绘制工具绘制图 2.53 所示的气缸体截面草图。

【操作步骤】

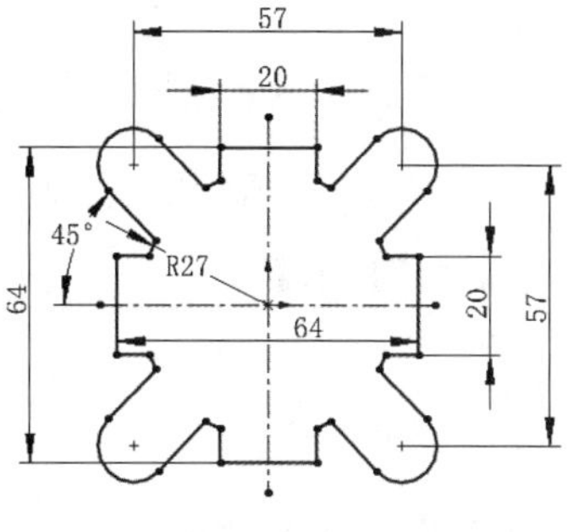

（1）绘制中心线。创建一个新的零件文件，在 FeatureManager 设计树中选择"前视基准面"，单击"草图"选项卡中的"中心线"按钮 ✏️，绘制两条中心线。

（2）绘制中心矩形 1。单击"草图"选项卡中的"中心矩形"按钮 ▣，❶捕捉原点为矩形的中心，❷输入宽度尺寸 20mm 并按 Enter 键，❸输入长度尺寸 64mm 并按 Enter 键，如图 2.54 所示。

（3）绘制中心矩形 2。使用同样的方法，绘制中心矩形 2，长度为 20mm，宽度为 64mm；绘制中心矩形 3，长度为 57mm，宽度为 57mm，如图 2.55 所示。

图 2.53 气缸体截面草图

（4）绘制圆。单击"草图"选项卡中的"圆"按钮 ⊙，以原点为圆心，绘制半径为 27mm 的圆；再以中心矩形 3 的 4 个角点为圆心，绘制半径为 7.5mm 的圆，如图 2.56 所示。

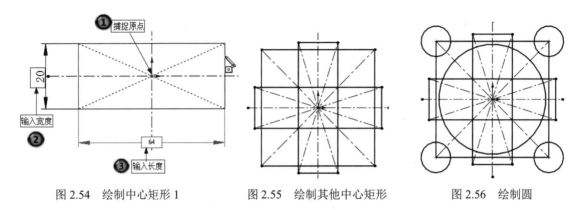

图 2.54　绘制中心矩形 1　　　　图 2.55　绘制其他中心矩形　　　　图 2.56　绘制圆

（5）绘制切线。单击"草图"选项卡中的"直线"按钮 ✏，绘制两对角圆的切线，删除中心矩形 3，如图 2.57 所示。

（6）剪裁图线。单击"草图"选项卡中的"剪裁实体"按钮 ⫶，在弹出的"剪裁"属性管理器中选择"剪裁到最近端"选项，在绘图区中要剪裁掉的图形位置单击，剪裁多余图线，剪裁结果如图 2.58 所示。

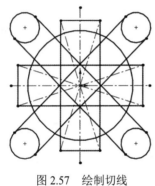

图 2.57　绘制切线

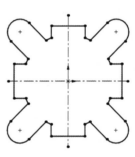

图 2.58　剪裁结果

动手练——绘制方头平键草图

试利用上面所学知识绘制图 2.59 所示的方头平键草图。

【操作提示】

（1）绘制边角矩形。

（2）绘制直线。

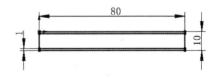

图 2.59　方头平键草图

2.2.6　绘制多边形

【执行方式】

➤ 工具栏：单击"草图"工具栏中的"多边形"按钮 ⬡。

➤ 菜单栏：选择菜单栏中的"工具"→"草图绘制实体"→"多边形"命令。

➤ 选项卡：单击"草图"选项卡中的"多边形"按钮 ⬡。

图 2.60　"多边形"属性管理器

【选项说明】

执行上述操作，光标变为 形状，系统弹出"多边形"属性管理器，如图 2.60 所示。该属性管理器中各选项的含义如下。

（1）作为构造线：勾选该复选框，将实体转换为构造几何线。

（2）边数 ：定义多边形的边数。一个多边形可有 3～40 条边。

（3）内切圆：在多边形内显示内切圆以定义多边形的大小。圆为构造几何线。

（4）外接圆：在多边形外显示外接圆以定义多边形的大小。圆为构造几何线。

（5）X 坐标置中 ：显示多边形中心的 X 坐标。

（6）Y 坐标置中 ：显示多边形中心的 Y 坐标。

（7）圆直径 ：显示内切圆或外接圆的直径。

（8）角度 ：显示旋转角度。

（9）新多边形：单击该按钮，绘制另一个多边形。

✎技巧荟萃：

> 多边形有内切圆和外接圆两种方式，两者的区别主要在于标注方法的不同。内切圆表示圆中心到各边的垂直距离，外接圆表示圆中心到多边形端点的距离。

动手学——绘制压片草图

本例绘制图 2.61 所示的压片草图。

【操作步骤】

（1）绘制正五边形。创建一个新的零件文件，单击"草图"选项卡中的"多边形"按钮 ，在弹出的"多边形"属性管理器中❶勾选"作为构造线"复选框，❷在"参数"选项组下 （边数）文本框中输入 5，❸选中"内切圆"单选按钮，❹捕捉原点为中心，❺沿竖直方向拖动光标到适当位置单击，❻修改"圆直径"为 50mm，如图 2.62 所示。❼单击"确定"按钮 ，正五边形绘制完成。

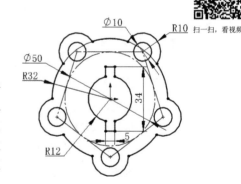

图 2.61　压片草图

（2）绘制圆。单击"草图"选项卡中的"圆"按钮 ，以原点为圆心，绘制半径为 12mm 和 32mm 的圆；再以正五边形的 5 个角点为圆心，分别绘制半径为 5mm 和 10mm 的圆，如图 2.63 所示。

（3）绘制中心矩形。单击"草图"选项卡中的"中心矩形"按钮 ，以原点为中心绘制宽度为 5mm、长度为 34mm 的矩形，如图 2.64 所示。

（4）剪裁图线。单击"草图"选项卡中的"剪裁实体"按钮 ，在弹出的"剪裁"属性管理器中选择"剪裁到最近端"选项，在绘图区中要剪裁掉的图形位置单击，剪裁多余图线，剪裁结果如图 2.65 所示。

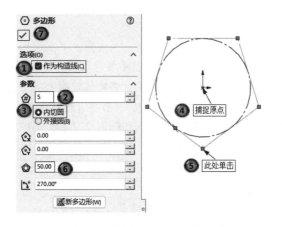 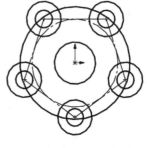

图 2.62　设置正五边形参数　　　　　　图 2.63　绘制圆

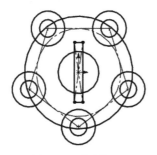 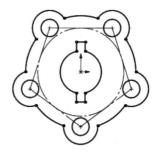

图 2.64　绘制矩形　　　　　　　　图 2.65　剪裁结果

2.2.7　绘制槽口

【执行方式】

➢ 工具栏：单击"草图"工具栏中的"直槽口"按钮 ⬭。

➢ 菜单栏：选择菜单栏中的"工具"→"草图绘制实体"→"直槽口"命令。

➢ 选项卡：单击"草图"选项卡中的"直槽口"按钮 ⬭。

【选项说明】

执行上述操作，系统弹出"槽口"属性管理器，如图 2.66 所示。该属性管理器中各选项的含义如下。

（1）槽口类型。

1）直槽口 ⬭：用两个端点绘制直槽口。

2）中心点直槽口 ⬭：从中心点绘制直槽口。

3）三点圆弧槽口 ⬭：在圆弧上用三个点绘制圆弧槽口。

4）中心点圆弧槽口 ⬭：用圆弧的中心点和圆弧的两个端点绘制圆弧槽口。

（2）添加尺寸：勾选该复选框，则自动为槽口添加长度和圆弧尺寸。

（3）槽口的尺寸类型有以下两种。

1）中心到中心：以两个中心点间的长度作为直槽口的长度尺寸。

2）总长度：以槽口的总长度作为直槽口的长度尺寸。

（4）参数：如果槽口不受几何关系约束，则可指定以下参数的任何适当组合来定义槽口。

1）X 坐标置中：槽口中心点的 X 坐标。

2）Y 坐标置中：槽口中心点的 Y 坐标。

3）槽口宽度：设置槽口宽度尺寸。

4）槽口长度：设置槽口长度尺寸。

圆弧槽口还包括以下选项。

1）圆弧半径：设置圆弧槽口中心圆弧的半径。

2）圆弧角度：圆弧槽口的角度尺寸一般是中心点到中心点的尺寸。

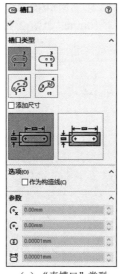

（a）"直槽口"类型　　　　　　（b）"三点圆弧槽口"类型

图 2.66　"槽口"属性管理器

动手学——绘制泵轴草图

本例绘制图 2.67 所示的泵轴草图。

扫一扫，看视频

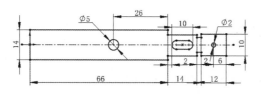

图 2.67　泵轴草图

【操作步骤】

（1）绘制中心线。创建一个新的零件文件，在 FeatureManager 设计树中选择"前视基准面"作为草绘基准面。单击"草图"选项卡中的"中心线"按钮，系统弹出"插入线条"属性管理器，绘制一条水平中心线，单击"确定"按钮✔，中心线绘制完成。

（2）绘制直线。单击"草图"选项卡中的"直线"按钮✏，系统弹出"插入线条"属性管理器，以原点为起点，绘制直线草图，如图2.68所示。

（3）绘制圆。单击"草图"选项卡中的"圆"按钮⊙，系统弹出"圆"属性管理器。分别在左右两端矩形内适当位置绘制半径为2.5mm和1mm的圆，单击"确定"按钮✔，结果如图2.69所示。

图2.68　直线草图	图2.69　绘制圆

（4）绘制直槽口。单击"草图"选项卡中的"直槽口"按钮▭▭，系统弹出"槽口"属性管理器。❶在"槽口类型"中选择"直槽口"▭，❷单击"总长度"按钮▭，❸在草图中适当位置绘制直槽口，❹修改直槽口的宽度尺寸为4mm，❺总长度为10mm，如图2.70所示。❻单击"确定"按钮✔，结果如图2.71所示。

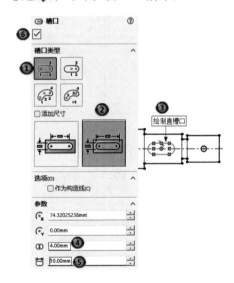

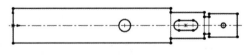

图2.70　直槽口参数设置	图2.71　绘制直槽口

动手练——绘制拨盘草图

本例绘制图2.72所示的拨盘草图。

【操作提示】

（1）绘制半径为20mm、36mm、44mm和70mm的圆。

（2）绘制外接圆直径为108mm的正六边形。

（3）绘制中心点直槽口和直槽口，槽口尺寸如图2.73所示。

（4）剪裁图形。

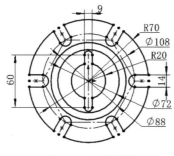

图 2.72　拨盘草图

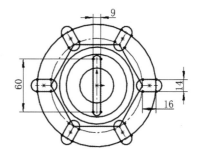

图 2.73　槽口尺寸

2.2.8　绘制样条曲线

【执行方式】

➤ 工具栏：单击"草图"工具栏中的"样条曲线"按钮 N。
➤ 菜单栏：选择菜单栏中的"工具"→"草图绘制实体"→
　"样条曲线"命令。
➤ 选项卡：单击"草图"选项卡中的"样条曲线"按钮 N。

【选项说明】

执行"样条曲线"命令，此时光标变为 ❧ 形状。在绘图区中单击，确定样条曲线的起点，系统弹出"样条曲线"属性管理器，如图 2.74 所示。移动光标，在绘图区中合适的位置单击，确定样条曲线上的第二点。继续移动光标，确定样条曲线上的其他点。按 Esc 键或者双击，退出样条曲线的绘制。

SOLIDWORKS 提供了强大的样条曲线绘制功能，样条曲线至少需要两个点，并且可以在端点指定相切。绘制样条曲线的过程如图 2.75 所示。

图 2.74　"样条曲线"属性管理器

（a）确定第二点　　　　（b）确定第三点　　　　（c）确定其他点

图 2.75　绘制样条曲线的过程

样条曲线绘制完成后，可以通过以下方式对样条曲线进行编辑和修改。

1."样条曲线"属性管理器

在"样条曲线"属性管理器（图 2.74）的"参数"选项组中，可以对样条曲线的各种参数进行修改。

2．样条曲线上的点

选择要修改的样条曲线，此时样条曲线上会出现点，按住鼠标左键拖动这些点即可实现对样条曲线的修改。在图 2.76 中，拖动点 1 到点 2 位置，图 2.76（a）所示为修改前的样条曲线，图 2.76（b）所示为修改后的样条曲线。

（a）修改前的样条曲线 　　　　　（b）修改后的样条曲线

图 2.76　样条曲线的修改过程

3．插入样条曲线型值点

确定样条曲线形状的点称为型值点，即除样条曲线端点以外的点。在绘制样条曲线的过程中，还可以插入一些型值点。右击样条曲线，在弹出的快捷菜单中选择"插入样条曲线型值点"命令，然后在需要添加的位置单击即可。

4．删除样条曲线型值点

若要删除样条曲线上的型值点，则单击要删除的点，然后按 Delete 键即可。

样条曲线的编辑还有其他一些功能，如显示样条曲线控标、显示拐点、显示最小半径与显示曲率检查等，在此不一一介绍，用户可以右击样条曲线，在弹出的快捷菜单中选择相应的功能进行练习。

技巧荟萃：

> 系统默认显示样条曲线的控标。单击"样条曲线工具"工具栏中的"显示样条曲线控标"按钮 ♂，或者选择菜单栏中的"工具"→"样条曲线工具"→"显示样条曲线控标"命令，可以隐藏或者显示样条曲线的控标。

扫一扫，看视频

动手学——绘制空间连杆草图

本例绘制图 2.77 所示的空间连杆草图。

【操作步骤】

（1）绘制矩形。创建一个新的零件文件，在 FeatureManager 设计树中选择"前视基准面"作为草绘基准面。单击"草图"选项卡中的"边角矩形"按钮 □，绘制适当大小的矩形，如图 2.78 所示。

（2）绘制同心圆。单击"草图"选项卡中的"圆"按钮 ⊙，在矩形左上方绘制两个同心圆，结果如图 2.79 所示。

（3）绘制样条曲线 1。单击"草图"选项卡中的"样条曲线"按钮 Ⓝ，❶捕捉矩形上的一点作为起点，依次绘制❷第二点、❸第三点、❹第四点、❺第五点、❻第六点、❼第七点及❽圆上的第八点，如图 2.80 所示。按 Esc

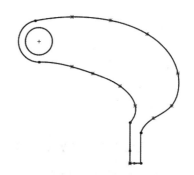

图 2.77　空间连杆草图

键结束命令，❾选中样条曲线，❿拖动第六点调整点位置，如图 2.81 所示。

（4）绘制样条曲线 2。使用同样的方法绘制样条曲线 2，结果如图 2.82 所示。

（5）剪裁实体。单击"草图"选项卡中的"剪裁实体"按钮，剪裁多余图形，结果如图 2.77 所示。

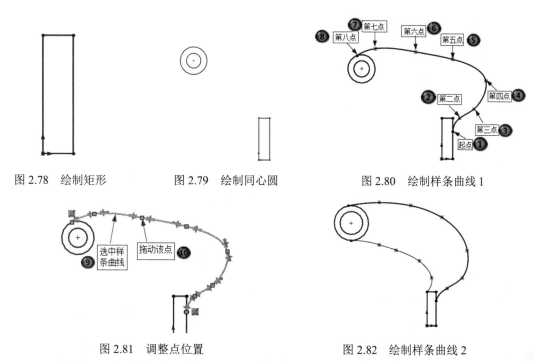

图 2.78　绘制矩形　　　　图 2.79　绘制同心圆　　　　图 2.80　绘制样条曲线 1

图 2.81　调整点位置　　　　　　图 2.82　绘制样条曲线 2

2.2.9　绘制草图文字

【执行方式】

➢ 工具栏：单击"草图"工具栏中的"文字"按钮 🄰 。

➢ 菜单栏：选择菜单栏中的"工具"→"草图绘制实体"→"文本"命令。

➢ 选项卡：单击"草图"选项卡中的"文本"按钮 🄰 。

【选项说明】

执行上述操作，系统弹出"草图文字"属性管理器，如图 2.83 所示。该属性管理器中部分选项的含义如下。

（1）选择边线、曲线、草图及草图段 ↻：选择边线、曲线、草图及草图段。所选实体的名称显示在曲线列表框中，文字沿实体出现。

（2）文字：在"文字"文本框中输入文字。文字在绘图区中沿所选实体出现。如果没有选取实体，则文字从原点开始水平出现。

（3）链接到属性 ▤：将草图文字链接到自定义属性。可使用设计表配置文本。

（4）旋转 ↻：在"文字"文本框中选取文字，然后单击"旋转"按钮 ↻，将所选文字以逆时针旋转 30°。对于其他旋转角度，选取文字，单击"旋转"按钮 C，然后在"文字"文本框中编辑旋转代码。

（5）使用文档字体：取消勾选该复选框，则激活"字体"按钮。

（6）字体：单击该按钮，系统弹出"选择字体"对话框，如图 2.84 所示，按照需要进行设置即可。

图 2.83 "草图文字"属性管理器

图 2.84 "选择字体"对话框

草图文字可以添加在零件特征面上，选择"拉伸"命令或"包覆"命令进行拉伸和切除文字，形成立体效果。文字可以添加在任何连续曲线或边线组中，包括由直线、圆弧或样条曲线组成的圆或轮廓。

📋 **技巧荟萃：**

在草图绘制状态下，双击已绘制的草图文字，在系统弹出的"草图文字"属性管理器中，可以对其进行修改。

扫一扫，看视频

动手学——绘制匾额

本例绘制图 2.85 所示的匾额。

【操作步骤】

（1）打开文件。单击"快速访问"工具栏中的"打开"按钮 📂，打开"匾额"源文件，如图 2.86 所示。

（2）绘制圆弧。选择匾额的上表面作为草绘基准面，单击"草图"选项卡中的"圆心起/终点画弧"按钮 🕐，以原点为圆心，拉伸实体的左侧边为起点、右侧边为终点绘制圆弧，勾选"作为构造线"复选框，结果如图 2.87 所示。

图 2.85 匾额

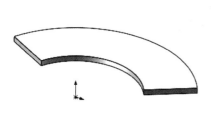

图 2.86　匾额

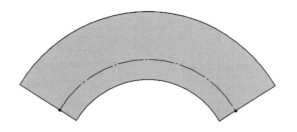

图 2.87　绘制圆弧

（3）输入文字。单击"草图"选项卡中的"文本"按钮，在系统弹出的"草图文字"属性管理器中❶选择第（2）步中绘制的圆弧，❷在"文字"文本框中输入"三维书屋"，❸取消勾选"使用文档字体"复选框，❹单击"字体"按钮，在弹出的"选择字体"对话框中❺选择"华文彩云"字体，❻设置高度为 22mm，❼单击"确定"按钮，返回"草图文字"属性管理器。❽选择排列方式为"居中"，❾设置"间距"为 130%，如图 2.88 所示。❿单击"确定"按钮，草图绘制完成。

📢 注意：

> 利用 4.4 节内容拉伸草图文字，拉伸结果如图 2.89 所示。

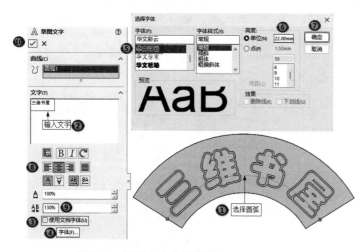

图 2.88　绘制文字参数设置

图 2.89　拉伸结果

动手练——绘制 SOLIDWORKS 文字草图

试利用上面所学知识绘制 SOLIDWORKS 文字草图。

【操作提示】

利用"文字"命令绘制文字。

2.3　综合实例——绘制曲柄草图

本例绘制图 2.90 所示的曲柄草图。

【操作步骤】

（1）绘制中心线。创建一个新的零件文件，在 FeatureManager 设计树中选择"前视基准面"，单击"草图"选项卡中的"中心线"按钮 ，绘制长度为 48mm 的水平中心线和长度为 48mm、角度为 130 度的斜中心线，如图 2.91 所示。

（2）绘制圆。单击"草图"选项卡中的"圆"按钮 ，以原点为圆心绘制半径为 10mm 和 16mm 的圆，再以两中心线的端点为圆心绘制半径为 5mm 和 10mm 的圆，如图 2.92 所示。

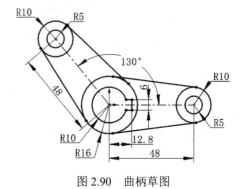

图 2.90　曲柄草图

（3）绘制矩形。单击"草图"选项卡中的"中心矩形"按钮 ，以原点为中心绘制长度为 12.8mm、宽度为 6mm 的矩形，如图 2.93 所示。

（4）绘制切线。单击"草图"选项卡中的"直线"按钮 ，绘制 4 条切线，如图 2.94 所示。

图 2.91　绘制中心线

图 2.92　绘制圆

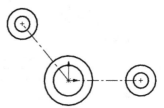

图 2.93　绘制矩形

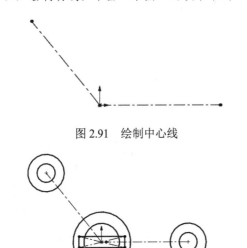

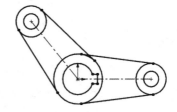

图 2.94　绘制切线

（5）剪裁图线。单击"草图"选项卡中的"剪裁实体"按钮 ，在系统弹出的"剪裁"属性管理器中选择"剪裁到最近端"选项，在绘图区中要剪裁掉的图形位置单击，剪裁多余图线，剪裁结果见图 2.90。

第3章 草图编辑

内容简介

本章将在第 2 章的基础上详细介绍草图的编辑方法，以及如何为草图添加几何关系和尺寸。本章的内容非常重要，通过熟练掌握草图的编辑方法，读者可以快速进行三维建模、提高工程设计的效率，并且能灵活地把该软件应用到其他领域。

内容要点

➤ 智能尺寸标注
➤ 几何关系
➤ 草图工具
➤ 综合实例 ——绘制挂轮架草图

案例效果

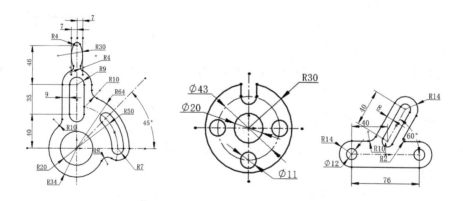

3.1 智能尺寸标注

SOLIDWORKS 2024 是一种尺寸驱动式系统，用户可以指定尺寸及各实体间的几何关系，更改尺寸将改变零件的尺寸与形状。尺寸标注是草图绘制过程中的重要组成部分。虽然 SOLIDWORKS 可以捕捉用户的设计意图，自动进行尺寸标注，但由于各种原因导致自动标注的尺寸不理想，此时用户必须自己进行尺寸标注。

【执行方式】

> 工具栏：单击"草图"工具栏中的"智能尺寸"按钮 。
> 菜单栏：选择菜单栏中的"工具"→"尺寸"→"智能尺寸"命令。
> 选项卡：单击"草图"选项卡中的"智能尺寸"按钮 。
> 快捷菜单：在草图绘制状态下，在绘图区中右击，在弹出的快捷菜单中单击"智能尺寸"按钮 ，如图3.1所示。

【选项说明】

执行"智能尺寸"命令，此时光标变为 形状。将光标放到要标注的直线上，这时光标变为 形状，要标注的直线以黄色高亮显示。在绘图区中单击，则标注尺寸线出现并随着光标移动，将尺寸线移动到适当的位置后单击，则尺寸线被固定下来。

如果在"系统选项-普通"对话框的"系统选项"选项卡中勾选了"输入尺寸值"复选框，则当尺寸线被固定下来时会弹出"修改"对话框，如图3.2所示。在"修改"对话框中输入直线的长度，单击"确定"按钮 ，完成标注。

图3.1 快捷菜单

图3.2 修改尺寸值

如果没有勾选"输入尺寸值"复选框，则需要双击尺寸值，在弹出的"修改"对话框中对尺寸进行修改。

扫一扫，看视频

动手学——标注连接片截面草图

本例对已经绘制好的连接片截面草图进行尺寸标注，如图3.3所示。

【操作步骤】

（1）打开文件。单击"快速访问"工具栏中的"打开"按钮 ，打开"连接片截面草图"源文件，如图3.4所示。

（2）进入草图。在FeatureManager设计树中选择"草图1"，右击，在弹出的快捷菜单中单击"编辑草图"按钮 ，进入草图绘制状态。

（3）标注样式设置。

1）选择菜单栏中的"工具"→"选项"命令，系统弹出"系统选项-普通"对话框，勾选"输入尺寸值"复选框。

2）单击"文档属性"选项卡，选择"尺寸"选项，在"文本"选项组中单击"字体"按钮 字体(F)...，系统弹出"选择字体"对话框，设置字体为"仿宋"，选中"单位"单选按钮，大小设置为 5mm，如图 3.5 所示。

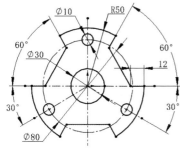

图 3.3　连接片截面草图

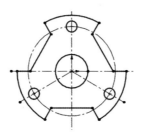

图 3.4　原始文件

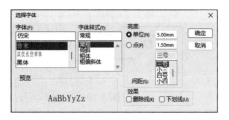

图 3.5　"选择字体"对话框

3）单击"确定"按钮，返回"文档属性-尺寸"对话框，在"主要精度"选项组中设置标注尺寸精度为"无"，在"箭头"选项组中勾选"以尺寸高度调整比例"复选框，如图 3.6 所示。

4）单击"角度"选项，修改文本位置为"折断引线，文字水平 □"，如图 3.7 所示。

图 3.6　设置尺寸参数

图 3.7　设置角度参数

5）单击"直径"选项，修改文本位置为"折断引线，文字水平 ⬚"，勾选"显示第二向外箭头"复选框，如图 3.8 所示。

6）单击"半径"选项，修改文本位置为"折断引线，文字水平 ⬚"，如图 3.9 所示。设置完成后单击"确定"按钮，关闭对话框。

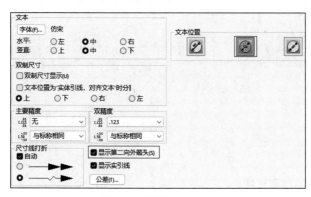

图 3.8　设置直径参数

图 3.9　设置半径参数

（4）标注尺寸。单击"草图"选项卡中的"智能尺寸"按钮 ，❶选择圆弧，拖动光标，❷在适当位置单击，系统弹出"修改"对话框，不需要修改尺寸，❸单击"确定"按钮 ✔，如图 3.10 所示。半径尺寸标注完成，使用同样的方法标注其他尺寸，结果如图 3.11 所示。

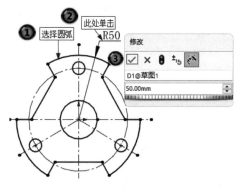

图 3.10   标注半径尺寸

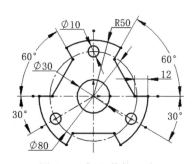

图 3.11   标注其他尺寸

（5）设置小圆的相等约束。单击"草图"选项卡中的"添加几何关系"按钮 ⊥，系统弹出"添加几何关系"属性管理器，选择图 3.12 所示的圆弧 4（蓝色）、圆弧 5（蓝色）和圆弧 6（黑色），在该属性管理器中单击"相等"按钮，再单击"确定"按钮 ✓，相等约束设置完成，3 个小圆的颜色均变为黑色。

（6）设置直线的相等约束。单击"草图"选项卡中的"添加几何关系"按钮 ⊥，系统弹出"添加几何关系"属性管理器，选择图 3.13 所示的直线，在该属性管理器中单击"相等"按钮，单击"确定"按钮 ✓，相等约束设置完成，直线颜色均变为黑色。

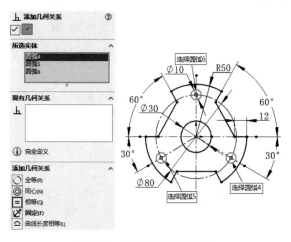

图 3.12   相等约束参数设置

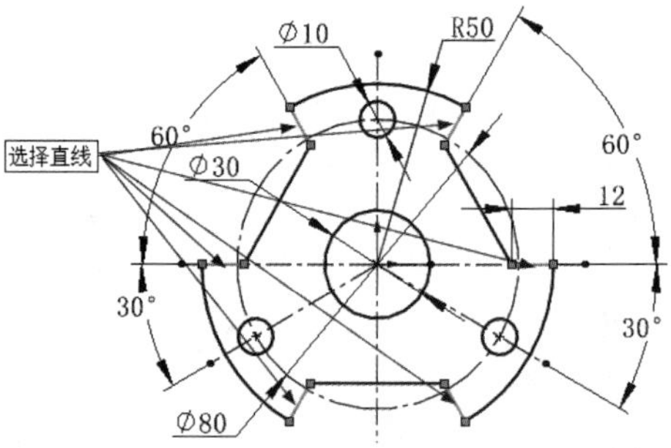

图 3.13   选择直线

动手练——标注挡圈草图

试利用上面所学知识标注图 3.14 所示的挡圈草图。

【操作提示】

（1）设置标注样式。

（2）利用"智能尺寸"命令进行标注。

（3）设置直径为 6mm 的小圆与原点的竖直约束。

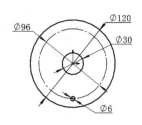

图 3.14   标注挡圈草图

3.2　几 何 关 系

几何关系为草图实体之间或草图实体与基准面、基准轴、边线或顶点之间的几何约束。

3.2.1　自动添加几何关系

使用 SOLIDWORKS 中的自动添加几何关系功能后，在绘制草图时，光标会改变形状以显示可以生成哪些几何关系。图 3.15 所示为不同几何关系对应的光标指针形状。

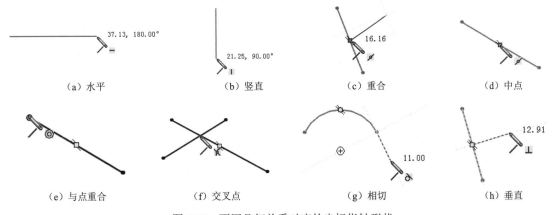

(a) 水平　　　　(b) 竖直　　　　(c) 重合　　　　(d) 中点

(e) 与点重合　　　(f) 交叉点　　　(g) 相切　　　(h) 垂直

图 3.15　不同几何关系对应的光标指针形状

将自动添加几何关系作为系统的默认设置，可做如下操作。

(1) 选择菜单栏中的"工具"→"选项"命令，系统弹出"系统选项-普通"对话框。

(2) 在左侧的树形列表中选择"草图"中的"几何关系/捕捉"选项，然后在右侧的区域中勾选"自动几何关系"复选框，如图 3.16 所示。

图 3.16　自动添加几何关系

(3) 单击"确定"按钮，关闭对话框。

3.2.2 手动添加几何关系

【执行方式】

> 工具栏：单击"尺寸/几何关系"工具栏中的"添加几何关系"按钮┴。
> 菜单栏：选择菜单栏中的"工具"→"关系"→"添加"命令。
> 选项卡：单击"草图"选项卡中的"添加几何关系"按钮┴。

【选项说明】

执行上述操作，选择实体后，系统弹出"添加几何关系"属性管理器，如图3.17所示。该属性管理器中各选项的含义如下。

（1）所选实体：通过在绘图区中选择实体将实体添加到该列表框中。如果要移除该列表框中的所有实体，则在"所选实体"列表框中右击，在弹出的快捷菜单中选择"清除选择"命令即可，如图3.18所示。如果仅移除一个实体，则只需选中该实体，右击，在弹出的快捷菜单中选择"删除"命令即可。

图3.17 "添加几何关系"属性管理器　　　　图3.18 右键快捷菜单

（2）现有几何关系┴：显示所选草图实体现存的几何关系。如果要删除添加的几何关系，则在"现有几何关系"列表框中右击该几何关系，在弹出的快捷菜单中选择"删除"/"删除所有"命令即可。

（3）信息ⓘ：显示所选草图实体的状态为完全定义或欠定义。

（4）添加几何关系：在"添加几何关系"选项组中单击要添加的几何关系类型（相等或固定等），这时添加的几何关系类型就会显示在"现有几何关系"列表框中。表3.1中对各种几何关系进行了说明。

表 3.1　几何关系说明

几何关系	选择的实体	产生的几何关系
水平或竖直	一条或多条直线，两个或多个点	直线会变成水平或竖直（由当前草图的空间定义），而点会水平或竖直对齐
共线	两条或多条直线	实体位于同一条无限长的直线上
全等	两个或多个圆弧	实体会共用相同的圆心和半径
垂直	两条直线	两条直线相互垂直
平行	两条或多条直线	直线相互平行
相切	圆弧、椭圆和样条曲线，以及直线和圆弧、直线和曲面或三维草图中的曲面	两个实体保持相切
同心	两个或多个圆弧，一个点和一个圆弧	圆弧共用同一圆心
中点	一个点和一条直线	点保持位于线段的中点
交叉	两条直线和一个点	点保持位于直线的交叉点处
重合	一个点和一条直线、一个圆弧或椭圆	点位于直线、圆弧或椭圆上
相等	两条或多条直线，两个或多个圆弧	直线长度或圆弧半径保持相等
对称	一条中心线和两个点、直线、圆弧或椭圆	两个实体保持与中心线相等的距离，并位于一条与中心线垂直的直线上
固定	任何实体	实体的大小和位置被固定
穿透	一个草图点和一个基准轴、边线、直线或样条曲线	草图点与基准轴、边线或曲线在草图基准面上穿透的位置重合
合并点	两个草图点或端点	两个点合并成一个点

3.2.3　显示/删除几何关系

可利用"显示/删除几何关系"工具显示手动和自动
应用到草图实体的几何关系，查看有疑问的特定草图实体
的几何关系，并可删除不再需要的几何关系。此外，还可
以通过替换列出的参考引用来修正错误的实体。

【执行方式】

➢ 工具栏：单击"尺寸/几何关系"工具栏中的"显
示/删除几何关系"按钮 ⌐ₒ。

➢ 菜单栏：选择菜单栏中的"工具"→"关系"→
"显示/删除"命令。

➢ 选项卡：单击"草图"选项卡中的"显示/删除几
何关系"按钮 ⌐ₒ。

【选项说明】

执行上述操作，系统弹出"显示/删除几何关系"属性
管理器，如图 3.19 所示。该属性管理器中各选项的含义如下。

（1）几何关系 ⌐ₕ：显示基于所选过滤器的现有几何关

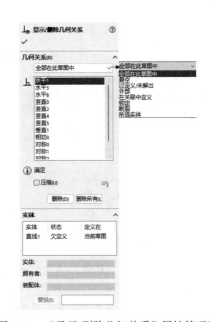

图 3.19　"显示/删除几何关系"属性管理器

系。当从列表中选择一个几何关系时，相关实体的名称显示在实体之下，草图实体在绘图区中高亮显示。

（2）信息 ：显示所选草图实体的状态。如果几何关系在装配体关联内生成，状态可以是断裂或锁定的。

（3）压缩：勾选该复选框，可以为当前的配置压缩几何关系。几何关系的名称变成灰暗色，信息状态更改（例如，从满足到从动）。

（4）删除和删除所有：删除所选几何关系，或者删除所有几何关系。

（5）实体：在"实体"栏中也会显示草图实体的名称、状态。

扫一扫，看视频

动手学——绘制连接盘草图

本例绘制图 3.20 所示的连接盘草图。

【操作步骤】

（1）设置标注样式。创建一个新的零件文件，选择菜单栏中的"工具"→"选项"命令，系统弹出"系统选项-普通"对话框，单击"文档属性"选项卡，选择"尺寸"选项，单击"字体"按钮 ，系统弹出"选择字体"对话框。设置字体为"仿宋"，选中"高度"选项组中的"单位"单选按钮，大小设置为 5mm，单击"确定"按钮返回"系统选项-普通"对话框。在"主要精度"选项组中设置标注尺寸精度为".1"；在"箭头"选项组中勾选"以尺寸高度调整比例"复选框。选择"角度"选项，修改文本位置为"折断引线，文字水平 ⬛"。选择"直径"选项，修改文本位置为"折断引线，文字水平 ⬛"，勾选"显示第二向外箭头"复选框。选择"半径"选项，修改文本位置为"折断引线，文字水平 ⬛"。

📢 **注意：**

> 后面所有草图均需设置尺寸标注样式，方法与上述内容相同，不再赘述。

（2）绘制中心线。在 FeatureManager 设计树中选择"前视基准面"作为草绘基准面，单击"草图"选项卡中的"中心线"按钮 ⟋，绘制相交中心线，如图 3.21 所示。

（3）绘制同心圆。单击"草图"选项卡中的"圆"按钮 ⊙，绘制 3 个适当大小的同心圆，结果如图 3.22 所示。

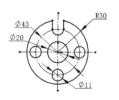

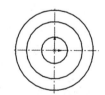

图 3.20　连接盘草图　　　　图 3.21　绘制相交中心线　　　　图 3.22　绘制同心圆

（4）设置"圆"属性。选择中间圆，系统弹出"圆"属性管理器，勾选"作为构造线"复选框，如图 3.23 所示。将草图实线转换为构造线，结果如图 3.24 所示。

（5）绘制圆。单击"草图"选项卡中的"圆"按钮 ⊙，以中心圆的 4 个象限点为圆心绘制圆，结果如图 3.25 所示。

图 3.23 "圆"属性管理器

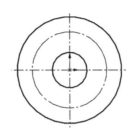
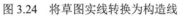

图 3.24 将草图实线转换为构造线

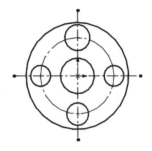

图 3.25 绘制圆

（6）添加相等约束。单击"草图"选项卡中的"添加几何关系"按钮 ，系统弹出"添加几何关系"属性管理器。❶在绘图区中选择（5）中绘制的圆，❷单击"相等"按钮，如图 3.26 所示。❸单击"确定"按钮 ，结果如图 3.27 所示。

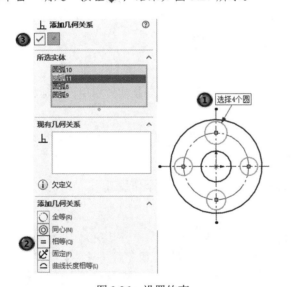

图 3.26 设置约束

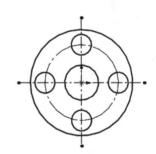

图 3.27 添加相等约束

（7）绘制切线。单击"草图"选项卡中的"直线"按钮 ，绘制图 3.27 中的圆的切线，结果如图 3.28 所示。

（8）剪裁图形。单击"草图"选项卡中的"剪裁实体"按钮 ，对图形进行剪裁，结果如图 3.29 所示。

（9）添加相切约束。单击"草图"选项卡中的"添加几何关系"按钮 ，系统弹出"添加几何关系"属性管理器，选择直线和圆弧设置相切约束。

（10）标注尺寸。单击"草图"选项卡中的"智能尺寸"按钮 ，标注尺寸，结果见图 3.20。

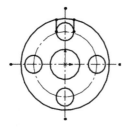

图3.28 绘制切线

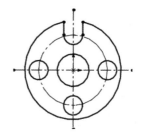

图3.29 剪裁图形

动手练——绘制盘盖草图

试利用上面所学知识绘制图3.30所示的盘盖草图。

【操作提示】

（1）利用草图绘制工具绘制草图轮廓。

（2）将直线与圆弧添加相切约束，并将两侧的圆分别添加相等约束。

（3）标注尺寸。

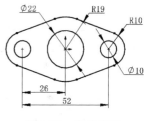

图3.30 盘盖草图

3.3 草 图 工 具

本节主要介绍草图工具的使用方法，如圆角、倒角、等距实体、转换实体引用、剪裁、延伸、镜像和阵列。

3.3.1 绘制圆角

绘制圆角是指在两个草图实体的交叉处剪裁掉角部，从而生成一个切线弧。

【执行方式】

➢ 工具栏：单击"草图"工具栏中的"绘制圆角"按钮 。

➢ 菜单栏：选择菜单栏中的"工具"→"草图工具"→"圆角"命令。

➢ 选项卡：单击"草图"选项卡中的"绘制圆角"按钮 。

【选项说明】

执行上述操作，系统弹出"绘制圆角"属性管理器，如图3.31所示。

"绘制圆角"属性管理器中各选项的含义如下。

（1）要圆角化的实体：当选取一个草图实体时，该实体出现在该列表框中；当选取两个草图实体时，圆角名称出现在该列表框中。

（2）半径 ：控制圆角半径。具有相同半径的连续圆角不会

图3.31 "绘制圆角"属性管理器

单独标注尺寸，它们自动与该系列中的第一个圆角具有相等几何关系。

（3）保持拐角处约束条件：勾选该复选框，如果顶点具有尺寸或几何关系，将保留虚拟交点。如果取消勾选，并且顶点具有尺寸或几何关系，则系统会询问用户是否要在生成圆角时删除这些几何关系。

（4）标注每个圆角的尺寸：勾选该复选框，将尺寸添加到每个圆角。当取消勾选时，在圆角之间添加相等几何关系。

技巧荟萃：

> SOLIDWORKS 可以将两个非交叉的草图实体进行倒圆角操作。执行"圆角"命令后，草图实体将被拉伸，边角将被处理为圆角。

动手学——绘制底座草图

本例将利用草图绘制工具绘制图 3.32 所示的底座草图的圆角。

扫一扫，看视频

【操作步骤】

（1）打开文件。单击"快速访问"工具栏中的"打开"按钮 ，打开"底座草图"源文件，如图 3.33 所示。

（2）进入草图。在 FeatureManager 设计树中选择"草图 1"，右击，在弹出的快捷菜单中单击"编辑草图"按钮 ，如图 3.34 所示，进入草绘环境。

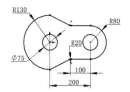

图 3.32　底座草图

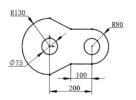

图 3.33　源文件

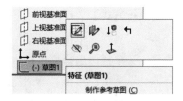

图 3.34　快捷菜单

（3）绘制圆角。单击"草图"选项卡中的"绘制圆角"按钮 ，在弹出的"绘制圆角"属性管理器中❶设置圆角半径为 20mm，❷勾选"保持拐角处约束条件"复选框，在绘图区中选择❸直线 1 和❹直线 2，如图 3.35 所示（在选择该直线时，系统弹出 SOLIDWORKS 对话框，单击"是"按钮即可）。继续选取另一侧的两条直线进行圆角，❺单击"确定"按钮 ，结果如图 3.36 所示。

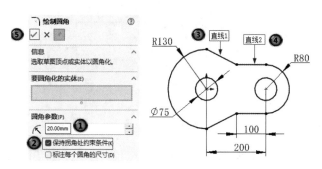

图 3.35　设置圆角参数

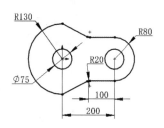

图 3.36　圆角结果

动手练——绘制工字钢圆角

试利用上面所学知识绘制图 3.37 所示的工字钢的圆角。

【操作提示】

（1）打开"工字钢"源文件，如图 3.38 所示。

（2）对图 3.39 所示的位置进行圆角，圆角半径为 10mm。

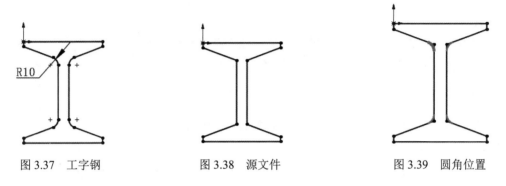

图 3.37　工字钢　　　　　　图 3.38　源文件　　　　　　图 3.39　圆角位置

3.3.2　绘制倒角

绘制倒角是将倒角应用到相邻的草图实体中。

【执行方式】

➢ 工具栏：单击"草图"工具栏中的"绘制倒角"按钮 ⌐。

➢ 菜单栏：选择菜单栏中的"工具"→"草图工具"→"倒角"命令。

➢ 选项卡：单击"草图"选项卡中的"绘制倒角"按钮 ⌐。

【选项说明】

执行上述操作，系统弹出"绘制倒角"属性管理器，如图 3.40 所示。该属性管理器中各选项的含义如下。

（1）角度距离：选中该单选按钮，设置距离值和角度值，如图 3.41 所示。距离值应用到第一个选择的草图实体。

图 3.40　"绘制倒角"属性管理器

图 3.41　"角度距离"选项

（2）距离-距离：如果勾选"相等距离"复选框，则只需设置一个距离尺寸；否则设置两个距离尺寸。

倒角的选取方法与圆角相同。"绘制倒角"属性管理器中提供了两种设置倒角的方式，分别是"角度距离"设置方式和"距离-距离"设置方式。

以"距离-距离"设置方式绘制倒角时，如果设置的两个距离不相等，则选择草图实体的次序不同，绘制的结果也不相同。如图 3.42 所示，设置 D1＝10、D2＝20，图 3.42（a）所示为原始图形；图 3.42（b）所示为先选择左侧的直线、后选择右侧直线形成的倒角；图 3.42（c）所示为先选择右侧的直线、后选择左侧直线形成的倒角。

（a）原始图形　　　　（b）先左后右的图形　　　　（c）先右后左的图形

图 3.42　选择直线次序不同形成的倒角

扫一扫，看视频

动手学——绘制泵轴倒角

本例将利用草图绘制工具绘制图 3.43 所示的泵轴草图的倒角。

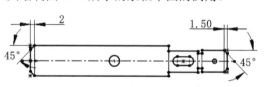

图 3.43　泵轴草图

【操作步骤】

（1）打开文件。单击"快速访问"工具栏中的"打开"按钮，打开"泵轴草图"源文件，如图 3.44 所示。

（2）绘制倒角 1。单击"草图"选项卡中的"绘制倒角"按钮，系统弹出"绘制倒角"属性管理器。❶倒角参数选择"角度距离"，❷倒角距离为 1.5mm，❸角度为 45 度，选择图 3.45 所示的❹直线 1 和❺直线 2，再选择❻直线 3 和❼直线 2 进行倒角。❽单击"确定"按钮，结果如图 3.46 所示。

（3）绘制倒角 2。使用同样的方法对泵轴的左端进行倒角，倒角距离为 2mm，角度为 45 度，结果如图 3.47 所示。

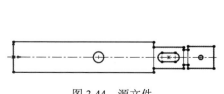

图 3.44　源文件

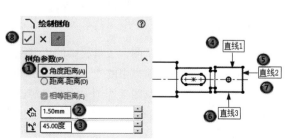

图 3.45　倒角参数设置

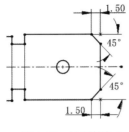
　　图 3.46　绘制倒角 1

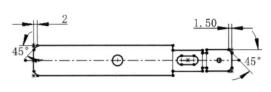
　　图 3.47　绘制倒角 2

（4）绘制连线。单击"草图"选项卡中的"直线"按钮／，绘制倒角处的连线。

动手练——绘制螺栓的倒角

试利用上面所学知识绘制图 3.48 所示的螺栓的倒角。

【操作提示】

（1）打开"螺栓草图"源文件，如图 3.49 所示。

（2）对图 3.50 所示的位置进行倒角，倒角参数选择"角度距离"，倒角距离为 1mm，角度为 45 度。

（3）补画直线并对图形进行剪裁。

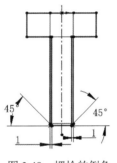
图 3.48　螺栓的倒角

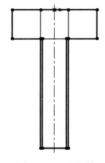
图 3.49　源文件

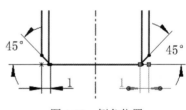
图 3.50　倒角位置

3.3.3　等距实体

等距实体是按特定的距离等距一个或者多个草图实体、所选模型边线、模型面，如样条曲线或圆弧、模型边线组、环等之类的草图实体。

【执行方式】

➤ 工具栏：单击"草图"工具栏中的"等距实体"按钮◰。

➤ 菜单栏：选择菜单栏中的"工具"→"草图工具"→"等距实体"命令。

➤ 选项卡：单击"草图"选项卡中的"等距实体"按钮◰。

【选项说明】

执行上述操作，系统弹出"等距实体"属性管理器，如图 3.51 所示。

图 3.51 "等距实体"属性管理器

"等距实体"属性管理器中各选项的含义如下。

（1）等距距离 ：设定数值以特定距离等距草图实体。

（2）添加尺寸：勾选该复选框，将在草图中添加等距距离的尺寸标注，这不会影响到包括在原有草图实体中的任何尺寸。

（3）反向：勾选该复选框，将更改单向等距实体的方向。

（4）选择链：勾选该复选框，将生成所有连续草图实体的等距。

（5）双向：勾选该复选框，将在草图中双向生成等距实体。

（6）构造几何体：在该选项组中勾选"基本几何体"复选框、"偏移几何体"复选框或两者都勾选，可将原始草图实体转换为构造线。

（7）顶端加盖：勾选该复选框，将通过选择双向并添加一顶盖来延伸原有非相交草图实体。

图 3.52 所示为按照图 3.51 所示的"等距实体"属性管理器进行设置后，选取中间草图实体中任意一部分得到的图形。

图 3.53 所示为在模型面上添加草图实体的过程，图 3.53（a）所示为原始图形，图 3.53（b）所示为等距实体后的图形。执行过程为先选择图 3.53（a）中的模型的上表面，然后进入草图绘制状态，最后执行"等距实体"命令，设置参数为单向等距距离，距离为 10mm。

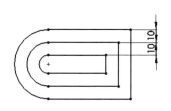

图 3.52 等距后的草图实体

（a）原始图形　　　（b）等距实体后的图形

图 3.53 模型面等距实体

技巧荟萃：

在草图绘制状态下，双击等距距离的尺寸，然后更改数值，即可修改等距实体的距离。在双向等距中，修改单个数值即可更改两个等距的尺寸。

动手学——绘制拨叉草图

本例绘制图 3.54 所示的拨叉草图。

【操作步骤】

（1）设置草绘平面。创建一个新的零件文件，在 FeatureManager 设计树中选择"前视基准面"作为草绘基准面。单击"草图"选项卡中的"草图绘制"按钮 ，进入草图绘制状态。

（2）绘制中心点直槽口 1。单击"草图"选项卡中的"直槽口"按钮 ，系统弹出"槽口"属性管理器，槽口尺寸类型选择"中心到中心"，以原点为中心点绘制宽度为 28mm，中心距为 76mm

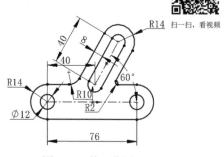

扫一扫，看视频

图 3.54 拨叉草图

的中心点直槽口，如图3.55所示。单击"确定"按钮 ✓，结果如图3.56所示。

（3）绘制中心点直槽口2。单击"草图"选项卡中的"直槽口"按钮 ⊙⊙，系统弹出"槽口"属性管理器，槽口尺寸类型选择"中心到中心"，在图3.56中的中心点直槽口的上方直线上捕捉一点作为起点绘制槽口，宽度为28mm，中心距为40mm，单击"确定"按钮 ✓，结果如图3.57所示。

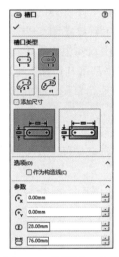

图3.55　设置槽口参数　　　　图3.56　绘制中心点直槽口1　　　　图3.57　绘制中心点直槽口2

（4）绘制圆。单击"草图"选项卡中的"圆"按钮 ⊙，绘制圆，如图3.58所示。

（5）尺寸标注。单击"草图"选项卡中的"智能尺寸"按钮 ✎，标注草图尺寸，如图3.59所示。

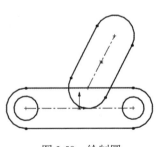

图3.58　绘制圆

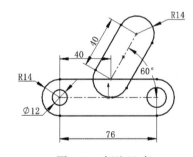

图3.59　标注尺寸

（6）设置相等约束。单击"草图"选项卡中的"添加几何关系"按钮 ┻，选择图3.58中绘制的两个圆，设置相等约束。

（7）等距实体。单击"草图"选项卡中的"等距实体"按钮 ⊏，系统弹出"等距实体"属性管理器。❶设置距离为8mm，❷勾选"反向"复选框和❸"选择链"复选框，❹选择中心点直槽口的边，如图3.60所示。❺单击"确定"按钮 ✓，结果如图3.61所示。

（8）剪裁图形。单击"草图"选项卡中的"剪裁实体"按钮 ⊁，对图形进行剪裁，结果如图3.62所示。

（9）绘制圆角。单击"草图"选项卡中的"绘制圆角"按钮 ⌐，圆角半径分别为10mm和2mm，结果如图3.63所示。

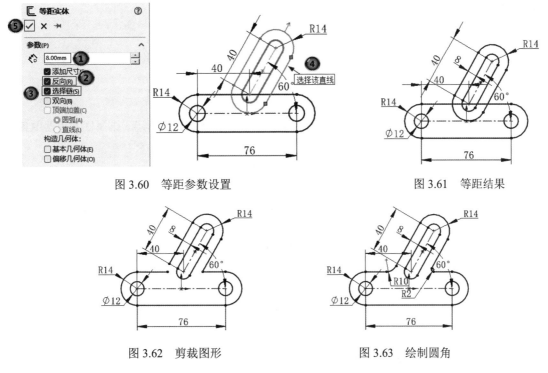

图 3.60　等距参数设置　　　　　　　　　　图 3.61　等距结果

图 3.62　剪裁图形　　　　　　　　　　图 3.63　绘制圆角

动手练——绘制凸轮连杆草图

本例绘制图 3.64 所示的凸轮连杆草图。

【操作提示】

（1）绘制圆，标注尺寸并设置相等和水平约束，如图 3.65 所示。

（2）利用"等距实体"命令，将两圆向内等距 1mm。

（3）绘制直线，标注尺寸并进行剪裁。

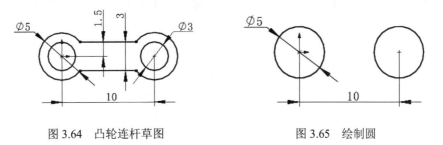

图 3.64　凸轮连杆草图　　　　　　　　图 3.65　绘制圆

3.3.4　转换实体引用

转换实体引用是指通过已有的模型或者草图，将其边线、环、面、曲线、外部草图轮廓线、一组边线或一组草图曲线投影到草图基准面上。通过这种方式，用户可以在草图基准面上生成一个或多个草图实体。使用该命令时，如果引用的实体发生更改，那么转换的草图实体也会相应地改变。

【执行方式】

➢ 工具栏：单击"草图"工具栏中的"转换实体引用"按钮 。

➢ 菜单栏：选择菜单栏中的"工具"→"草图工具"→"转换实体引用"命令。

➢ 选项卡：单击"草图"选项卡中的"转换实体引用"按钮。

【选项说明】

执行上述操作，系统弹出"转换实体引用"属性管理器，如图 3.66 所示。该属性管理器中各选项的含义如下。

（1）要转换的实体：单击模型边线、环、面、曲线、外部草图轮廓线、一组边线或一组曲线。

（2）选择链：勾选该复选框，则与选择的实体相邻的实体也将被转换。

（3）逐个内环面：勾选该复选框，则当选择内环面的一条边线时，在列表框中显示为"环"；否则显示为"边"。

图 3.66   "转换实体引用"属性管理器

（4）选择所有内环面：只有选择了整个实体面时，该按钮才能激活。单击该按钮，实体面上的所有内环面都将被选中。

动手学——绘制前盖草图

本例绘制图 3.67 所示的前盖草图。

【操作步骤】

（1）打开文件。单击"快速访问"工具栏中的"打开"按钮，打开"前盖"源文件，如图 3.68 所示。

（2）设置草绘基准面。选择图 3.68 中的面 1，单击"草图"工具栏中的"草图绘制"按钮，进入草图绘制状态。

图 3.67 前盖草图

（3）转换实体引用。单击"草图"选项卡中的"转换实体引用"按钮，系统弹出"转换实体引用"属性管理器，依次选择①边线 1、②边线 2、③边线 3 和④边线 4，⑤单击"确定"按钮，结果如图 3.69 所示。

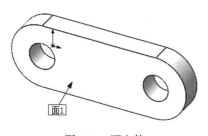

图 3.68   源文件

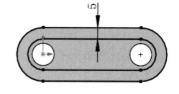

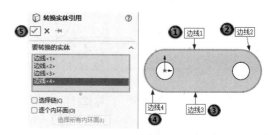

图 3.69   "转换实体引用"属性管理器

（4）等距实体。单击"草图"选项卡中的"等距实体"按钮，系统弹出"等距实体"属性管理器，设置等距距离为 5mm，勾选"选择链"和"反向"复选框，选择最外侧轮廓线，单击"确定"按钮，结果见图 3.67。

3.3.5　草图剪裁

草图剪裁是常用的草图编辑命令。根据草图实体的不同，可以选择不同的剪裁模式。

【执行方式】

➢ 工具栏：单击"草图"工具栏中的"剪裁实体"按钮 ⊁。

➢ 菜单栏：选择菜单栏中的"工具"→"草图工具"→"剪裁"命令。

➢ 选项卡：单击"草图"选项卡中的"剪裁实体"按钮 ⊁。

【选项说明】

执行上述操作，系统弹出"剪裁"属性管理器，如图 3.70 所示。该属性管理器中各选项的含义如下。

图 3.70　"剪裁"属性管理器

（1）强劲剪裁 ⊬：若想剪裁实体，按住鼠标左键并在实体上拖动，或单击一实体，然后单击一边界实体或绘图区中任意位置。若想延伸实体，按住 Shift 键，然后在实体上拖动鼠标。

（2）边角 ⊢：选择两相交实体，则选择的部分被保留，其余交点以外的部分被剪裁掉。

（3）在内剪除 ⊯：选择两个边界实体或一个面，然后选择要剪裁的实体。此选项移除边界内的实体部分。

（4）在外剪除 ⊞：选择两个边界实体或一个面，然后选择要剪裁的实体。此选项移除边界外的实体部分。

（5）剪裁到最近端 ⊣：选择一实体剪裁到最近端交叉实体或拖动到实体。

（6）将已剪裁的实体保留为构造几何体：勾选该复选框，将要剪裁掉的实体转换为构造几何体。

（7）忽略对构造几何体的剪裁：勾选该复选框，剪裁实体使构造几何体不受影响。

动手学——绘制扳手草图

本例绘制图 3.71 所示的扳手草图。

扫一扫，看视频

图 3.71　扳手草图

【操作步骤】

（1）设置草绘平面。创建一个新的零件文件，在 FeatureManager 设计树中选择"前视基准面"作为草绘基准面。单击"草图"选项卡中的"草图绘制"按钮 ⟋，进入草图绘制状态。

（2）设置选项。选择菜单栏中的"工具"→"选项"命令，系统弹出"系统选项-普通"对话框，选择"草图"选项，勾选"在生成实体时启用荧幕上数字输入"复选框，单击"确定"按钮，关闭对话框。

（3）绘制矩形。单击"草图"选项卡中的"边角矩形"按钮□，在绘图区中绘制适当大小的矩形，绘制过程中输入矩形尺寸，结果如图3.72所示。

（4）绘制圆。单击"草图"选项卡中的"圆"按钮⊙，以矩形两短边中点为圆心，绘制半径为10mm的圆，结果如图3.73所示。

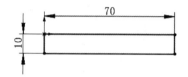

图3.72　绘制矩形

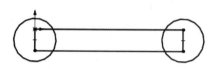

图3.73　绘制圆

（5）绘制六边形。单击"草图"选项卡中的"多边形"按钮⊙，绘制六边形，如图3.74所示。

（6）添加重合约束。单击"草图"选项卡中的"添加几何关系"按钮⊥，系统弹出"添加几何关系"属性管理器，选择点1和点2与左侧的圆设置重合约束，点3和点4与右侧的圆设置重合约束，结果如图3.75所示。

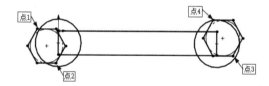

图3.74　绘制六边形

图3.75　添加重合约束

（7）标注尺寸。单击"草图"选项卡中的"智能尺寸"按钮✓，标注草图尺寸，如图3.76所示。

（8）剪裁实体。单击"草图"选项卡中的"剪裁实体"按钮⊁，系统弹出"剪裁"属性管理器，单击"剪裁到最近端"按钮┼，按住鼠标左键并在实体上拖动，剪裁多余图形，如图3.77所示。

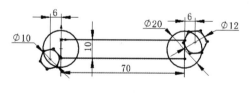

图3.76　标注尺寸

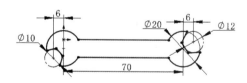

图3.77　剪裁结果

3.3.6　草图延伸

草图延伸是常用的草图编辑工具。该工具可以将草图实体延伸至另一个草图实体。

【执行方式】

➢ 工具栏：单击"草图"工具栏中的"延伸实体"按钮⊺。

➢ 菜单栏：选择菜单栏中的"工具"→"草图工具"→"延伸"命令。

➤ 选项卡：单击"草图"选项卡中的"延伸实体"按钮 ⊤。

【选项说明】

执行上述操作，光标变为 ⊤ 形状，进入草图延伸状态。单击要延伸的实体，系统将该实体自动延伸至另一实体边界，如图 3.78 所示。

（a）延伸前的图形   （b）延伸后的图形

图 3.78　草图延伸过程

在延伸草图实体时，如果两个方向都可以延伸，而只需要在向单一方向延伸时，单击延伸方向一侧的实体部分即可实现。在执行该命令的过程中，实体延伸的结果在预览时会以红色显示。

动手学——绘制部分球头轴草图

本例绘制图 3.79 所示的球头轴草图的上半部分轮廓。

【操作步骤】

（1）绘制直线。创建一个新的零件文件，在 FeatureManager 设计树中选择"前视基准面"作为草绘基准面。单击"草图"选项卡中的"直线"按钮 ╱，以原点为起点绘制球头轴的上侧轮廓线，如图 3.80 所示。

（2）延伸直线。单击"草图"选项卡中的"延伸实体"按钮 ⊤，在绘图区中 ❶ 单击图 3.80 中的直线 1 的下方部分，❷ 单击直线 2 的下方部分，❸ 单击直线 3 的下方部分，❹ 单击直线 4 的下方部分，将直线延伸到中心线，结果如图 3.81 所示。

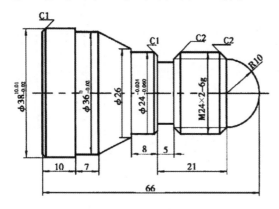

图 3.79　球头轴草图

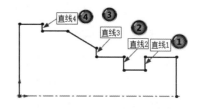

图 3.80　绘制球头轴的上侧轮廓线

（3）绘制倒角。单击"草图"选项卡中的"绘制倒角"按钮 ╲，系统弹出"绘制倒角"属性管理器。倒角参数选择"距离-距离"，勾选"相等距离"复选框，距离值设置为 1mm，选择直线进行倒角。单击"确定"按钮 ✔，结果如图 3.82 所示。

（4）绘制直线。单击"草图"选项卡中的"直线"按钮 ✏，补画直线，如图3.83所示。

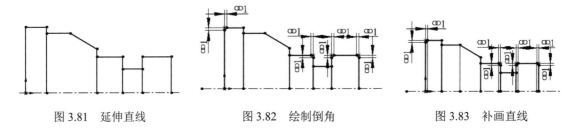

图3.81　延伸直线　　　　图3.82　绘制倒角　　　　图3.83　补画直线

3.3.7　草图镜像

在绘制草图时，经常要绘制对称的图形，这时可以使用"镜像实体"命令实现。

【执行方式】

➤ 工具栏：单击"草图"工具栏中的"镜像实体"按钮 ⚏/"动态镜像实体"按钮 ⚏。

➤ 菜单栏：选择菜单栏中的"工具"→"草图工具"→"镜像"/"动态镜像"命令。

➤ 选项卡：单击"草图"选项卡中的"镜像实体"按钮 ⚏。

【选项说明】

在SOLIDWORKS 2024中，镜像点不再局限于构造线，它可以是任意类型的直线。SOLIDWORKS 2024提供了两种镜像方式：一种是镜像现有草图实体；另一种是在绘制草图时动态镜像草图实体。

1. 镜像现有草图实体

执行"镜像实体"命令，系统弹出"镜像"属性管理器，如图3.84所示。该属性管理器中各选项的含义如下。

（1）要镜像的实体 ⚏：选择要镜像的某些或所有实体。

（2）复制：勾选该复选框，则镜像后保留原始实体和镜像实体。

（3）镜像轴 ⚏：选择任意直线、模型的线性边线、参考基准面、平面模型面或线性边线均可作为镜像轴。

2. 动态镜像草图实体

动态镜像草图实体是在草图绘制状态下，先在绘图区中绘制一条中心线并选取它，然后绘制草图，此时另一侧会动态地镜像出绘制的草图。

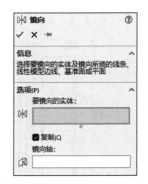

图3.84　"镜像"属性管理器

扫一扫，看视频

动手学——绘制球头轴草图

本例在3.3.6小节中绘制的部分球头轴草图的基础上继续绘制其余部分草图，如图3.85所示。

【操作步骤】

（1）打开文件。单击"快速访问"工具栏中的"打开"按钮 📂，打开"泵轴草图"源文件，如图3.86所示。

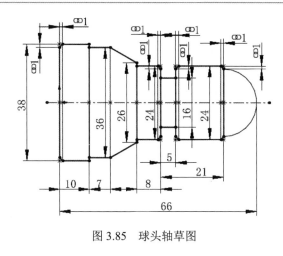

图 3.85 球头轴草图

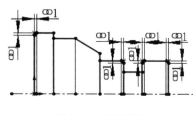

图 3.86 泵轴草图

（2）镜像图形。单击"草图"选项卡中的"镜像实体"按钮 ⚮，系统弹出"镜像"属性管理器，在绘图区中 ❶ 选择上半部分轮廓线，❷ 选择中心线作为镜像轴，如图 3.87 所示。❸ 单击"确定"按钮 ✓，结果如图 3.88 所示。

（3）绘制圆弧。单击"草图"选项卡中的"圆心/起/终点画弧"按钮 ⌕，以右端直线的中点为圆心绘制圆弧，如图 3.89 所示。

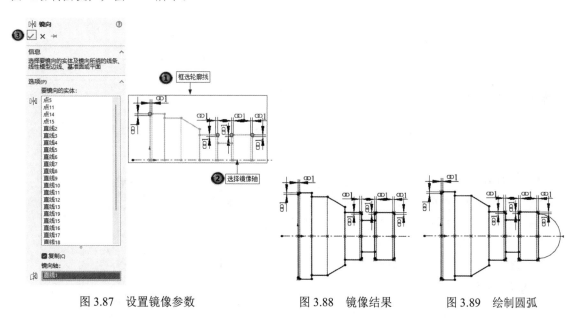

图 3.87 设置镜像参数　　图 3.88 镜像结果　　图 3.89 绘制圆弧

（4）标注尺寸。单击"草图"选项卡中的"智能尺寸"按钮 ✎ 和"添加几何关系"按钮 ⊥，标注图形尺寸并添加约束，见图 3.85。

动手练——绘制压盖草图

试利用上面所学知识绘制图 3.90 所示的压盖草图。

【操作提示】

（1）绘制中心线。

（2）绘制圆，如图 3.91 所示。

（3）绘制两圆的切线，并设置相切约束，如图 3.92 所示。

（4）以水平中心线为镜像轴，镜像切线，如图 3.93 所示。

（5）以竖直中心线为镜像轴，镜像左侧的圆及切线，如图 3.94 所示。

（6）剪裁实体。

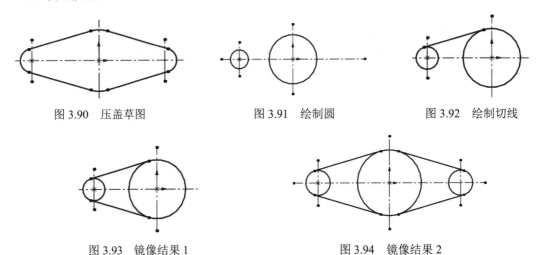

图 3.90　压盖草图　　　　图 3.91　绘制圆　　　　图 3.92　绘制切线

图 3.93　镜像结果 1　　　　　　图 3.94　镜像结果 2

3.3.8　线性草图阵列

线性草图阵列是将草图实体沿一个或者两个轴复制生成多个排列图形。

【执行方式】

➢ 工具栏：单击"草图"工具栏中的"线性草图阵列"按钮 ⬚。

➢ 菜单栏：选择菜单栏中的"工具"→"草图工具"→"线性阵列"命令。

➢ 选项卡：单击"草图"选项卡中的"线性草图阵列"按钮 ⬚。

【选项说明】

执行上述操作，系统弹出"线性阵列"属性管理器，如图 3.95 所示。该属性管理器中各选项的含义如下。

（1）方向 1/2 的方向参考：选择 X/Y 轴、线性实体或模型边线作为方向 1/2 的方向参考。

（2）反向 ⬏：单击该按钮，调整阵列方向相反。

（3）间距 ⬚：设定阵列实例间的距离。

图 3.95　"线性阵列"属性管理器

（4）标注 X 间距：勾选该复选框，则显示阵列实例之间的尺寸。

（5）实例数 ⌗：设定阵列实例的数量。

（6）显示实例记数：勾选该复选框，则显示阵列的实例个数。

（7）角度 ⌗：水平设定角度方向（X 轴）。

（8）固定 X 轴方向：勾选该复选框，应用约束以固定实例沿 X 轴的旋转。

（9）在轴之间标注角度：勾选该复选框，则为阵列之间的角度显示尺寸。沿 Y 轴的角度值取决于阵列沿 Y 轴的方向以及沿 X 轴的角度设置的值。

（10）要阵列的实体 ⌗：在绘图区中选取草图实体。

（11）可跳过的实例：单击该列表框，当光标变为 🖑 时单击要移除的实例。

动手学——绘制盘盖底板草图

本例绘制图 3.96 所示的盘盖底板草图。

【操作步骤】

（1）绘制矩形。创建一个新的零件文件，在 FeatureManager 设计树中选择"前视基准面"作为草绘基准面。单击"草图"选项卡中的"边角矩形"按钮 ▭，在绘图区中绘制大小为 80mm×140mm 的矩形。

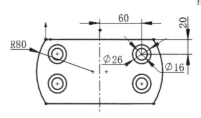

图 3.96 盘盖底板草图

（2）绘制圆弧。单击"草图"选项卡中的"3 点圆弧"按钮 ⌒，绘制圆弧，半径为 80mm，结果如图 3.97 所示。

（3）绘制中心线。单击"草图"选项卡中的"中心线"按钮 ⟋，过矩形的中点绘制竖直中心线。

（4）镜像实体。单击"草图"选项卡中的"镜像实体"按钮 ⧉，系统弹出"镜像"属性管理器，选择圆弧，以中心线为镜像轴进行镜像，结果如图 3.98 所示。

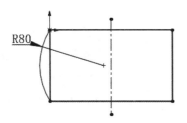

图 3.97 绘制矩形和圆弧

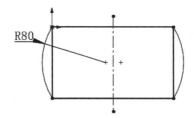

图 3.98 镜像结果

（5）剪裁实体。单击"草图"选项卡中的"剪裁实体"按钮 ✂，单击"剪裁到最近端"按钮 ┼，对图形进行剪裁，结果如图 3.99 所示。

（6）绘制圆。单击"草图"选项卡中的"圆"按钮 ⊙，绘制圆，如图 3.100 所示。

（7）线性阵列实体。单击"草图"选项卡中的"线性草图阵列"按钮 ⊞，系统弹出"线性阵列"属性管理器。❶在"要阵列的实体"列表框中单击，❷然后在绘图区中选择阵列实体，❸设置方向 1(1)的实例数为 2，❹间距为 120mm，❺单击"反向"按钮 ↗，❻取消勾选"显示实例记数"复选框，❼设置方向 2(2)的实例数为 2，❽间距为 40mm，❾单击"反向"按钮 ↗，❿取消勾选"显示实例记数"复选框，参数设置如图 3.101 所示。⑪单击"确定"按钮 ✔ ，结果如图 3.102 所示。

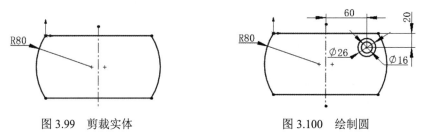

图 3.99　剪裁实体　　　　　　　　　　图 3.100　绘制圆

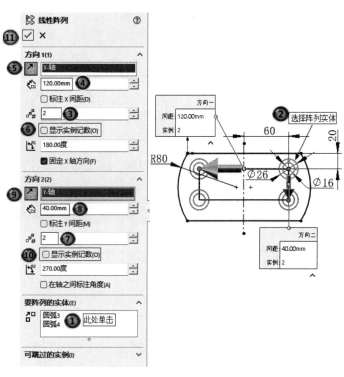

图 3.101　"线性阵列"属性管理器　　　　图 3.102　线性阵列结果

动手练——绘制齿条草图

试利用上面所学知识绘制图 3.103 所示的齿条草图。

【操作提示】

（1）绘制矩形，尺寸为 12mm×160mm。

（2）绘制轮齿，尺寸如图 3.104 所示。

（3）线性阵列轮齿，实例数为 25，间距为 6.28mm。

（4）剪裁实体。

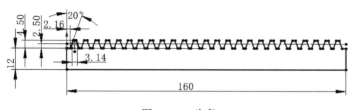

图 3.103　齿条

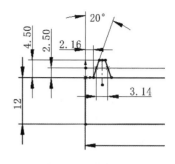

图 3.104　轮齿尺寸

3.3.9　圆周草图阵列

圆周草图阵列是将草图实体沿一个指定大小的圆弧进行环状阵列。

【执行方式】

➤ 工具栏：单击"草图"工具栏中的"圆周草图阵列"按钮 。

➤ 菜单栏：选择菜单栏中的"工具"→"草图工具"→"圆周阵列"命令。

➤ 选项卡：单击"草图"选项卡中的"圆周草图阵列"按钮 。

【选项说明】

执行上述操作，系统弹出"圆周阵列"属性管理器，如图 3.105所示。该属性管理器中部分选项的含义如下。

（1）阵列中心 ：为阵列选取一中心点。选取要阵列的草图实体后，系统自动选择草图原点为中心点，用户也可以自行定义中心点。

图 3.105　"圆周阵列"属性管理器

（2）间距 ：勾选"等间距"复选框时，该参数用于指定阵列中包括的总度数。取消勾选时，该参数用于指定相邻阵列实例间的夹角。

（3）等间距：勾选该复选框，则阵列实例之间的间距相等。

（4）标注半径：勾选该复选框，则显示圆周阵列的半径。

（5）标注角间距：勾选该复选框，则显示阵列实例之间的夹角。

（6）半径 ：指定阵列的半径。

（7）圆弧角度 ：指定从所选实体的中心到阵列的中心点或顶点所测量的夹角。

动手学——绘制间歇轮截面草图

本例将利用草图绘制工具绘制图 3.106 所示的截面草图。

扫一扫，看视频

【操作步骤】

（1）绘制中心线。创建一个新的零件文件，在 FeatureManager 设计树中选择"前视基准面"作为草绘基准面。单击"草图"选项卡中的"中心线"按钮 ，绘制相交中心线，并将两中心线的中点与原点设置重合约束，如图 3.107 所示。

（2）绘制圆 1。单击"草图"选项卡中的"圆"按钮 ，以原点为圆心绘制半径为 32mm、26.5mm 和 14mm 的圆，并将半径为 14mm 的圆转换为构造线，如图 3.108 所示。

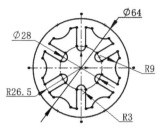

图 3.106　间歇轮截面草图

（3）绘制圆 2。单击"草图"选项卡中的"圆"按钮 ，分别以半径为 14mm 的圆的下象限点和半径为 32mm 的圆的右象限点为圆心绘制半径为 3mm 和 9mm 的圆，如图 3.109 所示。

图 3.107　绘制中心线

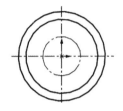

图 3.108　绘制圆 1

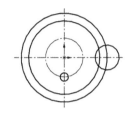

图 3.109　绘制圆 2

（4）绘制切线。单击"草图"选项卡中的"直线"按钮 ，绘制半径为 3mm 的圆的切线，如图 3.110 所示。

（5）圆周阵列实体。单击"草图"选项卡中的"圆周草图阵列"按钮 ，系统弹出"圆周阵列"属性管理器。❶选择（4）中绘制的半径为 3mm 的圆的切线和（3）中绘制的半径为 9mm 的圆作为阵列实体，以原点为阵列中心点进行阵列，❷阵列角度为 360 度，❸勾选"等间距"复选框，❹实例数设置为 6，❺取消勾选"显示实例记数"复选框，参数设置如图 3.111 所示。❻单击"确定"按钮 ，结果如图 3.112 所示。

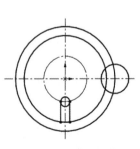

图 3.110　绘制切线

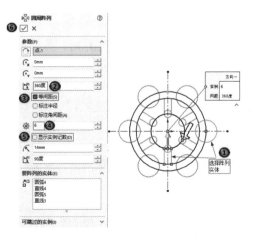

图 3.111　圆周阵列参数设置

（6）剪裁图形。单击"草图"选项卡中的"剪裁实体"按钮🔀，单击"剪裁到最近端"按钮╁，对图形进行剪裁，结果如图 3.113 所示。

（7）标注尺寸。单击"草图"选项卡中的"智能尺寸"按钮🖎，标注草图尺寸，如图 3.114 所示。

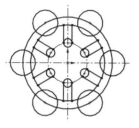

图 3.112　圆周阵列结果

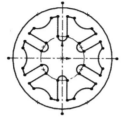

图 3.113　剪裁图形

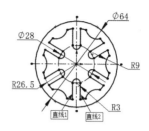

图 3.114　标注尺寸

（8）添加相切约束。单击"草图"选项卡中的"添加几何关系"按钮⊥，系统弹出"添加几何关系"属性管理器，将图 3.114 中的直线 1 和直线 2 分别与圆弧添加相切约束，结果如图 3.106 所示。

动手练——绘制棘轮草图

试利用上面所学知识绘制图 3.115 所示的棘轮草图。

【操作提示】

（1）绘制圆，并将半径为 85mm 的圆转换为构造线。

（2）绘制半径为 85mm 的圆和半径为 100mm 的圆的右象限点的连线，并绘制一条角度为 73 度的斜线。

（3）绘制键槽。

（4）将直线和斜线进行圆周阵列，实例数为 14。

（5）剪裁图形。

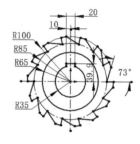

图 3.115　棘轮

3.4　综合实例——绘制挂轮架草图

本例绘制图 3.116 所示的挂轮架草图。

【操作步骤】

（1）设置标注样式。创建一个新的零件文件，选择菜单栏中的"工具"→"选项"命令，系统弹出"系统选项-普通"对话框，单击"文档属性"选项卡，选择"尺寸"选项。单击"字体"按钮 字体(f)...，系统弹出"选择字体"对话框，设置字体为"仿宋"，在"高度"选项组中选中"单位"单选按钮，大小设置为 5mm，单击"确定"按钮，返回"文档属性-尺寸"对话框。在"主要精度"选项组中设置标注尺寸精度为"无"；在"箭头"选项组中勾选"以尺寸高度调整比例"复选框。选择"角度"选项，修改文本位置为"折断引线，文字水平🗗"。选择"直径"选项，修改文本位置为"折断引线，文字水平🗗"，

扫一扫，看视频

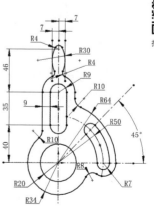

图 3.116　挂轮架草图

勾选"显示第二向外箭头"复选框。选择"半径"选项，修改文本位置为"折断引线，文字水平 🔄"。

（2）绘制中心线。在 FeatureManager 设计树中选择"前视基准面"作为草绘基准面。单击"草图"选项卡中的"中心线"按钮 ✏️，绘制中心线，如图 3.117 所示。

（3）绘制圆 1。单击"草图"选项卡中的"圆"按钮 ⊙，以原点为圆心，绘制半径为 20mm、34mm、50mm 和 64mm 的圆，并将半径为 50mm 的圆转换为构造线，如图 3.118 所示。

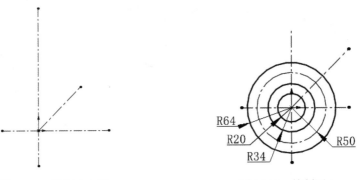

图 3.117　绘制中心线　　　　　　　图 3.118　绘制圆 1

（4）绘制槽口。单击"草图"选项卡中的"直槽口"按钮 ⬭，系统弹出"槽口"属性管理器，槽口类型选择"直槽口"，尺寸类型为"中心到中心"，在竖直中心线上绘制长度为 35mm、宽度为 18mm 的直槽口。将槽口类型修改为"中心点圆弧槽口"，选择原点为第一点，水平中心线与中心圆的角度为第二点，斜中心线与中心圆的交点为第三点，绘制半径为 50mm、宽度为 14mm 的中心点圆弧槽口，如图 3.119 所示。

（5）等距实体。单击"草图"选项卡中的"等距实体"按钮 ⊏，勾选"选择链"复选框，将直槽口向外等距 9mm，将竖直中心线向两侧偏移 7mm，如图 3.120 所示。

（6）绘制圆 2。单击"草图"选项卡中的"圆"按钮 ⊙，绘制半径为 4mm 和 14mm 的圆，如图 3.121 所示。

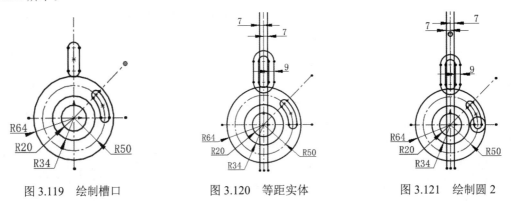

图 3.119　绘制槽口　　　　　图 3.120　等距实体　　　　　图 3.121　绘制圆 2

（7）绘制圆弧。单击"草图"选项卡中的"3 点圆弧"按钮 ⌓，绘制两侧的圆弧，半径为 30mm，并设置圆弧与圆和直线的相切约束，如图 3.122 所示。

（8）标注尺寸。单击"草图"选项卡中的"智能尺寸"按钮 ✏️，标注草图尺寸，如图 3.123 所示。

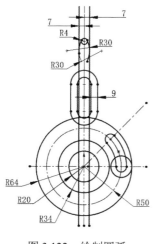

图 3.122 绘制圆弧

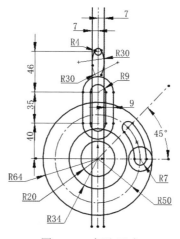

图 3.123 标注尺寸

扫一扫，看视频

（9）剪裁实体。单击"草图"选项卡中的"剪裁实体"按钮，单击"剪裁到最近端"按钮，剪裁图形，将等距离为 7mm 的直线转换为构造线，结果如图 3.124 所示。

（10）绘制圆角 1。单击"草图"选项卡中的"绘制圆角"按钮，系统弹出"圆角"属性管理器，设置圆角半径为 4mm，将半径为 30mm 的圆弧和等距距离为 9mm 的圆弧进行圆角，如图 3.125 所示。

（11）绘制圆角 2。单击"草图"选项卡中的"绘制圆角"按钮，系统弹出"圆角"属性管理器，设置圆角半径为 10mm，将长度 35mm 的直线与半径为 34mm 的圆弧和半径为 64mm 的圆弧进行圆角，如图 3.126 所示。

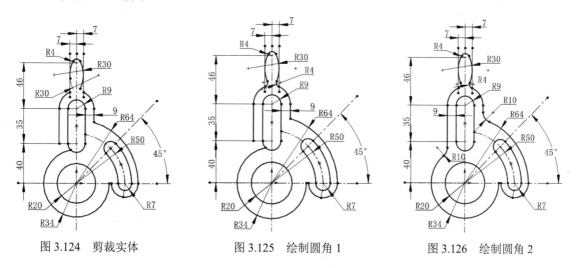

图 3.124 剪裁实体   图 3.125 绘制圆角 1   图 3.126 绘制圆角 2

（12）绘制圆。单击"草图"选项卡中的"圆"按钮，绘制半径为 8mm 的圆，并设置该圆与半径为 34mm 的圆弧和半径为 14mm 的圆弧的相切约束，结果如图 3.116 所示。

第 4 章　凸台/基体特征

内容简介

SOLIDWORKS 提供了基于特征的实体建模功能。基于草绘生成实体特征是 SOLIDWORKS 最简单的生成三维造型的方式。它又分为增量和减量两种基本特征生成方法，增量生成的特征就称为凸台/基体特征。本章介绍草绘凸台/基体特征的五种方法：拉伸、旋转、扫描、放样和边界操作。

内容要点

➢ 零件建模的基本概念
➢ 零件特征分析
➢ 零件三维实体建模的基本过程
➢ 拉伸凸台/基体特征
➢ 旋转凸台/基体特征
➢ 扫描凸台/基体特征
➢ 放样凸台/基体特征
➢ 边界凸台/基体特征
➢ 综合实例 ——绘制茶壶

案例效果

4.1　零件建模的基本概念

三维 CAD 模型的表示经历了从线框模型、曲面模型到实体模型的发展过程，所表示的几何体信息也越来越完整、准确。

传统的机械设计要求设计师必须具有较强的三维空间想象能力和表达能力。设计师接到一个新的零件设计任务时，必须先构造出该零件的三维形状，然后按照三视图的投影规律，用二维工程图将零件的三维形状表达出来。这种设计方式的工作量较大且缺乏直观性。早期的 CAD 技术仅仅是辅助完成一些二维绘图工作。随着计算机图形学的发展，CAD 技术也逐渐由二维绘图向三维设计进行过渡。三维 CAD 系统采用三维模型进行产品设计，如同实际产品的构造和加工制造过程，反映产品真实的几何形状，使设计过程更加符合设计师的设计习惯和思维方式。设计师可以更加专注于产品设计本身，而不是产品的图形表示。由于三维 CAD 系统具有设计过程直观、设计效率高等特点，相信在不久的将来会完全取代二维 CAD 软件。

表 4.1 比较了线框模型、曲面模型和实体模型三种几何建模技术的特点。

表 4.1　三种几何建模技术的比较

应 用 场 合	线 框 模 型	曲 面 模 型	实 体 模 型
数据结构	点和边	点、边和面/参数方程	点、线、面、体和相关信息
工程图能力	好	有限性	好
剖切视图	仅有交点	仅有交线	交线与剖切面
自动消隐线	不可行	可行	可行
真实感图形	不可行	可行	可行
物性计算	有限制	在人机交互下可行	全自动且精确
干涉检查	凭视觉	用真实感图形判别	可行
计算机性能要求	低	一般	高

线框模型用几何体的棱线表示几何体的外形，如同用线架搭出的形状，模型中没有表面、体积等信息。曲面模型是利用几何形状的外表面构造的模型，如同线框模型上蒙了一层外皮，使几何形状有了一定的轮廓，可以产生如阴影、消隐等效果；但曲面模型中缺乏体积的概念，如同一个几何体的空壳。几何建模技术发展到实体模型阶段，封闭的几何表面构成了一定的体积，形成了几何形状的体的概念，如同在几何体中间填充了一定的物质，使之具有如质量、密度等特性，并可以进行两个几何体的干涉检查等。实体模型完整地定义了三维形体，存储的信息量最完整。

SOLIDWORKS 是基于特征的实体造型软件。"基于特征"是指零件模型的构造是由各种特征生成的，零件的设计过程就是特征的累积过程。

所谓特征，是指可以用参数驱动的实体模型。通常，特征应满足以下条件。

（1）特征必须是一个实体或零件中的具体构成之一。

（2）特征能对应于某一形状。

（3）特征应该具有工程上的意义。

（4）特征的性质是可以预料的。

改变与特征相关的形状与位置的定义，可以改变与模型相关的形位关系。对于某个特征，既可以将其与某个已有的零件相联结，也可以把它从某个已有的零件中删除，还可以与其他多个特征共同组合创建新的实体。

4.2 零件特征分析

任何复杂的机械零件，从特征的角度看，都可以看成是由一些简单的特征所组成的，所以可以把它们称为组合体。

组合体按其组成方式可以分为特征叠加、特征切割和特征相交三种基本形式，如图 4.1 所示。

在零件建模前，一般应进行深入的特征分析，了解零件是由哪几个特征组成的，明确各个特征的形状，以及它们之间的相对位置和表面连接关系；然后依照特征的主次关系，按一定的顺序进行建模。下面就对图 4.1 所示的三种基本形式的简单零件进行特征分析。

叠加体零件可以看成是由三个简单特征叠加而成，分别是作为底板的长方体特征 1、半圆柱体特征 2 和小长方体特征 3，如图 4.2 所示。

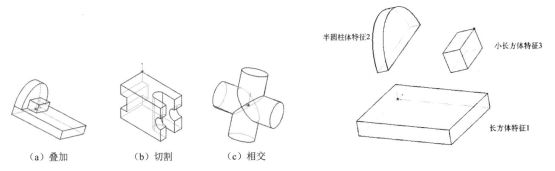

（a）叠加　　　　（b）切割　　　　（c）相交

图 4.1　组合体的组成方式　　　　　图 4.2　叠加体零件特征分析

切割体零件可以看成是由一个长方体被三个简单特征切割而成，如图 4.3 所示。

相交体零件可以看成是由两个圆柱体特征相交而成，如图 4.4 所示。

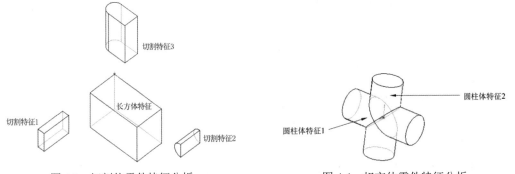

图 4.3　切割体零件特征分析　　　　图 4.4　相交体零件特征分析

一个复杂的零件，可能是由多个简单特征经过相互叠加、切割或相交组合而成的。在进行零件建模时，特征的生成顺序很重要。虽然不同的建模过程可以构造出相同的实体零件，但其生成造型的过程及实体的造型结构直接影响到实体模型的稳定性、可修改性、可理解性及其应用。通常，实体零件越复杂，其稳定性、可修改性、可理解性就越差。因此，在技术要求允许的情况下，应尽量简化实体零件的特征结构。

  SOLIDWORKS 2024 按创建顺序将构成零件的特征分为基本特征和构造特征两类。最先建立的特征为基本特征，它通常是零件最重要的特征。建立好基本特征后，才能创建其他各种特征，这些特征统称为构造特征。另外，按照特征生成方法的不同，又可以将构成零件的特征分为草绘特征和放置特征。草绘特征是指在特征的创建过程中，设计师必须通过草绘特征截面才能生成的特征。创建草绘特征是零件建模过程中的主要工作。放置特征是系统内部定义好的一些参数化特征。在创建放置特征的过程中，设计师只要按照系统的提示设定各种参数即可。这类特征一般是零件建模过程中的常用特征，如孔特征。

4.3　零件三维实体建模的基本过程

  一个零件的建模过程，实际上就是多个简单特征相互叠加、切割或相交的操作过程。

  按照特征的创建顺序，构成零件的特征可分为基本特征和构造特征。因此，对于一个零件来说，其实体建模的基本过程如下。

（1）进入零件设计模式。

（2）分析零件特征并确定特征创建顺序。

（3）创建与修改基本特征。

（4）创建与修改其他构造特征。

（5）所有特征创建完成之后，存储零件模型。

4.4　拉伸凸台/基体特征

  拉伸凸台/基体特征由截面轮廓草图经过拉伸而成，它适合于构造等截面的实体特征。图 4.5 所示为利用拉伸凸台/基体特征生成的零件。

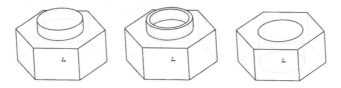

图 4.5　利用拉伸凸台/基体特征生成的零件

4.4.1　创建拉伸凸台/基体特征

  拉伸凸台/基体特征是将一个二维平面草图，按照给定的数值沿与平面垂直的方向拉伸一段距离形成的特征。

【执行方式】

  ➢ 工具栏：单击"特征"工具栏中的"拉伸凸台/基体"按钮🗐。

> ➤ 菜单栏：选择菜单栏中的"插入"→"凸台/基体"→"拉伸凸台/基体"命令。
> ➤ 选项卡：单击"特征"选项卡中的"拉伸凸台/基体"按钮 📦。

【选项说明】

执行上述操作，系统弹出"凸台-拉伸"属性管理器，如图4.6所示。该属性管理器中各选项的含义如下。

（1）从：设定拉伸特征的开始条件。在其下拉列表中选择拉伸的开始条件，有以下几种。

1）草图基准面：从草图所在的基准面开始拉伸，如图4.7（a）所示。

2）曲面/面/基准面：从选择的面开始拉伸。该面可以是平面或非平面，平面不必与草图基准面平行，草图必须完全包含在非平面曲面或面的边界内。草图在开始曲面或面处依从非平面实体的形状，如图4.7（b）所示。

3）顶点：从选择的顶点开始拉伸，如图4.7（c）所示。

4）等距：从与当前草图基准面偏移一定距离的基准面上开始拉伸，在"输入等距值"输入框中设定偏移距离，如图4.7（d）所示。

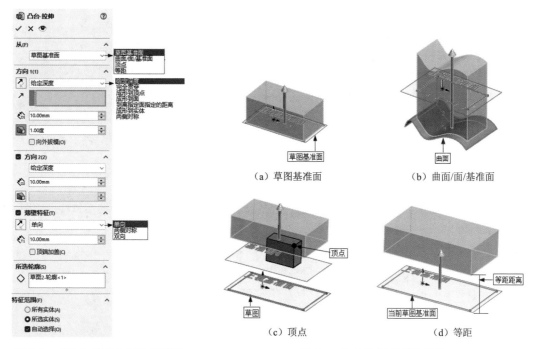

图4.6　"凸台-拉伸"属性管理器　　　　图4.7　拉伸特征的开始条件

（2）方向1：设定拉伸特征的终止条件。单击"反向"按钮 ↗，生成与预览中所示方向相反的拉伸特征。在其下拉列表框中选择拉伸的终止条件，有以下几种。

1）给定深度：从草图的基准面拉伸到指定的距离平移处，以生成特征，如图4.8（a）所示。在其下方的"深度" 🔩 输入框中输入拉伸距离。

2）完全贯穿：从草图的基准面拉伸直到贯穿所有现有的几何体，如图4.8（b）所示。

3）成形到顶点：从草图的基准面拉伸到一个平面，这个平面平行于草图基准面且穿越指定的顶点，如图 4.8（c）所示。

4）成形到面：从草图的基准面拉伸到所选的曲面以生成特征，如图 4.8（d）所示。

5）到离指定面指定的距离：从草图的基准面拉伸到离某面或某曲面的特定距离处，以生成特征，如图 4.8（e）所示。

6）成形到实体：从草图的基准面拉伸草图到所选的实体，如图 4.8（f）所示。

7）两侧对称：从草图的基准面向两个方向对称拉伸，如图 4.8（g）所示。

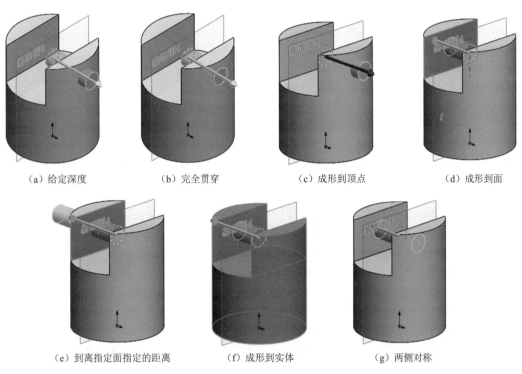

（a）给定深度 　　　（b）完全贯穿 　　　（c）成形到顶点 　　　（d）成形到面

（e）到离指定面指定的距离 　　　（f）成形到实体 　　　（g）两侧对称

图 4.8 拉伸特征的终止条件

（3）"拔模开/关"按钮 ：单击该按钮，新增拔模到拉伸特征。 勾选"向外拔模"复选框，则向外拔模。图 4.9 所示为拔模特征说明。

（a）无拔模 　　　（b）向内拔模 15° 　　　（c）向外拔模 15°

图 4.9 拔模特征说明

（4）方向 2：勾选该复选框，将拉伸应用到第二个方向。

（5）合并结果：在创建非基体的拉伸实体时，在"凸台-拉伸"属性管理器中会显示"合并结果"复选框，如图4.10所示。勾选该复选框，将生成的实体合并到现有实体；如果不勾选该复选框，将生成单独的实体。

（6）所选轮廓：允许用户使用部分草图从开放或封闭轮廓创建拉伸特征。在绘图区中选择草图轮廓和模型边线。

（7）特征范围：该选项组指定想要特征影响到哪些实体或零部件。

1）所有实体：选中该单选按钮，将保留在每次特征重建时切除所生成的所有实体。

2）所选实体：选中该单选按钮，如果取消勾选"自动选择"复选框，则需要用户在绘图区中选择要切除的实体。

3）自动选择：勾选该复选框，系统自动选择要切除的实体。当切除多实体零件生成模型时，系统将自动处理所有相关的交叉零件。

图4.10　"凸台-拉伸"属性管理器

扫一扫，看视频

动手学——绘制大臂

本例绘制的大臂如图4.11所示。

【操作步骤】

（1）绘制草图1。创建一个新的零件文件，在FeatureManager设计树中选择"前视基准面"作为草绘基准面。单击"草图"选项卡中的"中心矩形"按钮▣，以坐标原点为中心绘制正方形，单击"草图"选项卡中的"智能尺寸"按钮，结果如图4.12所示。

（2）拉伸实体。单击"特征"选项卡中的"拉伸凸台/基体"按钮，或者选择菜单栏中的"插入"→"凸台/基体"→"拉伸凸台/基体"命令，❶在FeatureManager设计树中选择草图1，系统弹出"凸台-拉伸"属性管理器。❷设置拉伸终止条件为"给定深度"，❸输入拉伸距离为5mm，如图4.13所示，❹单击"确定"按钮，结果如图4.14所示。

图4.11　大臂

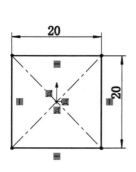

图4.12　绘制草图1

图4.13　拉伸参数设置

图4.14　拉伸后的图形

（3）绘制草图 2。在 FeatureManager 设计树中选择"上视基准面"作为草绘基准面。单击"草图"选项卡中的"边角矩形"按钮▢、"圆"按钮◉ 和"剪裁实体"按钮✂，绘制草图并标注尺寸，如图 4.15 所示。

（4）拉伸实体。单击"特征"选项卡中的"拉伸凸台/基体"按钮📄，或者选择菜单栏中的"插入"→"凸台/基体"→"拉伸凸台/基体"命令，系统弹出"凸台-拉伸"属性管理器。设置拉伸终止条件为"两侧对称"，输入拉伸距离为 5mm，单击"确定"按钮✔，结果如图 4.16 所示。

（5）绘制草图 3。在 FeatureManager 设计树中选择"上视基准面"作为草绘基准面。单击"草图"选项卡中的"直线"按钮✏、"圆"按钮◉ 和"剪裁实体"按钮✂，绘制草图并标注尺寸，如图 4.17 所示。

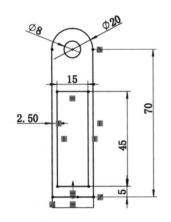

图 4.15　绘制草图 2

图 4.16　拉伸结果

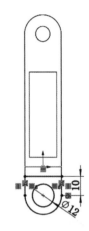

图 4.17　绘制草图 3

（6）拉伸实体。单击"特征"选项卡中的"拉伸凸台/基体"按钮📄，或者选择菜单栏中的"插入"→"凸台/基体"→"拉伸凸台/基体"命令，系统弹出"凸台-拉伸"属性管理器。设置拉伸终止条件为"两侧对称"，输入拉伸距离为 12mm，单击"确定"按钮✔。最终结果见图 4.11。

动手练——绘制胶垫

本例绘制图 4.18 所示的胶垫。

【操作提示】

（1）在"前视基准面"上绘制图 4.19 所示的草图。

（2）利用"拉伸凸台/基体"命令创建拉伸实体，深度为 2mm。

图 4.18　胶垫

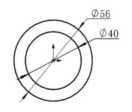

图 4.19　绘制草图

4.4.2　拉伸薄壁特征

在创建拉伸凸台/基体特征时，如果创建的实体具有一定的壁厚、中空件或薄壁件时，则需要在图4.6所示的"凸台-拉伸"属性管理器中勾选"薄壁特征"复选框。下面对该部分选项进行介绍。

（1）薄壁特征：勾选该复选框，可以控制拉伸实体的壁厚。如果使用的是封闭轮廓草图，则"薄壁特征"复选框为可选状态；如果使用的是开放轮廓草图，则"薄壁特征"复选框为必选状态。在"类型"下拉列表中选择拉伸薄壁特征的方式，有以下几种。

1）单向：使用指定的壁厚向一个方向拉伸草图。默认情况下，壁厚加在草图轮廓的外侧。单击"反向"按钮 ↗，可以将壁厚加在草图轮廓的内侧。

2）两侧对称：在草图的两侧各以指定壁厚的一半向两个方向拉伸草图。

3）双向：在草图的两侧各使用不同的壁厚向两个方向拉伸草图。

（2）厚度 ：在该输入框中输入壁厚值。

（3）对于薄壁特征基体的拉伸，还可以指定以下附加选项。

1）如果草图为封闭的轮廓草图，则可以勾选"顶端加盖"复选框，此时将为特征的顶端加上封盖，形成一个中空的零件。"加盖厚度" 输入框用于设置顶盖的厚度值，如图4.20（a）所示。

2）如果草图为开放的轮廓草图，则可以勾选"自动加圆角"复选框，此时系统自动在每个具有相交夹角的边线上生成圆角。"圆角半径" 输入框用于设置圆角半径值，如图4.20（b）所示。

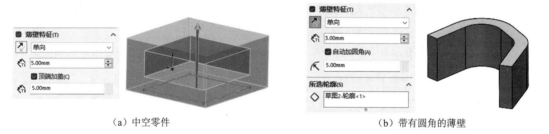

（a）中空零件　　　　　　　　　　　（b）带有圆角的薄壁

图4.20　薄壁特征

（4）所选轮廓：该选项组允许用户使用部分草图从开放或封闭轮廓创建拉伸特征。在绘图区中选择草图轮廓和模型边线。

动手学——绘制轴座

本例绘制图4.21所示的轴座。

【操作步骤】

（1）绘制草图1。创建一个新的零件文件，在FeatureManager设计树中选择"上视基准面"作为草绘基准面。单击"草图"选项卡中的"平行四边形"按钮 、"圆"按钮 ⊙、"绘制圆角"按钮 和"剪裁实体"按钮 ，绘制草图。单击"草图"选项卡中的"智能尺寸"按钮 ，标注尺寸后的结果如图4.22所示。

图4.21　轴座

（2）拉伸实体。单击"特征"选项卡中的"拉伸凸台/基体"按钮 🗐，或者选择菜单栏中的"插入"→"凸台/基体"→"拉伸凸台/基体"命令，在 FeatureManager 设计树中选择草图 1，系统弹出"凸台-拉伸"属性管理器。设置拉伸终止条件为"给定深度"，输入拉伸距离为 10mm，单击"确定"按钮 ✔，结果如图 4.23 所示。

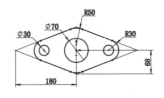

图 4.22 绘制草图 1

图 4.23 拉伸实体

（3）绘制草图 2。选择图 4.23 所示的实体的上表面作为草绘基准面。单击"草图"选项卡中的"圆"按钮 ⊙，绘制草图并标注尺寸，如图 4.24 所示。

（4）拉伸实体。单击"特征"选项卡中的"拉伸凸台/基体"按钮 🗐，或者选择菜单栏中的"插入"→"凸台/基体"→"拉伸凸台/基体"命令，❶ 在 FeatureManager 设计树中选择草图 2，系统弹出"凸台-拉伸"属性管理器。❷设置拉伸终止条件为"给定深度"，❸输入拉伸距离为 90mm，❹勾选"薄壁特征"复选框，❺选择类型为"单向"，❻单击"反向"按钮 ➚，调整壁厚方向向里，❼设置厚度为 15mm，如图 4.25 所示。❽单击"确定"按钮 ✔，结果如图 4.21 所示。

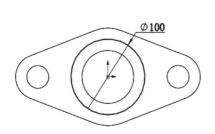

图 4.24 绘制草图 2

图 4.25 拉伸参数设置

动手练——绘制轴承内外圈

本例绘制图 4.26 所示的轴承内外圈。

【操作提示】

（1）在"前视基准面"上绘制图 4.27 所示的草图。

（2）利用"拉伸凸台/基体"命令进行两侧对称拉伸，距离为 45mm，创建薄壁拉伸实体。

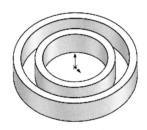
图 4.26　轴承内外圈

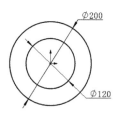
图 4.27　绘制草图

4.5　旋转凸台/基体特征

旋转特征是由特征截面绕中心线旋转而形成的一类特征，它适用于构造回转体零件。旋转特征可以是实体、薄壁特征。图 4.28 所示为由旋转特征形成的零件。

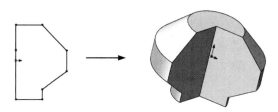
图 4.28　由旋转特征形成的零件

4.5.1　创建旋转凸台/基体特征

实体旋转特征的草图可以包含一个或多个封闭的非相交轮廓。对于包含多个轮廓的基体旋转特征，其中一个轮廓必须包含其他所有轮廓。如果草图包含一条以上的中心线，则选择其中一条中心线作为旋转轴。

旋转特征应用比较广泛，是比较常用的特征建模工具。其主要应用在以下零件的建模中：

➢ 环形零件，如图 4.29 所示。
➢ 球形零件，如图 4.30 所示。
➢ 轴类零件，如图 4.31 所示。
➢ 形状规则的轮毂类零件，如图 4.32 所示。

图 4.29　环形零件

图 4.30　球形零件

图 4.31　轴类零件

图 4.32　形状规则的轮毂类零件

【执行方式】

> 工具栏：单击"特征"工具栏中的"旋转凸台/基体"按钮 🌑。
> 菜单栏：选择菜单栏中的"插入"→"凸台/基体"→"旋转凸台/基体"命令。
> 选项卡：单击"特征"选项卡中的"旋转凸台/基体"按钮 🌑。

【选项说明】

执行上述操作，系统弹出"旋转"属性管理器，如图 4.33 所示。该属性管理器各选项的含义如下。

（1）旋转轴：选择旋转特征所绕的轴。根据所生成的旋转特征的类型，此选项可能是中心线、直线或一边线。

（2）方向 1：从草图基准面向的一个方向定义旋转特征。在其下拉列表中选择旋转开始条件，有以下几种。

1）给定深度：从草图以单一方向生成旋转特征，如图 4.34（a）所示。在"方向 1 角度" 🔄 输入框中设定由旋转所包容的角度。单击"反向"按钮 🔄，调整旋转方向。

2）成形到一顶点：从草图基准面开始创建旋转特征到所指定的顶点，如图 4.34（b）所示。

3）成形到一面：从草图基准面开始创建旋转特征到所指定的曲面，如图 4.34（c）所示。

4）到离指定面指定的距离：从草图基准面开始创建旋转特征到所指定曲面的指定距离的位置，如图 4.34（d）所示。

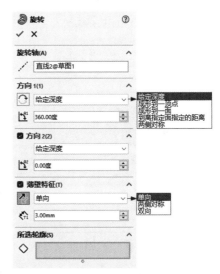

图 4.33 "旋转"属性管理器（1）

5）两侧对称：从草图基准面以顺时针和逆时针方向创建旋转特征，草图位于"方向 1 角度" 🔄 所设定的角度值的中央，如图 4.34（e）所示。

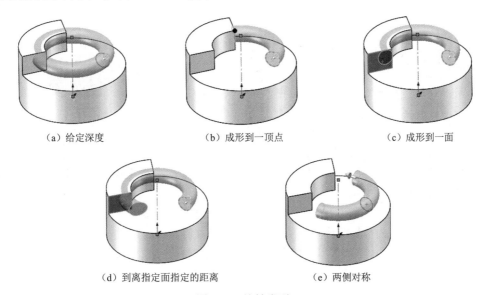

（a）给定深度　　　　　　　（b）成形到一顶点　　　　　　　（c）成形到一面

（d）到离指定面指定的距离　　　　　　（e）两侧对称

图 4.34 旋转类型

（3）方向2：在完成了方向1的选择后，选择方向2以从草图基准面的另一方向定义旋转特征。选项和方向1中的选项相同。

（4）合并结果：在创建非基体的旋转实体时，在"旋转"属性管理器中会显示"合并结果"复选框，如图4.35所示。如果勾选该复选框，则生成的实体将合并到现有实体；如果不勾选该复选框，则特征将生成单独的实体。

（5）所选轮廓：在草图中选择部分轮廓生成旋转特征。将鼠标放置在某区域时，该区域会变色，如图4.36所示。单击该区域，该区域的轮廓线将生成实体，如图4.37所示。此时，还可以继续选择其他区域。

图4.35　"旋转"属性管理器（2）

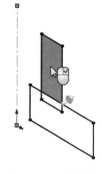
图4.36　选择区域

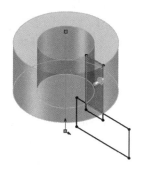
图4.37　生成轮廓实体

扫一扫，看视频

动手学——绘制公章

本例绘制图4.38所示的公章。

【操作步骤】

（1）绘制草图1。创建一个新的零件文件，在FeatureManager设计树中选择"前视基准面"作为草绘基准面。单击"草图"选项卡中的"直线"按钮✓和"3点圆弧"按钮⌒，绘制如图4.39所示的草图。

（2）旋转实体。单击"特征"选项卡中的"旋转凸台/基体"按钮 ，或者选择菜单栏中的"插入"→"凸台/基体"→"旋转凸台/基体"命令，系统弹出"旋转"属性管理器。在FeatureManager设计树中❶选择草图1，❷选择直线段作为旋转

图4.38　公章

轴，❸设置选择类型为"给定深度"，❹旋转角度为360度，如图4.40所示。❺单击"确定"按钮✓，结果如图4.41所示。

（3）设置基准面。在FeatureManager设计树中选择"前视基准面"，然后单击"视图（前导）"工具栏中的"正视于"按钮 ，将该基准面作为草绘基准面，结果如图4.42所示。

（4）绘制草图2。单击"草图"选项卡中的"中心线"按钮 ，绘制一条通过原点的中心线；单击"草图"选项卡中的"圆心/起/终点画弧"按钮 ，绘制一个圆心在中心线上的圆弧，结果如图4.43所示。

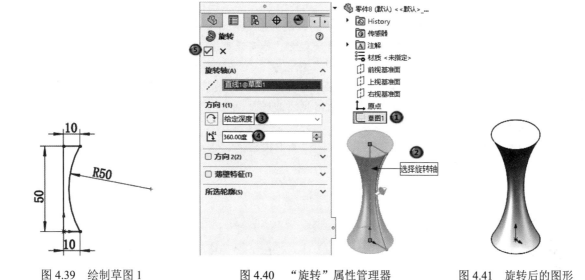

图 4.39 绘制草图 1　　　　　　图 4.40 "旋转"属性管理器　　　　　图 4.41 旋转后的图形

（5）添加几何关系。单击"草图"选项卡中的"添加几何关系"按钮 ⊥，系统弹出"添加几何关系"属性管理器。选择图 4.43 中的点和圆弧，所选的实体出现在"添加几何关系"属性管理器中。单击"重合"按钮 ⼈，此时"重合"关系出现在"现有几何关系"列表框中，如图 4.44 所示，单击"确定"按钮 ✔。

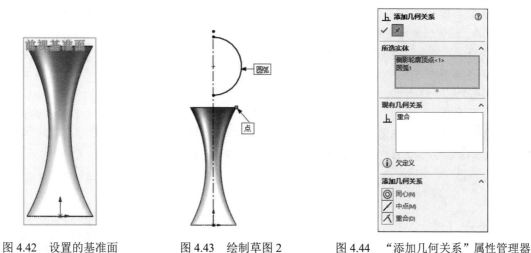

图 4.42 设置的基准面　　　　图 4.43 绘制草图 2　　　　图 4.44 "添加几何关系"属性管理器

（6）标注尺寸。单击"草图"选项卡中的"智能尺寸"按钮 ✦，标注圆弧的尺寸，结果如图 4.45 所示。

📢 注意:

　　　　添加几何关系是 SOLIDWORKS 中常用的命令，它可以约束两个或者多个几何体的关系，也可以方便地设置几何体的位置关系及尺寸关系。在实际使用中，灵活使用该命令可以提高绘图效率。

（7）旋转实体。单击"特征"选项卡中的"旋转凸台/基体"按钮，或者选择菜单栏中的"插入"→"凸台/基体"→"旋转凸台/基体"命令，系统弹出是否闭合该草图的提示框，单击"是"按钮，系统弹出"旋转"属性管理器。设置选择类型为"给定深度"，旋转角度为360度，勾选"合并结果"复选框，如图4.46所示。单击"确定"按钮，结果如图4.47所示。

（8）设置基准面。右击，在弹出的快捷菜单中选择"旋转视图"命令或按住鼠标中键，在绘图区中出现图标，改变视图的方向。选择图4.48所示的底面，单击"视图（前导）"工具栏中的"正视于"按钮，将该表面作为草绘基准面。

（9）绘制草图3。单击"草图"选项卡中的"圆"按钮，以原点为圆心绘制一个圆，标注圆的直径为40，结果如图4.49所示。

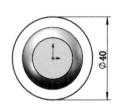

图4.45　标注尺寸　　图4.46　"旋转"属性管理器　　图4.47　旋转后的图形　　图4.48　选择底面　　图4.49　绘制草图3

（10）拉伸实体。单击"特征"选项卡中的"拉伸凸台/基体"按钮，系统弹出"凸台-拉伸"属性管理器。设置选择类型为"给定深度"，在"深度"栏中输入20mm，勾选"合并结果"复选框，如图4.50所示，单击"确定"按钮。

（11）设置视图方向。单击"标准视图"工具栏中的"等轴测"按钮，将视图以等轴测方向显示，结果如图4.51所示。

（12）设置基准面。右击，在弹出的快捷菜单中选择"旋转视图"命令或按住鼠标中键，在绘图区中出现图标，改变视图的方向。选择拉伸实体的底面，单击"视图（前导）"工具栏中的"正视于"按钮，将该表面作为草绘基准面，结果如图4.52所示。

图4.50　"凸台-拉伸"属性管理器　　图4.51　拉伸后的图形　　图4.52　设置的基准面

（13）绘制草图文字。单击"草图"选项卡中的"文本"按钮 $\mathbb{A}$ ，或者选择菜单栏中的"工具"→"草图绘制实体"→"文本"命令，系统弹出"草图文字"属性管理器。取消勾选"使用文档字体"复选框，单击"字体"按钮 字体(F)... ，系统弹出"选择字体"对话框。选择字体为宋体，设置高度单位为10mm，单击"确定"按钮，返回"草图文字"属性管理器，如图4.53所示。

（14）在"文字"栏中输入需要的文字，单击"水平反转"按钮 $\overline{8A}$ ，设置"宽度因子 $\underline{A}$ "为100%，"间距 $\underline{AB}$ "为110%，调整文字在基准面上的位置。单击"确定"按钮 ✔ ，结果如图4.54所示。

（15）拉伸草图文字。单击"特征"选项卡中的"拉伸凸台/基体"按钮，系统弹出"凸台-拉伸"属性管理器。在"深度 $\overset{\leftarrow}{\mathcal{G}_{\text{D1}}}$ "栏中输入3mm，取消勾选"合并结果"复选框，如图4.55所示，单击"确定"按钮 ✔ 。

图4.53　"草图文字"属性管理器

图4.54　绘制文字

图4.55　"凸台-拉伸"属性管理器

（16）设置视图方向。右击，在弹出的快捷菜单中选择"旋转视图"命令或按住鼠标中键，在绘图区中出现 ↻ 图标，将视图以合适的方向显示，结果如图4.38所示。

动手练——绘制阀杆

本例绘制图4.56所示的阀杆。

【操作提示】

（1）在"前视基准面"上绘制图4.57所示的草图。
（2）利用"旋转凸台/基体"命令创建旋转实体。

图4.56　阀杆

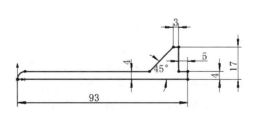
图4.57　绘制草图

4.5.2 旋转薄壁特征

旋转薄壁特征的草图只能包含一个开放或封闭的非相交轮廓，该轮廓不能与中心线交叉。如果草图包含一条以上的中心线，则选择其中一条中心线作为旋转轴。

（1）薄壁特征：如果草图是开放轮廓，系统自动在"旋转"属性管理器中勾选"薄壁特征"复选框。如果草图是封闭轮廓，准备生成旋转薄壁特征，则勾选"薄壁特征"复选框，然后在"薄壁特征"选项组的下拉列表框中选择薄壁类型。这里的薄壁类型与在旋转类型中的含义完全不同，这里的方向是指薄壁截面上的方向。

1）单向：使用指定的壁厚向一个方向旋转草图。默认情况下，壁厚加在草图轮廓的外侧，如图4.58（a）所示。单击"反向"按钮 ，调整壁厚方向。

2）两侧对称：在草图的两侧各以指定壁厚的一半向两个方向旋转草图，如图4.58（b）所示。

3）双向：在草图的两侧各使用不同的壁厚向两个方向旋转草图，如图4.58（c）所示。

（2）方向1厚度 ：为单向和两侧对称旋转薄壁特征设定薄壁体积厚度。

（a）单向旋转   （b）两侧对称旋转   （c）双向旋转

图4.58　薄壁类型

扫一扫，看视频

动手学——绘制米锅

本例绘制图4.59所示的米锅。

【操作步骤】

（1）绘制草图1。创建一个新的零件文件，在FeatureManager设计树中选择"前视基准面"作为草绘基准面。单击"草图"选项卡中的"直线"按钮 、"3点圆弧"按钮 和"中心线"按钮 ，绘制图4.60所示的草图。

（2）旋转实体。单击"特征"选项卡中的"旋转凸台/基体"按钮 ，

图4.59　米锅

或者选择菜单栏中的"插入"→"凸台/基体"→"旋转凸台/基体"命令，在FeatureManager设计树中 ❶ 选择草图1，系统弹出SOLIDWORKS对话框，如图4.61所示。单击"否"按钮，系统弹出"旋转"属性管理器。❷ 系统自动选择中心线作为旋转轴，❸ 设置选择类型为"给定深度"，❹ 旋转角度为360度，❺ 系统自动勾选"薄壁特征"复选框，❻ 选择类型为"单向"，❼ 设置厚度为0.5mm，如图4.62所示。❽ 单击"确定"按钮 ，结果如图4.59所示。

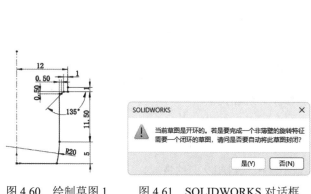

图 4.60　绘制草图 1　　　图 4.61　SOLIDWORKS 对话框　　　图 4.62　设置旋转参数

动手练——绘制茶壶盖

本例绘制图 4.63 所示的茶壶盖。

【操作提示】

（1）在"前视基准面"上绘制图 4.64 所示的草图。

图 4.63　茶壶盖

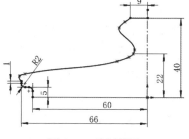

图 4.64　绘制草图

（2）利用"旋转凸台/基体"命令进行薄壁旋转，薄壁厚度为 2mm，创建旋转实体。

4.6　扫描凸台/基体特征

扫描特征是指由二维草绘平面沿一平面或空间轨迹线扫描而形成的一类特征。沿着一条路径移动轮廓（截面）可以生成基体、凸台、切除或曲面，如图 4.65 所示。

扫描必须遵循以下规则。

（1）对于基体或凸台，扫描特征轮廓必须是封闭的；对于曲面，扫描特征轮廓既可以是封闭的，也可以是开放的。

（2）路径可以为开放或封闭的。

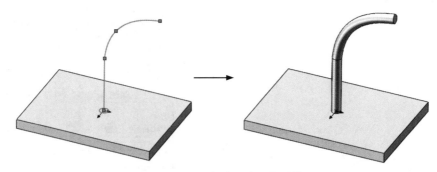

图 4.65　由扫描特征生成的零件

（3）路径可以是一张草图、一条曲线或一组模型边线中包含的一组草图曲线。

（4）路径必须与轮廓的平面交叉。

（5）不论是截面、路径或所形成的实体，都不能出现自相交叉的情况。

（6）引导线必须与轮廓或轮廓草图中的点重合。

4.6.1　创建扫描凸台/基体特征

扫描可简单可复杂。要生成扫描几何体，SOLIDWORKS 2024 首先通过沿路径不同位置复制轮廓而创建一系列中间截面，然后将中间截面混合到一起。其他参数可包含在扫描特征中（如引导线、轮廓方向选项和扭转）以创建各种形状。

【执行方式】

➢ 工具栏：单击"特征"工具栏中的"扫描"按钮🐛。

➢ 菜单栏：选择菜单栏中的"插入"→"凸台/基体"→"扫描"命令。

➢ 选项卡：单击"特征"选项卡中的"扫描"按钮🐛。

【选项说明】

执行上述操作，系统弹出"扫描"属性管理器，如图 4.66 所示。该属性管理器中各选项的含义如下。

（1）轮廓和路径。

1）草图轮廓：选中该单选按钮，沿二维或三维草图路径移动二维轮廓创建扫描。

① 轮廓 $\mathcal{C}^0$：设定用于生成扫描的轮廓（截面）。用户可以在绘图区中或 FeatureManager 设计树中选取轮廓，也可以从模型中直接选择面、边线和曲线作为扫描轮廓。基体或凸台扫描特征的轮廓应为封闭的。

② 路径 $\mathcal{C}$：设定轮廓扫描的路径。用户可以在绘图区中或 FeatureManager 设计树中选取路径。路径可以是开放或封闭的、包含在草图中的一组绘制的曲线、一条曲线或一组模型边线，路径的起点必须位于轮廓的基准面上。

2）圆形轮廓：选中该单选按钮，则直接在模型上沿草图直线、边线或曲线创建实体杆或空心管筒，如图 4.67 所示。

图 4.66　"扫描"属性管理器　　　　图 4.67　选中"圆形轮廓"单选按钮

（2）引导线。

1）引导线 ：在轮廓沿路径扫描时加以引导。在绘图区中选择引导线，该引导线必须与轮廓或轮廓草图中的点重合。

2）上移 /下移 ：如果存在多条引导线，则可以通过单击"上移"按钮 或"下移"按钮 ，改变使用引导线的顺序。

3）合并平滑的面：勾选该复选框，消除改进带引导线扫描的性能，并在引导线或路径不是曲率连续的所有点处分割扫描。因此，引导线中的直线和圆弧会更精确地匹配。

4）显示截面 ：显示扫描的截面。

（3）选项。

1）轮廓方位：控制轮廓在沿路径扫描时的方向。在"轮廓方位"下拉列表中选择以下选项之一。

① 随路径变化：草图轮廓随路径的变化而变换方向，其法线与路径相切，如图 4.68（a）所示。

② 保持法线不变：草图轮廓保持法线方向不变，如图 4.68（b）所示。

2）轮廓扭转：在"轮廓扭转"下拉列表中选择以下选项之一。

① 无：仅限于二维路径，将轮廓的法线方向与路径对齐，不进行纠正。

② 指定扭转值：沿路径定义轮廓扭转。选择该选项需要定义扭转角度和方向。

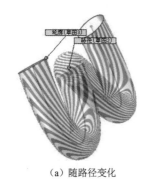　　

　　　　（a）随路径变化　　　　　　　　　　　　（b）保持法线不变

图 4.68　扫描特征

　　③ 指定方向向量：选择基准面、平面、直线、边线、圆柱、轴、特征上顶点组等来设定方向向量。此选项不可用于保持法向不变。

　　④ 与相邻面相切：将扫描特征附加到现有几何体时可用。此选项使相邻面在轮廓上相切。

　　3）合并切面：勾选该复选框，如果扫描轮廓具有相切线段，可使所产生的扫描特征中的相应曲面相切。保持相切的面可以是基准面、圆柱面或锥面，其他相邻面被合并，轮廓被近似处理。对于草图圆弧，可能转换为样条曲线，使用引导线时不会产生效果。

　　4）显示预览：勾选该复选框，显示扫描的上色预览。

　　5）合并结果：勾选该复选框，在"扫描"属性管理器中显示"特征范围"选项组，如图 4.69所示。该选项组用于选择要与扫描实体合并的实体。

　　6）与结束端面对齐：勾选该复选框，则扫描实体的两端与已有实体的两端面对齐，图 4.70 所示为与结束端面对齐和不对齐的对比。

　　（4）起始处和结束处相切。

　　1）无：没有应用相切。

　　2）路径相切：垂直于开始点/结束点路径而生成扫描特征。

　　（5）薄壁特征：该部分内容与拉伸命令中的相同，这里不再赘述。

　　（6）曲率显示。

　　1）网格预览：勾选该复选框，在已选面上应用预览网格，以更好地直观显示曲面。

　　2）网格密度：调整网格的行数。当勾选"网格预览"复选框时，该选项可用。

　　3）斑马条纹：勾选该复选框，显示斑马条纹，以便更容易看到曲面褶皱或缺陷。

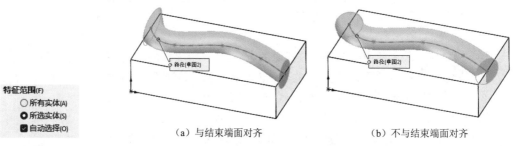

　　　　　　　　　　　　　　　　　　　　（a）与结束端面对齐　　　　　　（b）不与结束端面对齐

图 4.69　"特征范围"选项组　　　　　　　　　　　　　　图 4.70　对比图

4）曲率检查梳形图：勾选该复选框，激活曲率检查梳形图显示，如图 4.71 所示。

① 方向 1/2：切换沿方向 1/2 的曲率检查梳形图显示。

② 编辑颜色：对于任一方向，单击该按钮，以修改梳形图颜色。

③ 比例：调整曲率检查梳形图的大小。

④ 密度：调整曲率检查梳形图的显示行数。

动手学——绘制台灯

本例绘制图 4.72 所示的台灯。

图 4.71 曲率检查梳形图参数

【操作步骤】

（1）绘制草图 1。创建一个新的零件文件，在 FeatureManager 设计树中选择"上视基准面"作为草绘基准面，绘制草图，如图 4.73 所示。

（2）拉伸实体 1。单击"特征"选项卡中的"拉伸凸台/基体"按钮 🗇，系统弹出"凸台-拉伸"属性管理器，在"深度" 🗔 文本框中输入 30mm，单击"确定"按钮 ✔，结果如图 4.74 所示。

（3）设置基准面。单击图 4.74 中的上表面，然后单击"视图（前导）"选项卡中的"正视于"按钮 🡱，将该表面作为草绘基准面，结果如图 4.75 所示。

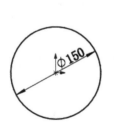
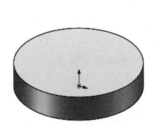

图 4.72 台灯　　　图 4.73 绘制草图 1　　　图 4.74 拉伸实体 1　　　图 4.75 设置的基准面

（4）绘制草图 2。单击"草图"选项卡中的"中心线"图标 ✐，或者选择菜单栏中的"工具"→"草图绘制实体"→"直线"命令，绘制一条通过原点的水平中心线；单击"草图"选项卡中的"圆"按钮 ⊙，绘制一个圆，结果如图 4.76 所示。

（5）添加几何关系。单击"草图"选项卡中的"添加几何关系"按钮 ⊥，或者选择菜单栏中的"工具"→"关系"→"添加"命令，将圆心和水平中心线添加为"重合"几何关系。

（6）标注尺寸。单击"草图"选项卡中的"智能尺寸"按钮 ◆，标注圆的直径及其定位尺寸，如图 4.77 所示。

（7）拉伸实体 2。单击"特征"选项卡中的"拉伸凸台/基体"按钮 🗇，系统弹出"凸台-拉伸"属性管理器。在"深度" 🗔 文本框中输入 25mm，单击"确定"按钮 ✔。

（8）设置视图方向。单击"视图（前导）"工具栏中的"等轴测"按钮 🖆，将视图以等轴测方向显示，结果如图 4.78 所示。

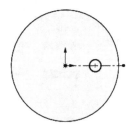
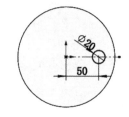

图4.76　绘制草图2　　　　图4.77　标注尺寸（1）　　　　图4.78　拉伸实体2

（9）设置基准面。单击拉伸实体1的上表面，然后单击"视图（前导）"工具栏中的"正视于"按钮，将该表面作为草绘基准面。

（10）绘制草图3。单击"草图"选项卡中的"中心线"按钮，绘制一条通过原点的水平中心线；单击"草图"选项卡中的"圆"按钮，绘制一个圆，结果如图4.79所示。

（11）添加几何关系。单击"显示/删除几何关系"工具栏中的"添加几何关系"按钮，将圆心和水平中心线添加为"重合"几何关系。

（12）标注尺寸。单击"草图"选项卡中的"智能尺寸"按钮，标注草图尺寸，结果如图4.80所示，然后退出草图绘制状态。

（13）设置基准面。选择"前视基准面"作为草绘基准面，然后单击"视图（前导）"工具栏中的"正视于"按钮。

（14）绘制草图4。单击"草图"选项卡中的"直线"按钮，绘制一条直线，起点在直径为50mm的圆心处，然后单击"草图"选项卡中的"切线弧"按钮，绘制一条通过直线的圆弧。

（15）标注尺寸。单击"草图"选项卡中的"智能尺寸"按钮，标注草图尺寸，结果如图4.81所示，然后退出草图绘制状态。

（16）设置视图方向。单击"视图（前导）"工具栏中的"等轴测"按钮，将视图以等轴测方向显示。

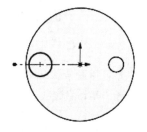
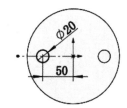
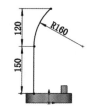

图4.79　绘制草图3　　　　图4.80　标注尺寸（2）　　　　图4.81　绘制草图4

（17）扫描实体。单击"特征"选项卡中的"扫描"按钮，系统弹出"扫描"属性管理器。❶在"轮廓"栏中单击，❷在绘图区中选择图4.82所示的草图3；❸在"路径"栏中单击，❹在绘图区中选择图4.82所示的草图4；❺"起始处相切类型"选择"路径相切"，❻"结束处相切类型"选择"路径相切"；❼勾选"薄壁特征"复选框，❽设置薄壁类型为"单向"，❾单击"反向"按钮，❿设置壁厚值为3mm，如图4.82所示，⓫单击"确定"按钮，结果如图4.83所示。

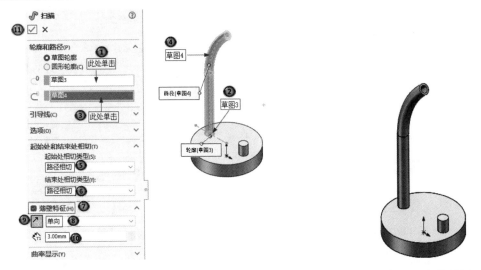

图 4.82 扫描参数设置　　　　　图 4.83 扫描结果

（18）设置基准面。选择"前视基准面"作为草绘基准面，然后单击"视图（前导）"工具栏中的"正视于"按钮🔲。

（19）绘制草图 5。单击"草图"选项卡中的"中心线"按钮，绘制一条中心线；单击"直线"按钮，绘制一条直线；单击"切线弧"按钮，绘制两条切线弧，结果如图 4.84 所示。

（20）添加几何关系。单击"显示/删除几何关系"工具栏中的"添加几何关系"按钮，将图 4.84 所示的边线和直线添加"共线"几何关系；将端点与中心线添加"重合"几何关系；将圆心与中心线添加"重合"几何关系；将直线和中心线添加"平行"几何关系。

（21）标注尺寸。单击"草图"选项卡中的"智能尺寸"按钮，标注尺寸，结果如图 4.85 所示。

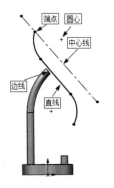

图 4.84 绘制草图 5

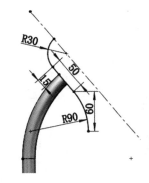

图 4.85 标注尺寸（3）

（22）旋转实体。单击"特征"选项卡中的"旋转凸台/基体"按钮，系统弹出图 4.86 所示的 SOLIDWORKS 对话框。在该对话框中单击"否"按钮，系统弹出"旋转"属性管理器。设置选择类型为"给定深度"，旋转角度为 360 度，分别勾选"合并结果"复选框和"薄壁特征"复选框，设置薄壁类型为"单向"，单击"反向"按钮，调整薄壁方向向外，设置壁厚值为 2mm，如图 4.87 所示。单击"确定"按钮，旋转生成实体。

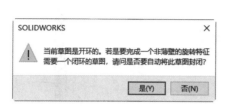

图 4.86　SOLIDWORKS 对话框　　　　　　　图 4.87　"旋转"属性管理器

（23）设置视图方向。单击"视图（前导）"工具栏中的"旋转视图"按钮 ，将视图以合适的方向显示。最终结果如图 4.72 所示。

动手练——绘制杯子

本例绘制图 4.88 所示的杯子。

【操作提示】

（1）在"前视基准面"上绘制图 4.89 所示的草图，利用"旋转凸台/基体"命令创建壁厚为 2mm 的旋转实体。

（2）在"前视基准面"上绘制图 4.90 所示的扫描路径。

（3）利用"扫描"命令创建扫描薄壁实体，参数设置如图 4.91 所示。

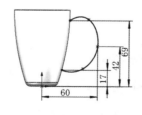

图 4.88　杯子　　　　　图 4.89　绘制草图　　　　　图 4.90　扫描路径　　　　　图 4.91　扫描参数设置

4.6.2　引导线扫描特征

SOLIDWORKS 2024 不仅可以生成等截面的扫描特征，还可以生成随着路径变化截面也发生变化的扫描特征——引导线扫描特征。图 4.92 所示为引导线扫描效果。

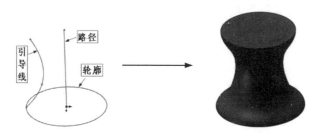

图 4.92 引导线扫描效果

在使用引导线生成扫描特征之前，应该注意以下几点。

（1）路径和引导线草图。

1）应在生成路径和引导线之后生成截面，带引导线的扫描不要求含有穿透几何关系。

2）引导线必须与轮廓或轮廓草图中的点重合，以使扫描可自动推理存在有穿透几何关系。

3）扫描的中间轮廓由路径及引导线所决定。路径必须为单一实体（直线、圆弧等）或路径线段必须相切（不成一定角度）。

（2）几何关系。

1）在绘制截面时，需注意几何关系，如水平或竖直，可能会被自动添加。这些几何关系会影响中间截面的形状，可能造成用户不希望的结果。

2）使用"显示/删除几何关系"命令删除不想要的几何关系，这样中间截面可以根据需要进行扭转。

（3）路径和引导线长度。

1）路径与引导线的长度可能不同。

2）如果引导线比路径长，则扫描将使用路径的长度。

3）如果引导线比路径短，则扫描将使用最短的引导线的长度。

（4）引导线。

1）引导线必须相交于一个点，此点即扫描曲面的顶点。

2）可以使用任何草图曲线、模型边线或曲线作为引导线。

动手学——绘制花盆

本例绘制图 4.93 所示的花盆。

扫一扫，看视频

【操作步骤】

（1）绘制引导线 1 草图。创建一个新的零件文件，在 FeatureManager 设计树中选择"上视基准面"作为草绘基准面。单击"草图"选项卡中的"多边形"按钮 ⬡，以原点为中心绘制一个正八边形。

（2）标注尺寸。单击"草图"选项卡中的"智能尺寸"按钮 ，标注内切圆的直径为 180mm，结果如图 4.94 所示。

图 4.93 花盆

（3）绘制引导线 2 草图。单击"草图"选项卡中的"圆"按钮⊙，以原点为圆心绘制一个圆。

（4）标注尺寸。单击"草图"选项卡中的"智能尺寸"按钮✏，标注内切圆的直径为 120mm，结果如图 4.95 所示。

（5）绘制轮廓草图。在 FeatureManager 设计树中选择"上视基准面"作为草绘基准面。单击"草图"选项卡中的"直线"按钮✏、"切线弧"按钮↻、"绘制圆角"按钮⌐，绘制轮廓草图。

（6）标注尺寸。单击"草图"选项卡中的"智能尺寸"按钮✏，标注尺寸，结果如图 4.96 所示。

图 4.94　绘制引导线 1 草图

图 4.95　绘制引导线 2 草图

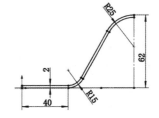

图 4.96　绘制轮廓草图

（7）扫描实体。单击"特征"选项卡中的"扫描"按钮🖋，系统弹出"扫描"属性管理器。❶在"轮廓"栏🗋中单击，❷在绘图区中选择图 4.97 所示的轮廓；❸在"路径"栏🗋中单击，❹在绘图区中选择图 4.97 所示的路径，❺再次在"路径"栏🗋中单击，❻在绘图区中选择图 4.97 所示的引导线；❼"轮廓方位"选择"随路径变化"；❽"轮廓扭转"选择"无"，❾勾选"显示预览"复选框，❿"起始处相切类型"选择"无"，⓫"结束处相切类型"选择"无"，如图 4.97 所示。⓬单击"确定"按钮✔，结果如图 4.98 所示。

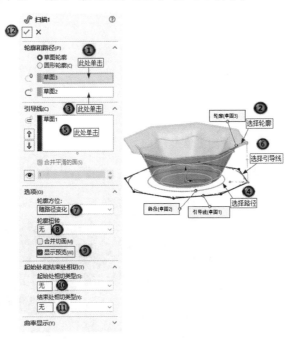

图 4.97　扫描参数设置

图 4.98　生成的扫描实体

动手练——绘制台灯灯泡

本例绘制图 4.99 所示的台灯灯泡。

【操作提示】

（1）在"前视基准面"上绘制图 4.100 所示的草图 1，利用"旋转凸台/基体"命令创建旋转实体。

（2）在"上视基准面"上绘制图 4.101 所示的草图 2。

（3）利用"基准面"命令，以"右视基准面"为参考，偏移 13mm，创建基准面 1。

（4）在基准面 1 上绘制图 4.102 所示的草图 3。

（5）利用"扫描"命令创建引导线扫描实体。

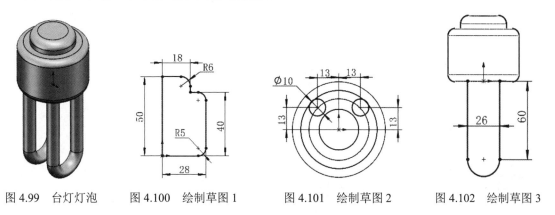

图 4.99　台灯灯泡　　　图 4.100　绘制草图 1　　　图 4.101　绘制草图 2　　　图 4.102　绘制草图 3

4.7　放样凸台/基体特征

放样是指连接多个剖面或轮廓形成的基体、凸台或切除，通过在轮廓之间进行过渡生成特征。

4.7.1　创建放样凸台/基体特征

使用空间中两个或两个以上的不同平面轮廓可以生成最基本的放样特征。仅第一个或最后一个轮廓可以是点，或者这两个轮廓均为点。单一三维草图中可以包含所有草图实体（包括引导线和轮廓）。

【执行方式】

➢ 工具栏：单击"特征"工具栏中的"放样凸台/基体"按钮 🔩。

➢ 菜单栏：选择菜单栏中的"插入"→"凸台/基体"→"放样"命令。

➢ 选项卡：单击"特征"选项卡中的"放样凸台/基体"按钮 🔩。

【选项说明】

执行上述操作，系统弹出"放样"属性管理器，如图 4.103 所示。该属性管理器中部分选项的含义说明如下。

（1）轮廓。

1）轮廓 ⚬：决定用于生成放样的轮廓。选择要连接的草图轮廓、面或边线，放样根据轮廓选择的顺序而生成。对于每个轮廓，选择放样路径经过的点。如果不想生成的实体发生扭曲，则需要选择每个轮廓对应的点。

2）上移 ⬆/下移 ⬇：改变轮廓的顺序。此选项只针对两个以上轮廓的放样特征。

（2）开始/结束约束：如果要在放样的起始处和结束处控制相切，则设置"开始/结束约束"选项组。开始/结束约束可以选择以下选项之一。

1）无：不应用相切。

2）方向向量：放样与所选的边线或轴相切，或与所选面/基准面的法线相切。选择该选项，"开始/结束约束"选项组如图 4.104 所示。此时，需要选择方向向量和拔模角度。

图 4.103   "放样"属性管理器   图 4.104   选择"方向向量"选项

3）垂直于轮廓：放样在起始处和结束处与轮廓的草图基准面垂直。选择该选项，如图 4.105 所示。此时，需要设置拔模角度。

4）与面相切：使相邻面在所选开始或结束轮廓处相切，将放样附加到现有几何体时可用。选择该选项，"开始/结束约束"选项组如图 4.106 所示。单击"下一个面"按钮，在现有可用的面之间切换相切面。

5）与面的曲率：在所选开始或结束轮廓处应用平滑、具有美感的曲率连续放样。选择该选项，"开始/结束约束"选项组如图 4.107 所示。该选项在将放样附加到现有几何体时可用。

图 4.108 所示为相切选项的差异。

图 4.105　选择"垂直于轮廓"选项　图 4.106　选择"与面相切"选项　图 4.107　选择"与面的曲率"选项

（a）开始约束：无相切　（b）开始约束：无相切　（c）开始约束：方向向量　（d）开始约束：无相切
　　结束约束：无相切　　　结束约束：垂直于轮廓　　结束约束：无相切　　　结束约束：与面的曲率

图 4.108　相切选项的差异

（3）引导线。

1）引导线感应类型：用于控制引导线对放样的影响力。

① 到下一引线：只将引导线感应延伸到下一引导线。

② 到下一尖角：只将引导线感应延伸到下一尖角。尖角为轮廓的硬边角。

③ 到下一边线：只将引导线感应延伸到下一边线。

④ 整体：将引导线影响力延伸到整个放样。

2）引导线 📐：选择引导线控制放样。

3）上移 ⬆ /下移 ⬇：调整引导线的顺序。此选项只针对两个以上引导线的放样特征。

4）引导线相切类型：控制放样与引导线相遇处的相切。该选项可以选择以下项之一。

① 无：不应用相切约束。

② 垂直于轮廓：垂直于引导线的基准面应用相切约束。选择该选项，需要设置拔模角度。

③ 方向向量：根据所选实体作为方向向量应用相切约束。选择该选项，需要指定方向向量并设置拔模角度。

（4）中心线参数。

1）中心线 📍：使用中心线引导放样形状。

2）截面数：在轮廓之间绕中心线添加截面，通过移动滑块调整截面数。

3）显示截面 👁：显示放样截面。单击右侧箭头显示截面，也可以输入截面编号，然后单击"显示截面"以跳到该截面。

（5）草图工具：激活拖动模式。编辑放样特征时，可以从任何已为放样定义了轮廓线的三维草图中拖动任何三维草图线段、点或基准面。三维草图在被拖动时更新，也可以编辑三维草图以使用尺寸标注工具标注轮廓线的尺寸。放样预览在拖动结束时或在编辑三维草图尺寸时更新。如果想退出拖动模式，可以再次单击"拖动草图"按钮或单击 PropertyManager 中的另一个截面列表。

（6）选项。

1）合并切面：如果对应的放样线段相切，则使所生成的放样中的对应曲面保持相切。保持相切的面可以是基准平面、圆柱面或锥面。其他相邻的面被合并，截面被近似处理。草图圆弧可以转换为样条曲线。

2）闭合放样：勾选该复选框，沿放样方向生成一闭合实体。此选项会自动连接最后一个和第一个草图。

3）微公差：勾选该复选框，使用微小的几何图形为零件创建放样。严格容差适用于边缘较小的零件。

扫一扫，看视频

动手学——绘制雨伞

本例绘制图 4.109 所示的雨伞。

【操作步骤】

（1）绘制轮廓草图 1。创建一个新的零件文件，在 FeatureManager 设计树中选择"上视基准面"作为草绘基准面。单击"草图"选项卡中的"多边形"按钮⊙，以原点为中心绘制正十二边形。

（2）标注尺寸。单击"草图"选项卡中的"智能尺寸"按钮，标注内切圆的直径为 480mm，结果如图 4.110 所示。

（3）创建基准面 1。单击"特征"选项卡中的"基准面"按钮，在 FeatureManager 设计树中选择"上视基准面"作为第一参考，输入偏移距离为 30mm，单击"确定"按钮，完成基准面 1 的创建。

（4）重复"基准面"命令，以"上视基准面"作为第一参考，输入偏移距离为 65mm，单击"确定"按钮，完成基准面 2 的创建。

（5）绘制轮廓草图 2。在 FeatureManager 设计树中选择"基准面 1"作为草绘基准面。单击"草图"选项卡中的"多边形"按钮⊙，以原点为中心绘制内切圆直径为 360mm 的正十二边形，如图 4.111 所示。

图 4.109　雨伞　　　　图 4.110　绘制轮廓草图 1　　　　图 4.111　绘制轮廓草图 2

（6）绘制轮廓草图 3。在 FeatureManager 设计树中选择"基准面 2"作为草绘基准面。单击"草图"选项卡中的"圆"按钮⊙，以原点为中心绘制半径为 3mm 的圆，如图 4.112 所示。

（7）创建放样实体。单击"特征"选项卡中的"放样凸台/基体"按钮 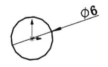，系统弹出"放样"属性管理器，在绘图区中依次选择 ❶草图 1、❷草图 2 和 ❸草图 3，❹ "开始约束"设置为"默认"，❺ "结束约束"设置为"默认"，❻勾选"合并切面"复选框，❼勾选"薄壁特征"复选框，❽设置薄壁类型为"单向"，❾薄壁厚度为 1mm，如图 4.113 所示。❿单击"确定"按钮 ✔，生成放样实体，如图 4.114 所示。

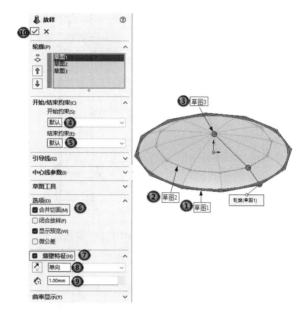

图 4.112　绘制轮廓草图 3　　　　　　　　图 4.113　设置放样参数

（8）绘制直线。在 FeatureManager 设计树中选择"前视基准面"作为草绘基准面。单击"草图"选项卡中的"直线"按钮 ，绘制 5 段直线，如图 4.115 所示。

（9）偏移直线。单击"草图"选项卡中的"等距实体"按钮 ，将（8）中绘制的 5 段直线分别向右偏移 3mm，如图 4.116 所示。

 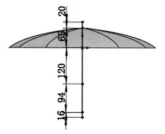 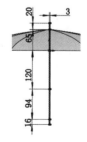

图 4.114　放样实体　　　　　　图 4.115　绘制直线　　　　图 4.116　偏移直线（1）

（10）绘制伞柄顶部。单击"草图"选项卡中的"直线"按钮 、"圆"按钮 、"剪裁实体"按钮 和"智能尺寸"按钮 ，绘制并标注图 4.117 所示的图形。删除右侧偏移后长度为 20mm 的直线段。

（11）偏移直线。单击"草图"选项卡中的"等距实体"按钮 ⊆ ，选择图 4.118 所示的直线，向右偏移 8mm。

（12）绘制圆弧 1。单击"草图"选项卡中的"3 点圆弧"按钮 ⌒ ，捕捉图 4.119 所示的点 1、点 2 和中点绘制圆弧。

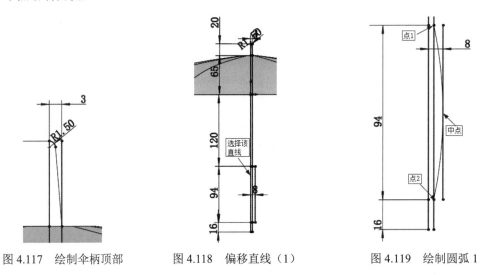

图 4.117　绘制伞柄顶部　　　　图 4.118　偏移直线（1）　　　　图 4.119　绘制圆弧 1

（13）绘制圆弧 2。单击"草图"选项卡中的"圆心/起/终点画弧"按钮 ⌒ ，以长度为 16mm 的直线段的中点为圆心，以两端点为起点和终点绘制圆弧，如图 4.120 所示。

（14）绘制圆角。单击"草图"选项卡中的"绘制圆角"按钮 ⌒ ，对两个圆弧进行圆角，圆角半径设置为 10mm，删除辅助线，结果如图 4.121 所示。单击"退出草图"按钮 ⦆ ，退出草图绘制状态。

（15）创建旋转实体。单击"特征"选项卡中的"旋转凸台/基体"按钮 ⬢ ，系统弹出"旋转"属性管理器，在 FeatureManager 设计树中选择草图 4，选择图 4.122 所示的直线为旋转轴，旋转角度设置为 360 度，勾选"合并结果"复选框。单击"确定"按钮 ✓ ，生成旋转实体，如图 4.109 所示。

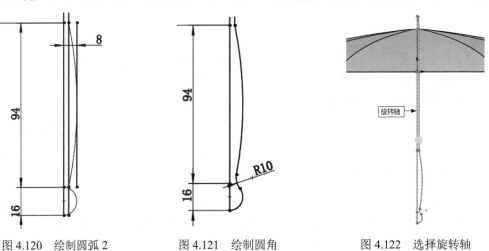

图 4.120　绘制圆弧 2　　　　图 4.121　绘制圆角　　　　图 4.122　选择旋转轴

动手练——绘制装饰帽

本例绘制图 4.123 所示的装饰帽。

【操作提示】

（1）利用"基准面"命令分别创建基准面 1、基准面 2、基准面 3、基准面 4，与"上视基准面"的偏移距离分别为 80mm、120mm、140mm，基准面 4 向下偏移 30mm。

（2）在基准面 4 上绘制草图 1，绘制直径为 65mm 的圆。

（3）在"上视基准面"上绘制草图 2，如图 4.124 所示。

图 4.123　装饰帽

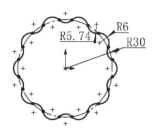

图 4.124　绘制草图 2

（4）在基准面 1 上绘制草图 3，将转换后的草图 2 放大 2 倍。

（5）在基准面 2 上绘制草图 4，将转换后的草图 2 缩小 0.6 倍。

（6）在基准面 3 上绘制草图 5，绘制直径为 34.34 的圆，如图 4.125 所示。

（7）利用"放样凸台/基体"命令，依次选择各个草图，创建薄壁实体，壁厚设置为 2mm。

（8）在"前视基准面"上绘制草图 6，如图 4.126 所示，创建旋转实体。

（9）在"前视基准面"上绘制草图 7，如图 4.127 所示，创建旋转实体。

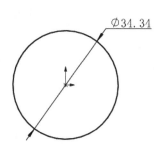

图 4.125　绘制草图 5

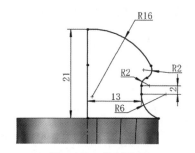

图 4.126　绘制草图 6

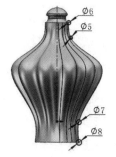

图 4.127　绘制草图 7

4.7.2　引导线放样特征

同生成引导线扫描特征一样，SOLIDWORKS 2024 也可以生成引导线放样特征，即通过两个或多个轮廓并使用一条或多条引导线来连接轮廓，生成引导线放样特征。引导线可以帮助控制所生成的中间轮廓。图 4.128 所示为引导线放样效果。

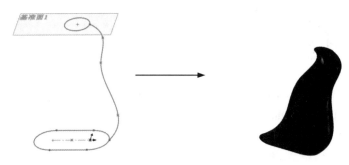

图 4.128 引导线放样效果

在利用引导线生成放样特征时，应该注意以下几点。

（1）引导线必须与轮廓相交。

（2）引导线的数量不受限制。

（3）引导线之间可以相交。

（4）引导线可以是任何草图曲线、模型边线或曲线。

（5）引导线可以比生成的放样特征长，放样特征将终止于最短的引导线的末端。

（6）如果在选择一引导线时，SOLIDWORKS 将之报告为无效，则按以下方式处理。

1）右击绘图区，选取 SelectionManager，然后选择引导线。

2）将每条引导线放置在其单个草图中。

（7）如果放样失败或扭曲，则按以下方式处理。

1）使用放样同步来修改放样轮廓之间的同步，通过更改轮廓之间的对齐来调整同步。如果要调整对齐，则应操纵绘图区中出现的控标，它是连接线的一部分。连接线是在两个方向上连接对应点的多线。

2）添加通过参考点的曲线作为引导线，选择适当的轮廓顶点以生成曲线。

（8）引导线可以比生成的放样特征长，放样特征终止于最短引导线的末端。

（9）用户可以在所有引导线上生成同样数量的线段，以进一步控制放样的行为。每条线段的端点标志对应的轮廓转换点。

扫一扫，看视频

动手学——绘制油烟机罩

本例绘制图 4.129 所示的油烟机罩。

【操作步骤】

（1）绘制轮廓草图 1。创建一个新的零件文件，在 FeatureManager 设计树中选择"上视基准面"作为草绘基准面，绘制草图并标注尺寸，结果如图 4.130 所示。

（2）创建基准面 1。单击"特征"选项卡中的"基准面"按钮▦，在 FeatureManager 设计树中选择"上视基准面"作为第一参考，输入偏移距离为 170mm，单击"确定"按钮✔，完成基准面 1 的创建。

（3）绘制轮廓草图 2。在 FeatureManager 设计树中选择"基准面 1"作为草绘基准面。单击"草图"选项卡中的"圆"按钮⊙，以原点为中心绘制直径为 80mm 的圆，如图 4.131 所示。

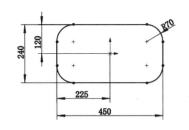

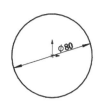

图 4.129　油烟机罩	图 4.130　绘制轮廓草图 1	图 4.131　绘制轮廓草图 2

（4）绘制引导线 1。在 FeatureManager 设计树中选择"前视基准面"作为草绘基准面。单击"草图"选项卡中的"样条曲线"按钮 ⋂，绘制样条曲线并进行尺寸标注，如图 4.132 所示。

（5）在 FeatureManager 设计树中选择"前视基准面"作为草绘基准面。单击"草图"选项卡中的"草图绘制"按钮 ⊏，进入草图绘制状态。

（6）转换实体引用。单击"草图"选项卡中的"转换实体引用"按钮 ⬡，系统弹出"转换实体引用"属性管理器。选择引导线 1，如图 4.133 所示，单击"确定"按钮 ✔，实体转换完成，如图 4.134 所示。

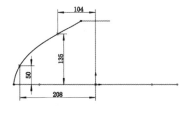

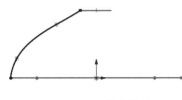

图 4.132　绘制引导线 1	图 4.133　"转换实体引用"	图 4.134　转换结果
	属性管理器	

（7）绘制中心线。单击"草图"选项卡中的"中心线"按钮 ⟋，过原点绘制一条中心线，如图 4.135 所示。

（8）镜像样条曲线。单击"草图"选项卡中的"镜像实体"按钮 ⊮，系统弹出"镜像"属性管理器，选择样条曲线 2 为要镜像的实体，选择中心线为镜像轴，如图 4.136 所示。单击"确定"按钮 ✔，删除左侧的样条曲线，结果如图 4.137 所示。

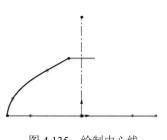

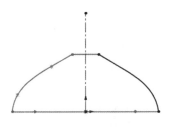

图 4.135　绘制中心线	图 4.136　"镜像"属性管理器	图 4.137　镜像结果

（9）创建放样实体。单击"特征"选项卡中的"放样凸台/基体"按钮 ⬗，系统弹出"放样"属

性管理器，依次选择图 4.138 所示的❶草图 1 和❷草图 2 作为轮廓草图，❸单击"引导线"列表框，❹依次选择引导线 1 和❺引导线 2，❻"引导线感应类型"设置为"整体"，❼勾选"合并切面"复选框，❽勾选"薄壁特征"复选框，❾设置薄壁类型为"单向"，❿薄壁厚度为 1mm，如图 4.138 所示。⓫单击"确定"按钮✔，生成放样实体，结果如图 4.129 所示。

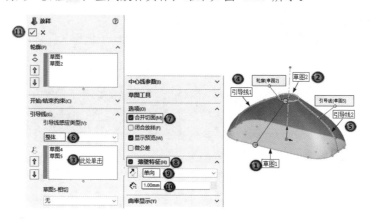

图 4.138　放样参数设置

动手练——绘制花瓶

本例绘制图 4.139 所示的花瓶。

【操作提示】

（1）利用"基准面"命令分别创建基准面 1、基准面 2、基准面 3，与"上视基准面"的偏移距离分别为 50mm、150mm、180mm。

（2）在"上视基准面"上绘制草图 1，绘制内切圆半径为 20mm 的正六边形，如图 4.140 所示。

（3）在基准面 1 上绘制草图 2，绘制直径为 100mm 的圆。

（4）在基准面 2 上绘制草图 3，绘制直径为 30mm 的圆。

（5）在基准面 3 上绘制草图 4，绘制直径为 30mm 的圆。

（6）在"前视基准面"上绘制草图 5，如图 4.141 所示。

（7）在"前视基准面"上绘制草图 6，将草图 5 进行转换，再将转换后的草图进行镜像，如图 4.142 所示。

　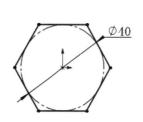　　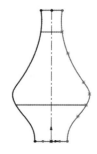

图 4.139　花瓶　　　图 4.140　绘制草图 1　　　图 4.141　绘制草图 5　　　图 4.142　绘制草图 6

（8）放样实体，依次选择草图 1~草图 4 作为轮廓草图，选择草图 5 和草图 6 作为引导线参考。

（9）利用"拉伸凸台/基体"命令创建拉伸实体，深度为 2mm，方向向下。

4.7.3　中心线放样特征

SOLIDWORKS 2024 还可以生成中心线放样特征。中心线放样是指将一条变化的引导线作为中心线进行的放样，在中心线放样特征中，所有中间截面的草图基准面都与此中心线垂直。

中心线放样特征的中心线必须与每个封闭轮廓的内部区域相交，而不是像引导线放样那样必须与每个轮廓线相交。图 4.143 所示为中心线放样效果。

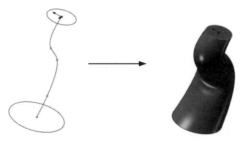

图 4.143　中心线放样效果

动手学——绘制异形弯管

扫一扫，看视频

本例绘制图 4.144 所示的异形弯管。

【操作步骤】

（1）绘制轮廓草图 1。创建一个新的零件文件，在 FeatureManager 设计树中选择"前视基准面"作为草绘基准面，绘制草图并标注尺寸，结果如图 4.145 所示。

（2）创建基准面 1。单击"特征"选项卡中的"基准面"按钮📄，在 FeatureManager 设计树中选择"上视基准面"作为第一参考，输入偏移距离为 36mm，单击"确定"按钮，完成基准面 1 的创建，如图 4.146 所示。

（3）绘制轮廓草图 2。单击"草图"选项卡中的"圆"按钮⊙，以原点为中心绘制直径为 24mm的圆，并进行尺寸标注，如图 4.147 所示。单击"退出草图"按钮↵，退出草图绘制状态。

图 4.144　异形弯管

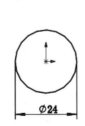

图 4.145　绘制轮廓草图 1

图 4.146　创建基准面 1

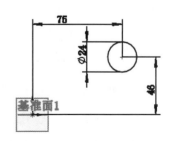

图 4.147　绘制轮廓草图 2

（4）设置等轴测视图。单击"视图（前导）"工具栏中的"等轴测"按钮 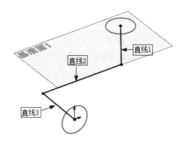，结果如图 4.148 所示。

（5）绘制引导线。单击"草图"选项卡中的"3D 草图"按钮 3D，进入三维绘图环境。单击"草图"选项卡中的"直线"按钮 ✓，绘制引导线，如图 4.149 所示。

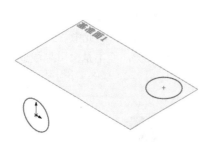

图 4.148　等轴测视图

图 4.149　绘制引导线

（6）添加几何约束。单击"草图"选项卡中的"添加几何关系"按钮 ⊥，系统弹出"添加几何关系"属性管理器，选择图 4.149 中的直线 1，然后单击"添加几何关系"属性管理器中的"沿 Y"按钮，为其添加沿 Y 轴的约束，如图 4.150 所示。

（7）继续添加几何约束。重复"添加几何关系"命令，为图 4.149 中的直线 2 添加"沿 X"约束；为直线 3 添加"沿 Z"约束。

（8）绘制圆角。单击"草图"选项卡中的"绘制圆角"按钮 ⌐，系统弹出"绘制圆角"属性管理器，设置半径为 15mm，在转折处绘制圆角，结果如图 4.151 所示。草图绘制完成，单击"退出草图"按钮 ⤶，退出草图绘制状态。

图 4.150　"添加几何关系"属性管理器

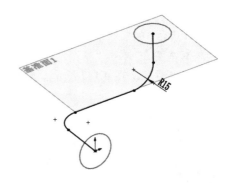

图 4.151　绘制圆角

（9）创建放样实体。单击"特征"选项卡中的"放样凸台/基体"按钮 ⬗，系统弹出"放样"属性管理器，在 FeatureManager 设计树中依次选择 ①草图 1 和 ②草图 2 作为轮廓草图，③单击"中心线参数"列表框，④在 FeatureManager 设计树中选择 3D 草图 1，⑤勾选"合并切面"复选框，

⑥勾选"薄壁特征"复选框，⑦设置薄壁类型为"单向"，⑧单击"反向"按钮 ↗，⑨薄壁厚度为 5mm，如图 4.152 所示。⑩单击"确定"按钮 ✔，生成放样实体，结果如图 4.153 所示。

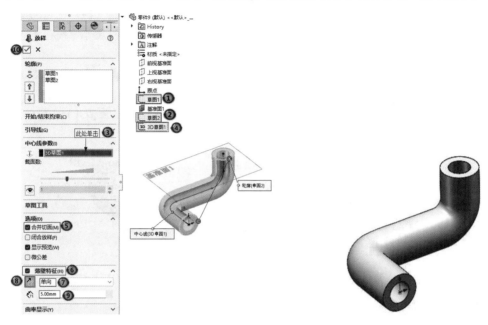

图 4.152 放样参数设置

图 4.153 放样实体

（10）在 FeatureManager 设计树中选择"前视基准面"作为草绘基准面。单击"草图"选项卡中的"草图绘制"按钮 ▢，进入草图绘制状态。

（11）绘制下端盖草图。单击"草图"选项卡中的"圆"按钮 ⊙、"直线"按钮 ／、"剪裁实体"按钮 ✦、"添加几何关系"按钮 ⊥ 和"智能尺寸"按钮 ✦，绘制下端盖草图，如图 4.154 所示。

（12）拉伸实体。单击"特征"选项卡中的"拉伸凸台/基体"按钮 ⬛，在 FeatureManager 设计树中选择草图 4，系统弹出"凸台-拉伸"属性管理器。设置拉伸终止条件为"给定深度"，输入拉伸距离为 6mm，勾选"合并结果"复选框，如图 4.155 所示。单击"确定"按钮 ✔，结果如图 4.156 所示。

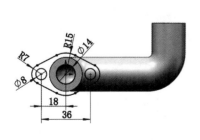

图 4.154 绘制下端盖草图　　图 4.155 拉伸参数设置　　图 4.156 拉伸实体（1）

（13）在 FeatureManager 设计树中选择"基准面 1"作为草绘基准面。单击"草图"选项卡中的"草图绘制"按钮，进入草图绘制状态。

（14）绘制上端盖草图。单击"草图"选项卡中的"矩形"按钮、"圆"按钮、"绘制圆角"按钮、"剪裁实体"按钮、"添加几何关系"按钮和"智能尺寸"按钮，绘制上端盖草图，如图 4.157 所示。

（15）拉伸实体。单击"特征"选项卡中的"拉伸凸台/基体"按钮，在 FeatureManager 设计树中选择草图 4，系统弹出"凸台-拉伸"属性管理器。设置拉伸终止条件为"给定深度"，输入拉伸距离为 6mm，勾选"合并结果"复选框，单击"确定"按钮，结果如图 4.158 所示。

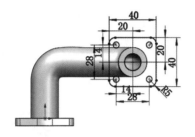
图 4.157　绘制上端盖草图

图 4.158　拉伸实体（2）

动手练——绘制门把手

本例绘制图 4.159 所示的门把手。

【操作提示】

（1）在"前视基准面"上绘制直径为 11mm 的圆。

（2）利用"基准面"命令，分别创建基准面 1、基准面 2、基准面 3 和基准面 4，与"前视基准面"的偏移距离分别为 10mm、30mm、50mm 和 55mm。

（3）在基准面 1 上绘制直径为 30mm 的圆。

（4）在基准面 2 上绘制直径为 15mm 的圆。

（5）在基准面 3 上绘制直径为 20mm 的圆。

（6）在基准面 4 上绘制直径为 40mm 的圆。

（7）在"上视基准面"上绘制草图 6，如图 4.160 所示。

图 4.159　门把手

图 4.160　绘制草图 6

（8）利用"放样凸台/基体"命令依次选择草图1~草图5作为轮廓草图，选择草图6作为中心线参考。

4.7.4　分割线放样特征

如果要生成一个与实体无缝连接的放样特征，就必须用到分割线放样。分割线放样可以将放样中的空间轮廓转换为平面轮廓，从而使放样特征进一步扩展到空间模型的曲面上。图4.161所示为分割线放样效果。

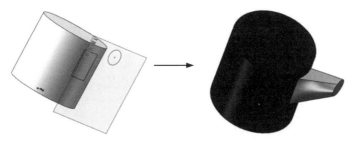

图4.161　分割线放样效果

动手学——绘制壶铃

本例绘制图4.162所示的壶铃。

【操作步骤】

（1）绘制草图1。创建一个新的零件文件，在FeatureManager设计树中选择"前视基准面"作为草绘基准面，绘制草图并标注尺寸，如图4.163所示。

（2）创建旋转实体。单击"特征"选项卡中的"旋转凸台/基体"按钮，设置旋转角度为360度，单击"确定"按钮，结果如图4.164所示。

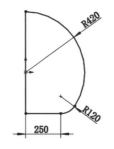

图4.162　壶铃　　　　　图4.163　绘制草图1　　　　　图4.164　旋转实体

（3）创建基准轴1。单击"特征"选项卡中的"基准轴"按钮，系统弹出"基准轴"属性管理器，在FeatureManager设计树中选择"上视基准面"和"右视基准面"，如图4.165所示。单击"确定"按钮，生成基准轴，如图4.166所示。

（4）创建基准面1。单击"特征"选项卡中的"基准面"按钮，系统弹出"基准面"属性管

理器，在 FeatureManager 设计树中选择"右视基准面"作为第一参考，输入旋转角度为 45 度，选择
"基准轴 1"作为第二参考，如图 4.167 所示。单击"确定"按钮✔，完成基准面 1 的创建，如图 4.168
所示。

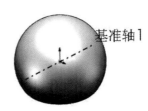

图 4.165 "基准轴"属性管理器　　　图 4.166 创建基准轴 1　　　图 4.167 基准面 1 参数设置

（5）创建基准面 2。单击"特征"选项卡中的"基准面"按钮📄，系统弹出"基准面"属性管
理器，在 FeatureManager 设计树中选择"基准面 1"作为第一参考，输入偏移距离为 500mm，
如图 4.169 所示。单击"确定"按钮✔，完成基准面 2 的创建，如图 4.170 所示。

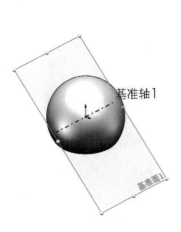

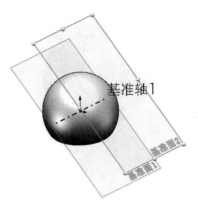

图 4.168 创建基准面 1　　　　图 4.169 基准面 2 参数设置　　　图 4.170 创建基准面 2

（6）使用同样的方法创建基准面 3 和基准面 4，结果如图 4.171 所示。

（7）绘制草图 2。在 FeatureManager 设计树中选择"基准面 2"作为草绘基准面。单击"草图"选项卡中的"圆"按钮⊙，以原点为圆心绘制半径为 75mm 的圆，如图 4.172 所示。

（8）创建分割线 1。单击"特征"选项卡中的"曲线"下拉菜单中的"分割线"按钮，系统弹出"分割线"属性管理器，选择"分割类型"为"投影"，选择草图 2 作为要投影的草图，选择旋转实体作为要分割的面，如图 4.173 所示。单击"确定"按钮，分割线 1 创建完成，如图 4.174 所示。

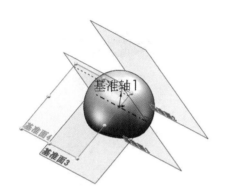

图 4.171　创建基准面 3 和基准面 4　　　　图 4.172　绘制草图 2　　　　图 4.173　"分割线"属性管理器

（9）使用同样的方法在基准面 4 上绘制草图 3，利用"分割线"命令创建分割线 2，结果如图 4.175 所示。

（10）绘制草图 4。在 FeatureManager 设计树中选择"右视基准面"作为草绘基准面。单击"草图"选项卡中的"圆"按钮⊙，绘制半径为 45mm 的圆，如图 4.176 所示。

图 4.174　创建分割线 1　　　　图 4.175　创建分割线 2　　　　图 4.176　绘制草图 4

（11）创建放样实体。单击"特征"选项卡中的"放样凸台/基体"按钮，系统弹出"放样"属性管理器。在绘图区中依次选择①分割线 1、②草图 4 和③分割线 2 作为轮廓草图。在"放样"属性管理器中，④将"开始约束"设置为"垂直于轮廓"，⑤将"结束约束"设置为"垂直于轮廓"，⑥勾选"合并切面"复选框，⑦勾选"合并结果"复选框，如图 4.177 所示。⑧单击"确定"按钮，生成放样实体，结果如图 4.178 所示。

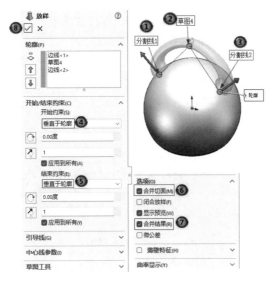

图 4.177　放样参数设置

图 4.178　放样实体

动手练——绘制桨叶

本例绘制图 4.179 所示的桨叶。

【操作提示】

（1）在"前视基准面"上绘制图 4.180 所示的草图 1，利用"旋转凸台/基体"命令创建旋转实体。

（2）在"前视基准面"上绘制图 4.181 所示的草图 2，利用"分割线"命令向旋转实体进行投影。

（3）利用"基准面"命令创建基准面 1，与"前视基准面"的偏移距离为 120mm。

（4）在基准面 1 上绘制图 4.182 所示的草图 3。

（5）利用"放样凸台/基体"命令，通过分割线与草图 3 创建放样实体。

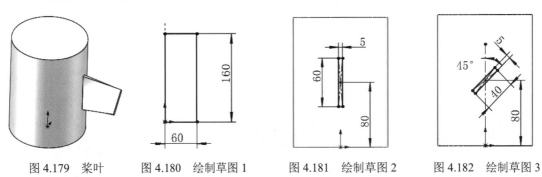

图 4.179　桨叶　　　图 4.180　绘制草图 1　　　图 4.181　绘制草图 2　　　图 4.182　绘制草图 3

4.8　边界凸台/基体特征

边界特征是指在一个或两个方向上跨越两个或多个轮廓生成的凸台/基体或者曲面。通过边界工具可以得到高质量、准确的特征，这在创建复杂形状时非常有用。图 4.183 所示为边界特征实例。

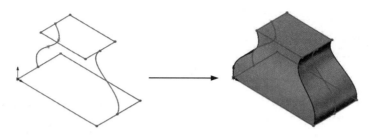

图 4.183　边界特征实例

4.8.1　创建边界凸台/基体特征

在创建边界凸台/基体特征时，用户可以指定草图曲线、边线、面及其他草图实体控制边界特征的形状。

【执行方式】

➤ 工具栏：单击"特征"工具栏中的"边界凸台/基体"按钮🪨。

➤ 菜单栏：选择菜单栏中的"插入"→"凸台/基体"→"边界"命令。

➤ 选项卡：单击"特征"选项卡中的"边界凸台/基体"按钮🪨。

【选项说明】

执行上述操作，系统弹出"边界"属性管理器，如图 4.184 所示。该属性管理器中部分选项的含义如下。

（1）"曲线"列表框：在方向 1(1)/方向 2(2)的"曲线"列表框中单击，添加用于此方向生成边界特征的曲线。选择要连接的草图曲线、面或边线。边界特征根据选择曲线的顺序而生成。对于每条曲线，用户可以选择想要边界特征路径经过的点。

（2）上移↑/下移↓：调整曲线的顺序。如果预览显示的边界特征令人不满意，可以重新选择或重新排序草图以连接曲线上不同的点。

（3）方向 1/方向 2 曲线感应：选择两个方向的曲线后，"边界"属性管理器如图 4.185 所示。在该下拉列表中有以下选项。

1）整体：将曲线感应延伸到整个边界特征。

2）到下一曲线：只将曲线感应延伸到下一曲线。

3）到下一尖角：只将曲线感应延伸到下一尖角。尖角为轮廓的硬边角。

4）到下一边线：只将曲线感应延伸到下一边线。

5）线性：将曲线感应均匀地延伸到整个边界特征上，与延伸到直纹曲面上类似。该选项有助于避免由缩进较大的引导曲线在单向曲线相互重合的曲面上所产生的多余曲率（包藏）效应。

（4）相切类型：在该下拉列表中有以下选项。

1）无：不应用相切约束（曲率为 0）。

2）垂直于轮廓：当曲线没有附加边界特征到现有几何体时可用。垂直曲线应用相切约束，需要设置"相切感应（%）""拔模角度""相切长度"参数，如图 4.186 所示。

① 相切感应（%）：将曲线感应延伸到下一曲线，高数值延伸相切的有效距离。这对于很圆的

形状有用（只在为曲线感应选取"整体"或"到下一尖角"选项及曲线为双向时才可使用，在相切类型设置为"无"或默认时无法使用）。

图 4.184　"边界"属性管理器　　　　图 4.185　选择曲线后的"边界"属性管理器

② 拔模角度：应用拔模角度到开始或结束曲线。单击"反向"按钮 ↻，可调整方向。对于单方向边界特征，拔模角度适用于所有相切类型。对于双方向边界特征，如果连接到具有拔模的现有实体，拔模角度将不可用，因为系统会自动应用相同拔模到相交曲线的边界特征。

③ 相切长度：控制对边界特征的影响量。相切长度的效果限制到下一部分。

3）方向向量：根据用于方向向量的所选实体而应用相切约束。需要设置"方向向量""拔模角度""相切感应（%）"参数，如图 4.187 所示。

图 4.186　"垂直于轮廓"选项　　　　图 4.187　"方向向量"选项

4）与面相切：使相邻面在所选曲线上相切。需要设定"拔模角度""相切感应（%）""相切长度"参数（在将边界特征附加到现有几何体时可用）。

5）与面的曲率：在所选曲线处应用平滑、具有美感的曲率连续曲面。需要设定"拔模角度""相切感应（%）""相切长度"参数（在将边界特征附加到现有几何体时可用）。

（5）按方向 1/方向 2 剪裁：当曲线不形成封闭的边界时，按方向剪裁曲面。

（6）拖动草图：单击该按钮，激活拖动模式。在编辑边界特征时，用户可从任何已为边界特征定义了轮廓线的三维草图中拖动三维草图线段、点或基准面。三维草图在拖动时更新。用户也可编辑三维草图以使用尺寸标注工具来标注轮廓线的尺寸。边界特征预览在拖动结束时或在用户编辑三维草图尺寸时更新。如果想退出拖动模式，再次单击"拖动草图"按钮或单击 PropertyManager 中的另一个截面即可。

动手学——绘制周铣刀

本例绘制图 4.188 所示的周铣刀。

图 4.188　周铣刀

【操作步骤】

（1）绘制草图 1。创建一个新的零件文件，在 FeatureManager 设计树中选择"前视基准面"，绘制草图并标注尺寸，如图 4.189 所示。

（2）创建基准面 1。单击"特征"选项卡中的"基准面"按钮，系统弹出"基准面"属性管理器，在 FeatureManager 设计树中选择"前视基准面"作为第一参考，输入偏移距离为 30mm，勾选"反转等距"复选框，如图 4.190 所示。单击"确定"按钮，基准面 1 创建完成，如图 4.191 所示。

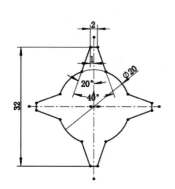

图 4.189　绘制草图 1

图 4.190　"基准面"属性管理器

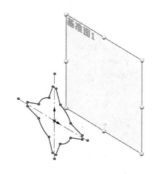

图 4.191　创建基准面 1

（3）创建其他基准面。使用同样的方法创建基准面 2～基准面 5，与"前视基准面"的偏移距离分别为 60mm、90mm、120mm、150mm，结果如图 4.192 所示。

（4）绘制草图 2。在 FeatureManager 设计树中选择"基准面 1"，单击"草图"选项卡中的"草图绘制"按钮，进入草图绘制状态。单击"草图"选项卡中的"转换实体引用"按钮，系统弹出"转换实体引用"属性管理器。勾选"选择链"复选框，然后在绘图区中选择草图 1 上的任意一条图线，单击"确定"按钮，图线转换完成，如图 4.193 所示。

（5）绘制其他草图。使用同样的方法绘制草图 3～草图 6，结果如图 4.194 所示。

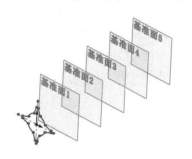
图 4.192　创建其他基准面

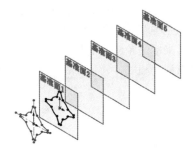
图 4.193　绘制草图 2

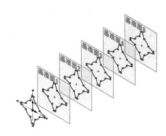
图 4.194　绘制其他草图

（6）创建边界实体。单击"特征"选项卡中的"边界凸台/基体"按钮，系统弹出"边界"属性管理器，在绘图区中依次选择①点 1、②点 2、③点 3、④点 4、⑤点 5 和⑥点 6，⑦勾选"合并切面"复选框，如图 4.195 所示。⑧单击"确定"按钮，边界实体创建完成，结果如图 4.196 所示。

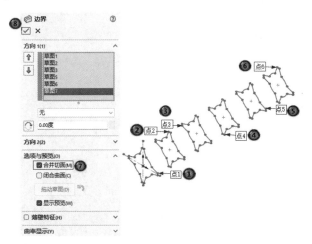
图 4.195　边界实体参数设置

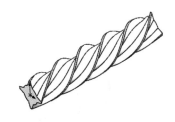
图 4.196　边界实体

动手练——绘制充电器

本例绘制图 4.197 所示的充电器。

【操作提示】

（1）利用"基准面"命令，分别创建基准面 1、基准面 2、基准面 3，与"上视基准面"的偏移距离分别为 4mm、4.5mm、6.5mm。

（2）在"上视基准面"上绘制边长为 4mm 的中心矩形作为草图 1。

（3）在基准面 1 上绘制边长为 5mm 的中心矩形作为草图 2。

（4）在基准面 2 上绘制边长为 5mm 的中心矩形作为草图 3。

（5）在基准面 3 上绘制边长为 3mm 的中心矩形作为草图 4。

（6）利用"3D 草图"命令绘制图 4.198 所示的 3D 草图 1～3D 草图 4。

（7）利用"边界凸台/基体"命令，依次选择草图 1～草图 4 作为方向 1 的边界，选择 3D 草图 1～3D 草图 4 作为方向 2 的边界。

（8）在基准面 3 上绘制草图 6，如图 4.199 所示。利用"拉伸凸台/基体"命令创建拉伸实体，设置拉伸深度为 0.3mm。

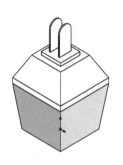
图 4.197 充电器

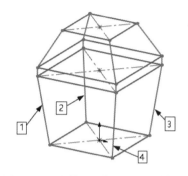
图 4.198 绘制 3D 草图 1～3D 草图 4

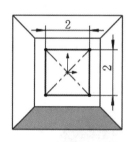
图 4.199 绘制草图 6

（9）在（8）中创建的拉伸凸台的上表面绘制草图 7，如图 4.200 所示。利用"拉伸凸台/基体"命令创建拉伸实体，设置拉伸深度为 2mm，如图 4.201 所示。

（10）在图 4.201 所示的面 1 上绘制草图 8，设置拉伸深度为 0.1mm，如图 4.202 所示。使用同样的方法在面 2 上绘制与草图 8 完全相同的图形，并进行拉伸。

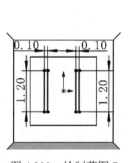
图 4.200 绘制草图 7

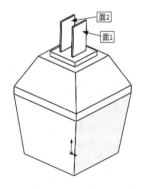
图 4.201 拉伸结果

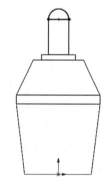
图 4.202 绘制草图 8

4.8.2 边界薄壁特征

边界薄壁特征必须有一个方向的草图为封闭的非相交轮廓。如果草图为开放轮廓，则生成边界曲面。"薄壁特征"的参数含义与拉伸和旋转中"薄壁特征"的参数含义相同，这里不再赘述。

动手学——绘制孔明灯

本例绘制如图 4.203 所示的孔明灯。

【操作步骤】

（1）绘制草图 1。创建一个新的零件文件，在 FeatureManager 设计树中选择"上视基准面"，绘制草图并标注尺寸，如图 4.204 所示。

（2）创建基准面 1。单击"特征"选项卡中的"基准面"按钮，系统弹出"基准面"属性管理器。在 FeatureManager 设计树中选择"上视基准面"作为第一参考，输入偏移距离为 300mm。单击"确定"按钮，基准面 1 创建完成。

（3）绘制草图 2。在 FeatureManager 设计树中选择"基准面 1"，单击"草图"选项卡中的"转换实体引用"按钮，系统弹出"转换实体引用"属性管理器，选择草图 1，单击"确定"按钮，如图 4.205 所示。

（4）绘制草图 3。在 FeatureManager 设计树中选择"前视基准面"，单击"草图"选项卡中的"直线"按钮和"切线弧"按钮，绘制草图 3，并将两圆弧的端点与两圆分别进行穿透约束，结果如图 4.206 所示。

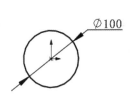

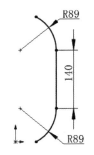

图 4.203　孔明灯　　　图 4.204　绘制草图 1　　　图 4.205　绘制草图 2　　　图 4.206　绘制草图 3

（5）绘制草图 4。在 FeatureManager 设计树中选择"基准面 1"，单击"草图"选项卡中的"转换实体引用"按钮，系统弹出"转换实体引用"属性管理器，选择草图 3，进行实体转换。再单击"草图"选项卡中的"中心线"按钮和"镜像实体"按钮，将转换后的实体进行镜像，结果如图 4.207 所示。

（6）创建基准面 2。单击"特征"选项卡中的"基准面"按钮，系统弹出"基准面"属性管理器。在 FeatureManager 设计树中选择"前视基准面"作为第一参考，输入两面夹角角度为 45 度，选择图 4.208 所示的中心线作为第二参考。单击"确定"按钮，基准面 2 创建完成。

（7）创建基准面 3。单击"特征"选项卡中的"基准面"按钮，系统弹出"基准面"属性管理器。在 FeatureManager 设计树中选择"前视基准面"作为第一参考，输入两面夹角角度为 45 度，勾选"反向等距"复选框，选择图 4.208 所示的中心线作为第二参考。单击"确定"按钮，基准面 3 创建完成。

（8）绘制草图 5。在 FeatureManager 设计树中选择"基准面 2"，单击"草图"选项卡中的"直线"按钮和"切线弧"按钮，绘制草图 3，并将两圆弧的端点与两圆分别进行穿透约束，结果如图 4.209 所示。

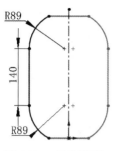
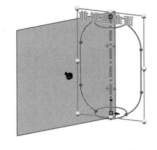
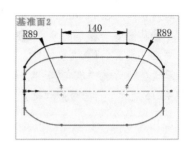

图 4.207 绘制草图 4　　　图 4.208 选择中心线　　　图 4.209 绘制草图 5

（9）绘制草图 6。在 FeatureManager 设计树中选择"基准面 2"，单击"草图"选项卡中的"转换实体引用"按钮，系统弹出"转换实体引用"属性管理器，选择草图 5，进行实体转换。再单击"草图"选项卡中的"中心线"按钮和"镜像实体"按钮，将转换后的实体进行镜像，结果如图 4.210 所示。

（10）绘制草图 7。在 FeatureManager 设计树中选择"基准面 3"，单击"草图"选项卡中的"直线"按钮和"切线弧"按钮，绘制草图 7，并将两圆弧的端点与两圆分别进行穿透约束，结果如图 4.211 所示。

（11）绘制草图 8。在 FeatureManager 设计树中选择"基准面 3"，单击"草图"选项卡中的"转换实体引用"按钮，系统弹出"转换实体引用"属性管理器，选择草图 7，进行实体转换。再单击"草图"选项卡中的"中心线"按钮和"镜像实体"按钮，将转换后的实体进行镜像，结果如图 4.212 所示。

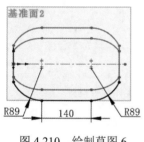
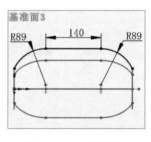
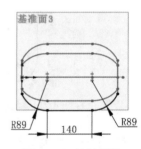

图 4.210 绘制草图 6　　　图 4.211 绘制草图 7　　　图 4.212 绘制草图 8

（12）绘制草图 9。在 FeatureManager 设计树中选择"右视基准面"，单击"草图"选项卡中的"直线"按钮和"切线弧"按钮，绘制草图 9，并将两圆弧的端点与两圆分别进行穿透约束，结果如图 4.213 所示。

（13）绘制草图 10。在 FeatureManager 设计树中选择"右视基准面"，单击"草图"选项卡中的"转换实体引用"按钮，系统弹出"转换实体引用"属性管理器，选择草图 9，进行实体转换。再单击"草图"选项卡中的"中心线"按钮和"镜像实体"按钮，将转换后的实体进行镜像，结果如图 4.214 所示。

（14）创建边界实体。单击"特征"选项卡中的"边界凸台/基体"按钮，系统弹出"边界"属性管理器，在 FeatureManager 设计树中选择❶草图 1 和❷草图 2 作为方向 1(1)的曲线，单击❸方

向 2(2)列表框，在 FeatureManager 设计树中选择❹草图 3、❺草图 4、❻草图 5、❼草图 6、❽草
图 7、❾草图 8、❿草图 9 和⓫草图 10，将"方向 1 曲线感应"设置为⓬"整体"，将"方向 2
曲线感应"设置为⓭"整体"，取消勾选⓮"合并切面"复选框，勾选⓯"薄壁特征"复选框，
选择薄壁类型为⓰"单向"，单击⓱"反向"按钮 ⤢ ，调整薄壁方向向内，设置薄壁厚度为⓲1mm，
如图 4.215 所示。单击⓳ "确定"按钮 ✔ ，结果如图 4.203 所示。

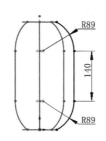

图 4.213　绘制草图 9

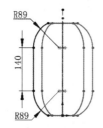

图 4.214　绘制草图 10

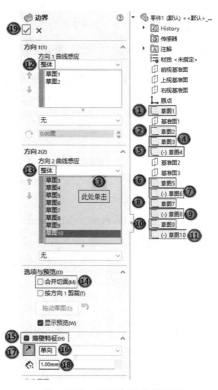

图 4.215　边界实体参数设置

动手练——绘制灯罩

本例绘制图 4.216 所示的灯罩。

【操作提示】

（1）在"前视基准面"上绘制图 4.217 所示的草图 1。

（2）利用"基准面"命令分别创建基准面 1、基准面 2、基准面 3 和基准面 4，与"前视基准面"
的偏移距离分别为 20mm、40mm、60mm 和 70mm。

（3）在基准面 1 上绘制直径为 90mm 的圆作为草图 2。

（4）在基准面 2 上绘制直径为 70mm 的圆作为草图 3。

（5）在基准面 3 上绘制直径为 50mm 的圆作为草图 4。

（6）在基准面 4 上绘制直径为 10mm 的圆作为草图 5。

（7）在"上视基准面"上绘制图 4.218 所示的草图 6 和图 4.219 所示的草图 7。

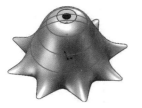

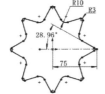

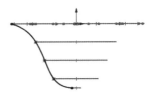

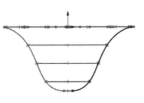

图 4.216 灯罩   图 4.217 绘制草图 1   图 4.218 绘制草图 6   图 4.219 绘制草图 7

（8）使用同样的方法在右视基准面上绘制草图 8 和草图 9。

（9）利用"边界凸台/基体"命令创建薄壁实体，依次选择草图 1～草图 5 作为方向 1 的边界，选择草图 6～草图 9 作为方向 2 的边界。

4.9 综合实例——绘制茶壶

本例绘制图 4.220 所示的茶壶。

【操作步骤】

1. 创建壶身

（1）绘制基本草图。创建一个新的零件文件，在 FeatureManager 设计树中选择"前视基准面"，单击"视图（前导）"工具栏中的"正视于"按钮，将该基准面作为草绘基准面，绘制草图并标注尺寸，如图 4.221 所示。

（2）绘制圆。单击"草图"选项卡中的"绘制圆角"按钮，绘制图 4.222 所示的直径为 4mm 的圆，并设置圆与左侧直线和上端直线相切约束。

（3）绘制切线弧。单击"草图"选项卡中的"切线弧"按钮，以图 4.223 中的圆弧的端点为起点绘制圆弧，使其与图 4.222 所示的直径为 4mm 的圆相切，结果如图 4.224 所示。

扫一扫，看视频

图 4.220 茶壶

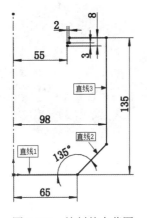

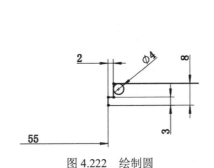

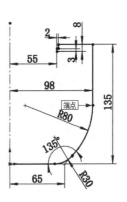

图 4.221 绘制基本草图   图 4.222 绘制圆   图 4.223 选择端点

（4）剪裁图形。单击"草图"选项卡中的"剪裁实体"按钮✂和"智能尺寸"按钮✦，剪裁并标注草图，结果如图 4.225 所示。

（5）偏移图形。单击"草图"选项卡中的"等距实体"按钮⎦，将图形向内偏移 1mm，并利用"直线"命令连接两端点使其成为封闭轮廓线，结果如图 4.226 所示。

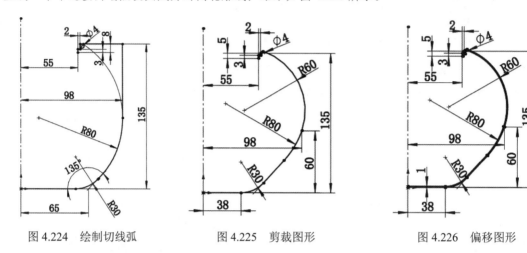

图 4.224　绘制切线弧　　　　图 4.225　剪裁图形　　　　图 4.226　偏移图形

（6）绘制引导线。在 FeatureManager 设计树中选择"上视基准面"，单击"草图"选项卡中的"圆"按钮⊙，绘制直径为 76mm 的圆，如图 4.227 所示。

（7）创建扫描实体。单击"特征"选项卡中的"扫描"按钮🐛，系统弹出"扫描"属性管理器，在"轮廓"栏⟲中单击，在绘图区中选择草图 1；在"路径"栏⟲中单击，在绘图区中选择草图 2，"轮廓方位"选择"随路径变化"，"轮廓扭转"选择"无"，勾选"合并切面"复选框，如图 4.228 所示。单击"确定"按钮✔，结果如图 4.229 所示。

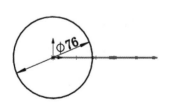

图 4.227　绘制引导线　　　　图 4.228　扫描参数设置　　　　图 4.229　扫描结果

2. 创建壶嘴

（1）创建基准面 1。单击"特征"选项卡中的"基准面"按钮🗐，系统弹出"基准面"属性管理器。在 FeatureManager 设计树中选择"前视基准面"作为第一参考，输入偏移距离为 85mm，如图 4.230 所示。单击"确定"按钮 ✓，基准面 1 创建完成，如图 4.231 所示。

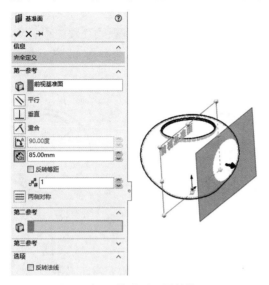

图 4.230 "基准面"属性管理器　　　　　图 4.231 创建基准面 1

（2）绘制草图 3。在 FeatureManager 设计树中选择"基准面 1"，单击"草图"选项卡中的"圆"按钮 ⊙，绘制圆，如图 4.232 所示。

（3）绘制引导线 1。在 FeatureManager 设计树中选择"右视基准面"，单击"草图"选项卡中的"样条曲线"按钮 Ｎ，绘制样条曲线，并设置样条曲线的起点与分割线的穿透约束，如图 4.233 所示。

（4）绘制引导线 2。在 FeatureManager 设计树中选择"右视基准面"，单击"草图"选项卡中的"样条曲线"按钮 Ｎ，绘制样条曲线，并设置样条曲线的起点与分割线的重合约束，如图 4.234 所示。

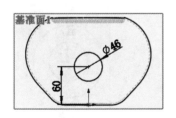
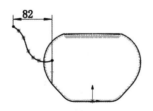
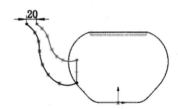

图 4.232 绘制草图 3　　　　图 4.233 绘制引导线 1　　　　图 4.234 绘制引导线 2

（5）创建基准面 2。单击"特征"选项卡中的"基准面"按钮 ▦，系统弹出"基准面"属性管理器。在 FeatureManager 设计树中选择"上视基准面"作为第一参考，选择图 4.235 所示的点为第二参考。单击"确定"按钮 ✓，基准面 2 创建完成。

（6）绘制草图 6。在 FeatureManager 设计树中选择"基准面 2"，单击"草图"选项卡中的"圆"按钮 ⊙，绘制圆，并将圆与引导线 1 和引导线 2 的端点设置重合约束，如图 4.236 所示。

（7）创建放样实体。单击"特征"选项卡中的"放样凸台/基体"按钮🥄，系统弹出"放样"属性管理器。在绘图区中依次选择草图 3 和草图 6 作为轮廓草图，单击"引导线"列表框，依次选择引导线 1 和引导线 2，引导线感应类型设置为"整体"，勾选"合并切面"复选框和"合并结果"复选框，勾选"薄壁特征"复选框，设置薄壁类型为"单向"，单击"反向"按钮🔀，调整壁厚方向，设置薄壁厚度为 1mm。单击"确定"按钮✔，生成放样实体，结果如图 4.237 所示。

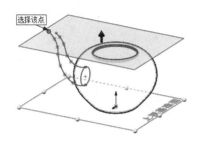
图 4.235　选择第二参考

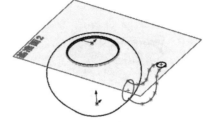
图 4.236　绘制草图 6

图 4.237　创建放样实体

扫一扫，看视频

3. 创建壶把手

（1）绘制草图 7。在 FeatureManager 设计树中选择"前视基准面"，单击"草图"选项卡中的"椭圆"按钮⊙，绘制图 4.238 所示的草图并标注尺寸，然后退出草图绘制状态。

（2）绘制草图 8。在 FeatureManager 设计树中选择"前视基准面"，单击"草图"选项卡中的"椭圆"按钮⊙，绘制图 4.239 所示的草图并标注尺寸，然后退出草图绘制状态。

（3）创建基准面 3。单击"特征"选项卡中的"基准面"按钮📐，系统弹出"基准面"属性管理器。在 FeatureManager 设计树中选择"上视基准面"作为第一参考，设置偏移距为 55mm，并注意添加基准面的方向。单击"确定"按钮✔，基准面 3 创建完成。

（4）绘制草图 9。在 FeatureManager 设计树中选择"前视基准面"，单击"草图"选项卡中的"椭圆"按钮⊙，绘制图 4.240 所示的草图并标注尺寸，然后退出草图绘制状态。

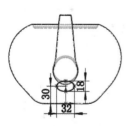
图 4.238　绘制草图 7

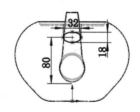
图 4.239　绘制草图 8

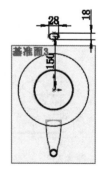
图 4.240　绘制草图 9

（5）绘制草图 10。单击"草图"选项卡中的"样条曲线"按钮∿，绘制图 4.241 所示的草图，然后退出草图绘制状态。

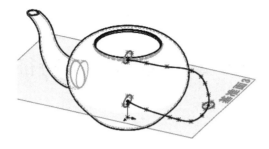

图 4.241　绘制草图 10

（6）创建放样实体。单击"特征"选项卡中的"放样凸台/基体"按钮 ，系统弹出"放样"属性管理器。在绘图区中依次选择草图 8、草图 9 和草图 7 作为轮廓草图，单击"中心线参数"列表框，选择草图 10，分别勾选"合并切面"复选框、"合并结果"复选框。单击"确定"按钮 ，生成放样实体，结果如图 4.220 所示。

至此，茶壶基本绘制完成，后续章节中将介绍如何使用"旋转切除"命令对茶壶内部多余的实体进行切除（具体操作步骤参见 5.2 节的动手学）。

第 5 章　草绘切除特征

内容简介

与凸台/基体特征在草绘基础上以增量的方式生成实体特征相反，SOLIDWORKS 2024 还可以在草绘基础上以减量的方式生成实体特征，这就是草绘切除特征。本章将介绍在切除特征状态下拉伸、旋转、扫描、放样和边界工具的具体使用方法与技巧。

内容要点

> 拉伸切除特征
> 旋转切除特征
> 扫描切除特征
> 放样切除特征
> 边界切除特征
> 综合实例 ——绘制钻头

案例效果

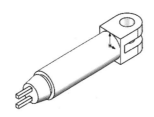

5.1　拉伸切除特征

切除是指从零件或装配体上移除材料的特征。对于多实体零件，可以选择在执行切除操作后要保留哪些实体和要删除哪些实体。

拉伸切除特征与第 4 章中讲到的拉伸凸台/基体特征既有相同也有不同：相同的是，二者都是由截面轮廓草图经过拉伸而成；不同的是，拉伸切除特征是在已有实体的基础上减量生成新特征，与拉伸凸台/基体特征相反。

图 5.1 所示为利用拉伸切除特征生成的几种零件效果。

（a）拉伸切除

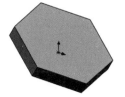
（b）反侧切除

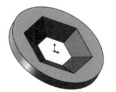
（c）拔模切除

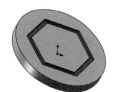
（d）薄壁切除

图 5.1　利用拉伸切除特征生成的零件效果

【执行方式】

➢ **工具栏**：单击"特征"工具栏中的"拉伸切除"按钮📇。

➢ **菜单栏**：选择菜单栏中的"插入"→"切除"→"拉伸"命令。

➢ **选项卡**：单击"特征"选项卡中的"拉伸切除"按钮📇。

【选项说明】

执行上述操作，系统弹出"切除-拉伸"属性管理器，如图 5.2 所示。该属性管理器中大部分选项在第 4 章中已做过详细介绍，下面只对其中的部分选项进行说明。

（1）完全贯穿-两者：从草图的基准面拉伸特征直到贯穿方向 1 和方向 2 的所有现有几何体。

（2）反侧切除：勾选该复选框，则移除轮廓外的所有材料。默认情况下，材料从轮廓内部移除。

（3）拔模开/关📇：单击该按钮，可以给特征添加拔模效果。

（4）特征范围：指定想要特征影响到哪些实体或零部件。

1）所有实体：选中该单选按钮，则保留在每次特征重建时切除所生成的所有实体，如图 5.3（a）所示。

2）所选实体：选中该单选按钮，取消勾选"自动选择"复选框，则需要用户在绘图区中选择要切除的实体，如图 5.3（b）所示。

3）自动选择：勾选该复选框，则系统自动选择要切除的实体。当切除多实体零件生成模型时，系统将自动处理所有相关的交叉零件，如图 5.3（c）所示。

图 5.2　"切除-拉伸"属性管理器

（a）所有实体

（b）所选实体

（c）自动选择

图 5.3　特征范围示例

（5）薄壁特征：同拉伸薄壁特征相比，拉伸薄壁切除是将薄壁特征切除。图 5.4 所示为拉伸薄壁切除特征效果。

如果要生成薄壁切除特征，先勾选"薄壁特征"复选框，然后执行以下操作。

1）在 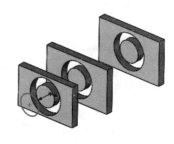 右侧的下拉列表中选择切除类型：单向、两侧对称或双向。

2）单击"反向"按钮，可以以相反的方向生成薄壁切除特征。

3）在"厚度"文本框 中输入切除的厚度。

图 5.4　拉伸薄壁切除效果

扫一扫，看视频

动手学——绘制小臂

本例绘制图 5.5 所示的小臂。

【操作步骤】

（1）打开文件。单击"快速访问"工具栏中的"打开"按钮，打开源文件\原始文件\5\小臂，如图 5.6 所示。

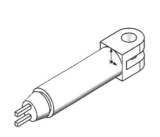

图 5.5　小臂　　　　　　　　　　图 5.6　小臂原始文件

（2）绘制草图 3。在 FeatureManager 设计树中选择"上视基准面"作为草绘基准面。单击"草图"选项卡中的"边角矩形"按钮，绘制草图并标注尺寸，结果如图 5.7 所示。

（3）拉伸切除实体。单击"特征"选项卡中的"拉伸切除"按钮，系统弹出图 5.8 所示的"切除-拉伸"属性管理器。在绘图区中❶选择草图 3，❷设置拉伸终止条件为"两侧对称"，❸输入拉伸距离为 5.00mm，然后❹单击"确定"按钮，结果如图 5.9 所示。

（4）绘制草图 4。在绘图区中选择图 5.9 所示的面 1 作为草绘基准面。单击"草图"选项卡中的"圆"按钮，绘制草图并标注尺寸，结果如图 5.10 所示。

（5）拉伸切除实体。单击"特征"选项卡中的"拉伸切除"按钮，系统弹出图 5.11 所示的"切除-拉伸"属性管理器。设置拉伸终止条件为"完全贯穿"，然后单击"确定"按钮，结果如图 5.12 所示。

（6）绘制草图 5。在 FeatureManager 设计树中选择"上视基准面"作为草绘基准面。单击"草图"选项卡中的"直线"按钮，绘制草图并标注尺寸，结果如图 5.13 所示。

（7）旋转实体。单击"特征"选项卡中的"旋转凸台/基体"按钮，系统弹出图 5.14 所示的"旋转"属性管理器。采用默认设置，单击"确定"按钮，结果如图 5.15 所示。

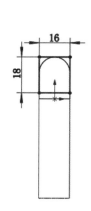

图 5.7 绘制草图 3

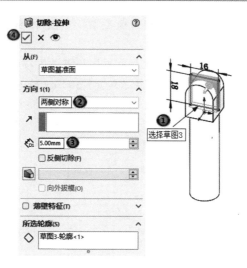

图 5.8 "切除-拉伸"属性管理器（1）

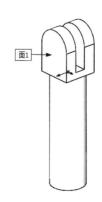

图 5.9 拉伸切除结果 1

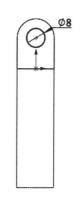

图 5.10 绘制草图 4

图 5.11 "切除-拉伸"属性管理器（2）

图 5.12 拉伸切除结果 2

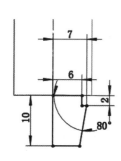

图 5.13 绘制草图 5

图 5.14 "旋转"属性管理器

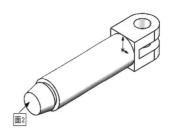

图 5.15 旋转结果

（8）绘制草图 6。在绘图区中选择图 5.15 中的面 2 作为草绘基准面。单击"草图"选项卡中的

"中心线"按钮 $\mathscr{o}^{\bullet}$、"边角矩形"按钮 $\Box$ 和"镜像实体"按钮 $\mathtt{C}\mathtt{I}$，绘制草图并标注尺寸，如图5.16所示。

（9）拉伸实体。单击"特征"选项卡中的"拉伸凸台/基体"按钮 $\textcircled{1}$，系统弹出图5.17所示的"凸台-拉伸"属性管理器。设置拉伸终止条件为"给定深度"，输入拉伸距离为10.00mm，然后单击"确定"按钮 $\checkmark$，结果如图5.18所示。

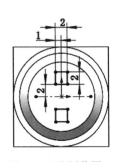

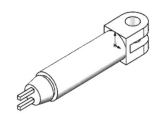

图5.16　绘制草图6　　　　图5.17　"凸台-拉伸"属性管理器　　　　图5.18　拉伸结果

动手练——绘制摇臂

本例绘制图5.19所示的摇臂。

【操作提示】

（1）在"前视基准面"上绘制图5.20所示的草图1，利用"拉伸"命令进行两侧对称拉伸，深度为6mm，创建拉伸实体。

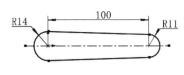

图5.19　摇臂　　　　　　　　　图5.20　绘制草图1

（2）在"前视基准面"上绘制图5.21所示的草图2，利用"拉伸"命令进行两侧对称拉伸，深度为14mm。

（3）在"前视基准面"上绘制5.22所示的草图3，利用"拉伸切除"命令进行拉伸切除操作，结果如图5.19所示。

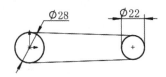

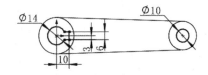

图5.21　绘制草图2　　　　　　　　图5.22　绘制草图3

5.2 旋转切除特征

与旋转凸台/基体特征不同的是,旋转切除用于产生切除特征,也就是用于移除材料。图 5.23 所示为旋转切除的两种效果。

【执行方式】

- ➤ 工具栏:单击"特征"工具栏中的"旋转切除"按钮 🔟 。
- ➤ 菜单栏:选择菜单栏中的"插入"→"切除"→"旋转"命令。
- ➤ 选项卡:单击"特征"选项卡中的"旋转切除"按钮 🔟 。

【选项说明】

执行上述操作,系统弹出"切除-旋转"属性管理器,如图 5.24 所示。该属性管理器中的各选项在前面均有介绍,这里不再赘述。

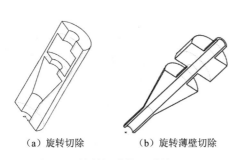

（a）旋转切除　　　（b）旋转薄壁切除

图 5.23　旋转切除的两种效果

图 5.24　"切除-旋转"属性管理器

动手学——绘制茶壶

本例在 4.9 节的基础上对茶壶进行旋转切除加工。

扫一扫,看视频

【操作步骤】

（1）打开文件。单击"快速访问"工具栏中的"打开"按钮 📂 ,打开源文件\原始文件\5\茶壶,如图 5.25 所示。

（2）绘制直线。在 FeatureManager 设计树中选择"前视基准面"作为草绘基准面。单击"草图"选项卡中的"直线"按钮 ⁄，绘制直线，如图 5.26 所示。

（3）显示草图。在 FeatureManager 设计树中选择"草图 1"，右击，在弹出的快捷菜单中单击"显示"按钮 👁，显示草图 1。

（4）转换实体引用。单击"草图"选项卡中的"转换实体引用"按钮 🗇，系统弹出"转换实体引用"属性管理器，选择内侧曲线，如图 5.27 所示。单击"确定"按钮 ✔，转换完成，结果如图 5.28 所示。

图 5.25　茶壶原始文件

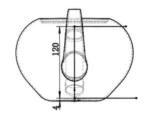
图 5.26　绘制直线

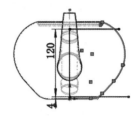
图 5.27　选择曲线

（5）绘制中心线。单击"草图"选项卡中的"中心线"按钮 ⟋，过原点绘制一条竖直中心线。

（6）剪裁曲线。单击"草图"选项卡中的"剪裁实体"按钮 ⬚，对多余的曲线进行剪裁，结果如图 5.29 所示。

（7）旋转切除实体。单击"特征"选项卡中的"旋转切除"按钮 ⋔，系统弹出"切除-旋转"属性管理器。❶选择中心线作为旋转轴，❷设置拉伸终止条件为"给定深度"，❸旋转角度为 360.00 度，如图 5.30 所示。❹单击"确定"按钮 ✔，结果如图 5.31 所示。

图 5.28　转换曲线　　　图 5.29　剪裁曲线　　　图 5.30　参数设置

（8）删除面 1。单击"曲面"选项卡中的"删除面"按钮 🞩，系统弹出"删除面"属性管理器。在"选项"中选择"删除"选项，在绘图区中选择图 5.31 所示的面 1，单击"确定"按钮 ✔，删除完成。

（9）删除面 2。单击"曲面"选项卡中的"删除面"按钮 🞩，系统弹出"删除面"属性管理器。在"选项"中选择"删除"选项，在绘图区中选择图 5.32 所示的面 2，单击"确定"按钮 ✔，删除完成。结果如图 5.33 所示。

图 5.31　旋转切除实体

图 5.32　选择面 2

图 5.33　删除面结果

动手练——绘制螺母主体

本例绘制图 5.34 所示的螺母主体。

【操作提示】

（1）在"前视基准面"上绘制内切圆直径为 60mm 的六边形作为草图 1，利用"拉伸"命令进行拉伸，深度为 30mm，创建拉伸实体。

（2）在"上视基准面"上绘制图 5.35 所示的草图 2，利用"旋转切除"命令进行实体切除。

（3）在"前视基准面"上绘制直径为 32mm 的圆作为草图 3，利用"拉伸切除"命令创建孔，结果如图 5.34 所示。

图 5.34　螺母主体

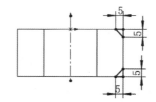
图 5.35　绘制草图 2

5.3　扫描切除特征

扫描切除特征属于切割特征。与旋转切除特征相似，扫描切除是通过扫描产生切除特征，也是用于去除材料。图 5.36 所示为通过螺旋线扫描切除的效果。

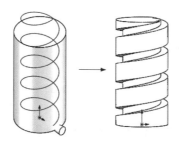
图 5.36　通过螺旋线扫描切除的效果

【执行方式】

> ➢ 工具栏：单击"特征"工具栏中的"扫描切除"按钮 。
> ➢ 菜单栏：选择菜单栏中的"插入"→"切除"→"扫描"命令。
> ➢ 选项卡：单击"特征"选项卡中的"扫描切除"按钮。

【选项说明】

执行上述操作，系统弹出"切除-扫描"属性管理器，如图5.37所示。该属性管理器中的选项大部分在前面已经介绍过，下面只对其中部分选项进行说明。

图5.37　"切除-扫描"属性管理器

（1）实体轮廓：若选中该单选按钮，则路径必须在自身内相切（无尖角），并且从点上或工具实体轮廓内部开始。其最常见的用法是绕圆柱实体创建切除特征，而对装配体特征不可用。工具实体必须凸起，不与主实体合并，并由以下特征之一组成：

1）只由分析几何体（如直线和圆弧）组成的旋转特征。

2）圆柱拉伸特征。

（2）路径 ⊂：设定轮廓扫描的路径。在绘图区或FeatureManager设计树中选取路径。路径可以是开放或封闭、包含在草图中的一组绘制的曲线、一条曲线或一组模型边线。路径的起点必须位于轮廓的基准面上。

动手学——绘制电线盒

本例绘制图5.38所示的电线盒。

【操作步骤】

（1）打开文件。单击"快速访问"工具栏中的"打开"按钮，打开源文件\原始文件\5\电线盒，如图5.39所示。

（2）绘制电线安放路径。选择图5.39中的面2作为草绘基准面，单击"草图"选项卡中的"样条曲线"按钮 ，绘制电线安放路径，如图5.40所示。

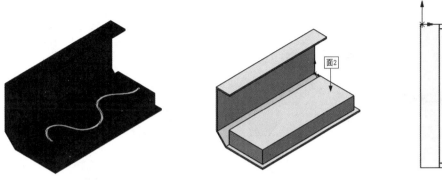

图 5.38　电线盒　　　　　图 5.39　电线盒原始文件　　图 5.40　绘制电线安放路径

（3）创建基准面 1。单击"参考几何体"工具栏中的"基准面"按钮 ▣，系统弹出"基准面"属性管理器。选择点和面分别作为第一参考和第二参考，如图 5.41 所示。单击"确定"按钮 ✔，基准面 1 创建完成。

（4）选择基准面 1，单击"草图"选项卡中的"边角矩形"按钮 ▫，绘制矩形（最好在样条曲线的端点处绘制该矩形），结果如图 5.42 所示。

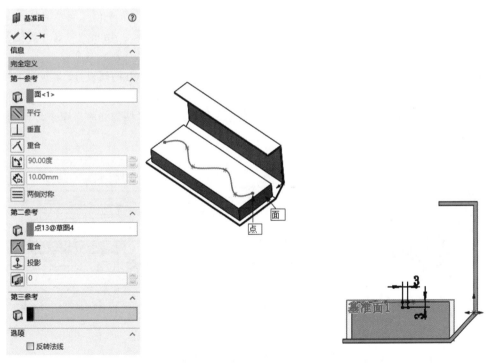

图 5.41　基准面设置　　　　　　　　　图 5.42　绘制矩形

（5）扫描切除实体。单击"特征"选项卡中的"扫描切除"按钮 ▣，系统弹出"切除-扫描"属性管理器。❶选择草图 5 作为轮廓，❷选择草图 4 作为扫描路径，如图 5.43 所示。❸单击"确定"按钮 ✔，结果如图 5.44 所示。

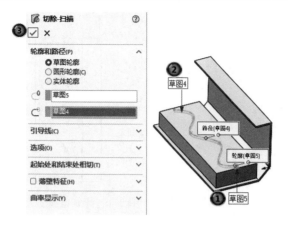

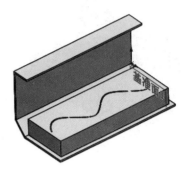

图 5.43　"切除-扫描"属性管理器　　　　图 5.44　扫描切除后的图形

动手练——绘制锁紧螺母

本例绘制图 5.45 所示的锁紧螺母。

【操作提示】

（1）在"前视基准面"上绘制图 5.46 所示的草图 1，利用"旋转"命令创建旋转实体。

（2）创建基准面 1。以"上视基准面"为第一参考，偏移距离设置为 4mm，勾选"反转等距"复选框，创建基准面 1。

（3）利用"螺旋线/涡状线"命令在基准面 1 上绘制底面直径为 18.3mm 的螺旋线，螺距为 1.5mm，圈数为 8。

（4）在"上视基准面"上绘制图 5.47 所示的等边三角形，利用"扫描切除"命令，创建螺纹，结果如图 5.45 所示。

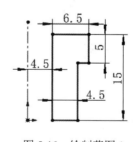

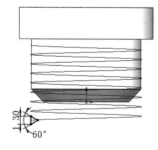

图 5.45　锁紧螺母　　　　图 5.46　绘制草图 1　　　　图 5.47　绘制等边三角形

5.4　放样切除特征

放样切除是指在两个或多个轮廓之间通过放样移除材料来切除实体模型。其中，第一个、最后一个以及第一个和最后一个轮廓可以是点。如果切除影响多视图零件中的多个实体，用户可以自行选择要进行切除的实体。放样切除特征也属于切割特征。图 5.48 所示为多实体放样切除的效果。

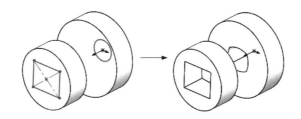

图 5.48　多实体放样切除的效果

【执行方式】

➤ 工具栏：单击"特征"工具栏中的"放样切除"按钮 🔲。

➤ 菜单栏：选择菜单栏中的"插入"→"切除"→"放样"命令。

➤ 选项卡：单击"特征"选项卡中的"放样切除"按钮 🔲。

【选项说明】

执行上述操作，系统弹出"切除-放样"属性管理器，如图 5.49 所示。该属性管理器中的各选项在前面均有介绍，这里不再赘述。

图 5.49　"切除-放样"属性管理器

动手学——绘制马桶

本例绘制图 5.50 所示的马桶。

【操作步骤】

（1）打开文件。单击"快速访问"工具栏中的"打开"按钮 📂，打开源文件\原始文件\5\马桶，如图 5.51 所示。

扫一扫，看视频

（2）选择图 5.51 中的面 1 作为草绘基准面。单击"草图"选项卡中的"草图绘制"按钮▢，进入草图绘制状态。

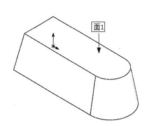

图 5.50　马桶　　　　　　　　　　　图 5.51　马桶原始文件

（3）转换实体引用。单击"草图"选项卡中的"转换实体引用"按钮▢，系统弹出"转换实体引用"属性管理器。选择边线，单击"确定"按钮✔，转换完成，如图 5.52 所示。

（4）创建基准面 1。单击"特征"选项卡的"参考几何体"下拉列表中的"基准面"按钮▦，系统弹出"基准面"属性管理器。选择图 5.51 中的面 1 作为第一参考，输入偏移距离值为 200.00mm，如图 5.53 所示。单击"确定"按钮✔，基准面 1 创建完成。

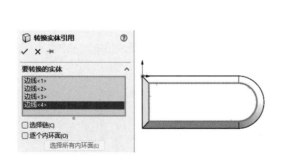

图 5.52　"转换实体引用"属性管理器　　　　图 5.53　"基准面"属性管理器

（5）选择基准面 1，单击"草图"选项卡中的"草图绘制"按钮▢，进入草图绘制状态。

（6）转换实体引用。单击"草图"选项卡中的"转换实体引用"按钮▢，弹出"转换实体引用"属性管理器。选择实体外侧边线，如图 5.54 所示。转换实体引用结果如图 5.55 所示。

（7）放样实体。单击"特征"选项卡中的"放样凸台/基体"按钮▲，系统弹出"放样"属性管理器。在"轮廓"选项组中选择草图 2 和草图 3，其他属性保留默认值，然后单击"确定"按钮✔，结果如图 5.56 所示。

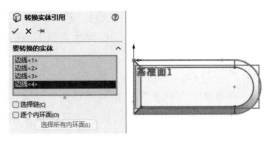

图 5.54　选择外侧边线　　　　　　　图 5.55　转换实体引用结果

（8）依次选择基准面 1 及放样草图，在弹出的快捷菜单中单击"隐藏"按钮 ，如图 5.57 所示。

（9）选择图 5.56 所示的面 2，单击"草图"选项卡中的"草图绘制"按钮 ，进入草图绘制状态。

（10）转换实体引用。单击"草图"选项卡中的"转换实体引用"按钮 ，弹出"转换实体引用"属性管理器。选择图 5.58 所示的边线，对其进行转换。

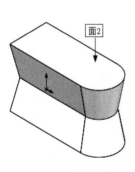

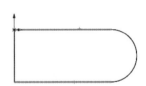

图 5.56　放样实体　　　　　　图 5.57　快捷菜单　　　　　　图 5.58　选择边线

（11）绘制圆。单击"草图"选项卡中的"圆"按钮 ，绘制圆，并为圆与竖直边线添加相切约束，如图 5.59 所示。

（12）等距实体。单击"草图"选项卡中的"等距实体"按钮 ，弹出"等距实体"属性管理器。输入距离值为 30.00mm，将圆向内偏移 30mm，并为等距后的圆与两条水平边线添加相切的几何关系，结果如图 5.60 所示。

（13）剪裁草图。单击"草图"选项卡中的"剪裁实体"按钮 ，剪裁多余对象，草图 4 绘制完成，如图 5.61 所示。

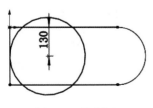

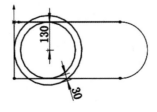

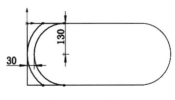

图 5.59　绘制圆　　　　　　图 5.60　等距实体　　　　　　图 5.61　草图 4

（14）拉伸实体。单击"特征"选项卡中的"拉伸凸台/基体"按钮🗐，系统弹出"凸台-拉伸"属性管理器。设置拉伸深度为200.00mm，勾选"合并结果"复选框，拉伸结果如图5.62所示。

（15）绘制草图5。选择图5.62所示的面3，单击"草图"选项卡中的"椭圆"按钮⊙，绘制放样轮廓1；单击"草图"选项卡中的"智能尺寸"按钮ℜ，标注尺寸，标注结果如图5.63所示。

（16）创建基准面2。单击"特征"选项卡的"参考几何体"下拉列表中的"基准面"按钮▥，系统弹出"基准面"属性管理器。选择图5.62所示的面3作为第一参考，输入偏移距离为100.00mm，勾选"反转等距"复选框，单击"确定"按钮✓，创建基准面2，如图5.64所示。

图5.62　拉伸结果

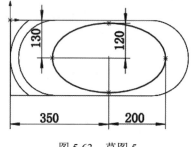
图5.63　草图5

图5.64　创建基准面2

（17）绘制草图6。选择基准面2，单击"草图"选项卡中的"椭圆"按钮⊙，绘制放样轮廓2；单击"草图"选项卡中的"智能尺寸"按钮ℜ，标注尺寸，标注结果如图5.65所示。

（18）创建基准面3。单击"特征"选项卡的"参考几何体"下拉列表中的"基准面"按钮▥，系统弹出"基准面"属性管理器。选择图5.62中的面3作为第一参考，输入偏移距离为200.00mm，勾选"反转等距"复选框，单击"确定"按钮✓，创建基准面3，如图5.66所示。

（19）绘制草图7。选择基准面3，单击"草图"选项卡中的"圆"按钮⊙，绘制放样轮廓3；单击"草图"选项卡中的"智能尺寸"按钮ℜ，标注尺寸，标注结果如图5.67所示。

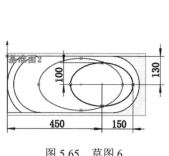
图5.65　草图6

图5.66　创建基准面3

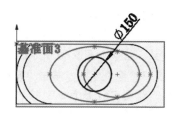
图5.67　草图7

（20）放样切除。单击"特征"选项卡中的"放样切除"按钮🗐，系统弹出"切除-放样"属性管理器。在"轮廓"选项组中选择①草图5、②草图6、③草图7，④勾选"合并切面"复选框，如图5.68所示。⑤单击"确定"按钮✓，结果如图5.50所示。

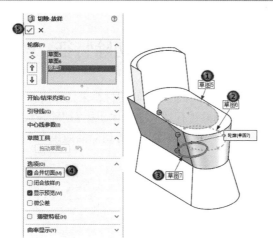

图 5.68　"切除-放样"属性管理器

动手练——绘制轮毂盖

本例绘制图 5.69 所示的轮毂盖。

【操作提示】

（1）在"上视基准面"上绘制图 5.70 所示的草图 1，利用"旋转"命令创建旋转实体。

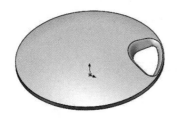

图 5.69　轮毂盖

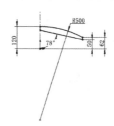

图 5.70　绘制草图 1

（2）以"上视基准面"为参考，向上偏移 120mm 创建基准面 1。

（3）在基准面 1 上绘制图 5.71 所示的草图 2，在"上视基准面"上绘制草图 3，如图 5.72 所示。

（4）利用"分割线"命令将草图 2 向旋转实体的上表面进行投影，生成分割线 1，将草图 3 向下表面进行投影，生成分割线 2，结果如图 5.73 所示。

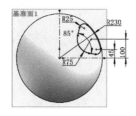

图 5.71　绘制草图 2

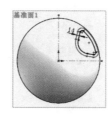

图 5.72　绘制草图 3

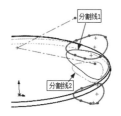

图 5.73　创建分割线

（5）利用"放样切除"命令进行实体切除，结果如图 5.69 所示。

5.5 边界切除特征

边界切除是指通过在两个方向上移除轮廓之间的材料来切除实体模型。如果切除影响多实体零件中的多个实体，用户可以自行选择要进行切除的实体。边界切除与边界凸台/基体的创建方式相同，但是特征的体积被移除了。图 5.74 所示为多实体边界切除的效果。

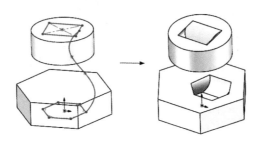

图 5.74 多实体边界切除的效果

【执行方式】

➤ 工具栏：单击"特征"工具栏中的"边界切除"按钮 。

➤ 菜单栏：选择菜单栏中的"插入"→"切除"→"边界"命令。

➤ 选项卡：单击"特征"选项卡中的"边界切除"按钮 。

【选项说明】

执行上述操作，系统弹出"边界-切除"属性管理器，如图 5.75 所示。该属性管理器中各选项在前面均有介绍，这里不再赘述。

图 5.75 "边界-切除"属性管理器

动手学——绘制卫浴把手

本例绘制图 5.76 所示的卫浴把手。

【操作步骤】

（1）打开文件。单击"快速访问"工具栏中的"打开"按钮，打开源文件\原始文件\5\卫浴把手，如图 5.77 所示。

（2）绘制草图 2。在 FeatureManager 设计树中选择"前视基准面"作为草绘基准面。单击"草图"选项卡中的"样条曲线"按钮 $\sim$ ，绘制图 5.78 所示的草图。

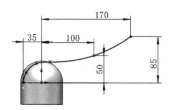

图 5.76　卫浴把手　　　　图 5.77　卫浴把手原始文件　　　图 5.78　绘制草图 2

（3）绘制草图 3。在 FeatureManager 设计树中选择"前视基准面"作为草绘基准面。单击"草图"选项卡中的"样条曲线"按钮 $\sim$ ，绘制图 5.79 所示的草图。

注意:

> 虽然上面绘制的两个草图在同一基准面上，但是不能一步操作完成，即绘制在同一草图内，因为绘制的两个草图分别作为下面放样实体的两条引导线。

（4）绘制草图 4。在 FeatureManager 设计树中选择"上视基准面"作为草绘基准面。单击"草图"选项卡中的"圆"按钮，以原点为圆心绘制直径为 70mm 的圆，结果如图 5.80 所示。

（5）创建基准面 1。单击"特征"选项卡中的"基准面"按钮，系统弹出"基准面"属性管理器。选择"右视基准面"作为第一参考，偏移距离设置为 100mm，单击"确定"按钮，创建基准面 1。

（6）创建基准面 2。单击"特征"选项卡中的"基准面"按钮，系统弹出"基准面"属性管理器。选择"右视基准面"作为第一参考，偏移距离设置为 170mm，单击"确定"按钮，创建基准面 2，结果如图 5.81 所示。

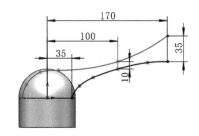

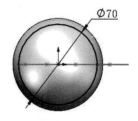

图 5.79　绘制草图 3　　　　图 5.80　绘制草图 4　　　　图 5.81　创建基准面 1

（7）绘制草图5。在FeatureManager设计树中选择"基准面1"作为草绘基准面。单击"草图"选项卡中的"边角矩形"按钮▢，绘制草图5，如图5.82所示。

（8）绘制草图6。在FeatureManager设计树中选择"基准面2"作为草绘基准面。单击"草图"选项卡中的"边角矩形"按钮▢，绘制草图6，如图5.83所示。

（9）放样实体。单击"特征"选项卡中的"放样凸台/基体"按钮▼，系统弹出"放样"属性管理器。在"轮廓"选项组中依次选择草图4、草图5和草图6；在"引导线"选项组中依次选择草图2和草图3，如图5.84所示。单击"确定"按钮✔，完成实体放样，结果如图5.85所示。

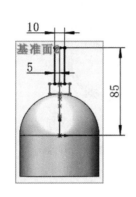

图5.82　绘制草图5　　　　图5.83　绘制草图6　　　　图5.84　　"放样"属性管理器

（10）绘制草图7。在FeatureManager设计树中选择"上视基准面"作为草绘基准面。单击"草图"选项卡中的"中心线"按钮✍、"3点圆弧"按钮🎶和"直线"按钮✏，绘制草图并标注尺寸，如图5.86所示。

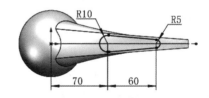

图5.85　放样实体　　　　　　　　　图5.86　绘制草图7

（11）拉伸切除实体1。单击"特征"选项卡中的"拉伸切除"按钮▣，系统弹出"切除-拉伸"属性管理器。拉伸终止条件选择"完全贯穿"，单击"反向"按钮➡，调整拉伸切除的方向为向上。单击"确定"按钮✔，完成拉伸切除实体，如图5.87所示。

（12）创建基准面3。单击"特征"选项卡中的"基准面"按钮▥，系统弹出"基准面"属性管理器。选择FeatureManager设计树中的"上视基准面"作为第一参考，偏移距离设置为30mm，单击"确定"按钮✔，创建基准面3，如图5.88所示。

扫一扫，看视频

（13）绘制草图8。在FeatureManager设计树中选择"基准面3"作为草绘基准面。单击"草图"选项卡中的"圆"按钮⊙，以原点为圆心绘制直径为30mm和45mm的圆，结果如图5.89所示。

图 5.87　拉伸切除结果 1

图 5.88　创建基准面 3

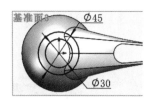

图 5.89　绘制草图 8

（14）拉伸切除实体 2。单击"特征"选项卡中的"拉伸切除"按钮 [图]，系统弹出"切除-拉伸"属性管理器。选择草图 8 中直径为 45mm 的圆，拉伸终止条件选择"完全贯穿"，单击"反向"按钮 [图]，调整拉伸切除的方向为向上，如图 5.90 所示。单击"确定"按钮 [图]，完成拉伸切除实体，如图 5.91 所示。

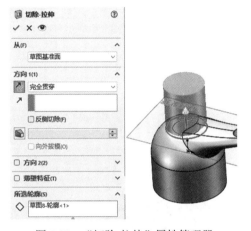

图 5.90　"切除-拉伸"属性管理器

图 5.91　拉伸切除结果 2

（15）拉伸切除实体 3。单击"特征"选项卡中的"拉伸切除"按钮 [图]，系统弹出"切除-拉伸"属性管理器。选择草图 8 中直径为 30mm 的圆，拉伸终止条件选择"给定深度"，输入拉伸距离为 5mm，单击"确定"按钮 [图]，完成拉伸切除实体，如图 5.92 所示。

（16）创建基准面 4。单击"特征"选项卡中的"基准面"按钮 [图]，系统弹出"基准面"属性管理器。选择 FeatureManager 设计树中的"前视基准面"作为第一参考，偏移距离设置为 30mm，单击"确定"按钮 [图]，创建基准面 4。

（17）创建基准面 5。单击"特征"选项卡中的"基准面"按钮 [图]，系统弹出"基准面"属性管理器。选择 FeatureManager 设计树中的"前视基准面"作为第一参考，偏移距离设置为 30mm，勾选"反转等距"复选框，单击"确定"按钮 [图]，创建基准面 5。

（18）绘制草图 9。选择基准面 4 作为草绘基准面，单击"草图"选项卡中的"圆"按钮 [图]、"直线"按钮 [图] 和"剪裁实体"按钮 [图]，绘制草图 9，如图 5.93 所示。

（19）绘制草图 10。选择基准面 5 作为草绘基准面，单击"草图"选项卡中的"草图绘制"按钮 [图]，进入草图绘制状态。在 FeatureManager 设计树中选择草图 9，单击"草图"选项卡中的"转换实体引用"按钮 [图]，绘制草图 10，如图 5.94 所示。

图 5.92　拉伸切除结果 3

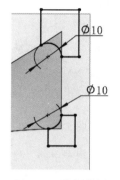

图 5.93　绘制草图 9

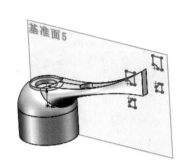

图 5.94　绘制草图 10

（20）边界切除实体 1。单击"特征"选项卡中的"边界切除"按钮，系统弹出"边界-切除"属性管理器。选择①闭合组 1 和②闭合组 2，③勾选"合并切面"复选框，如图 5.95 所示。④单击"确定"按钮✔，完成边界切除实体，如图 5.96 所示。

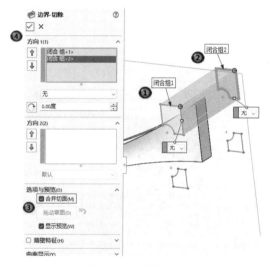

图 5.95　选择闭合组

图 5.96　边界切除实体

（21）边界切除实体 2。使用同样的方法，选择下侧的两个闭合组创建边界切除实体，如图 5.76 所示。

动手练——绘制十字螺丝刀

本例绘制图 5.97 所示的十字螺丝刀。

【操作提示】

（1）在"前视基准面"上绘制图 5.98 所示的草图 1，利用"旋转"命令创建旋转实体。

（2）在"前视基准面"上绘制图 5.99 所示的草图 2，利用"拉伸切除"命令进行拉伸切除操作，深度设置为 160mm，结果如图 5.100 所示。

（3）选择图 5.100 所示的面 1 绘制草图 3，如图 5.101 所示。

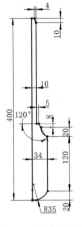

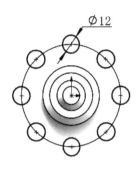

图 5.97 十字螺丝刀 　　　　图 5.98 绘制草图 1 　　　　图 5.99 绘制草图 2

（4）以图 5.100 中的面 1 作为第一参考，偏移距离设置为 40mm，勾选"反转等距"复选框，创建基准面 1。

（5）在基准面 1 上绘制草图 4，如图 5.102 所示，创建边界切除。

（6）使用同样的方法创建其他 3 个边界切除。

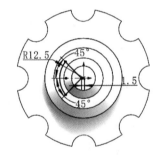

图 5.100 拉伸切除结果 　　　　图 5.101 绘制草图 3 　　　　图 5.102 绘制草图 4

5.6 综合实例——绘制钻头

本例绘制图 5.103 所示的钻头。

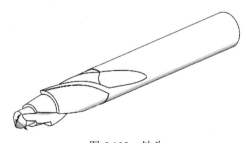

图 5.103 钻头

【操作步骤】

（1）绘制草图 1。创建一个新的零件文件，在 FeatureManager 设计树中选择"前视基准面"作为草绘基准面。单击"草图"选项卡中的"圆"按钮⊙，在坐标原点绘制一个直径为 7.10mm 的圆，标注尺寸，结果如图 5.104 所示。

（2）创建拉伸实体 1。单击"特征"选项卡中的"拉伸凸台/基体"按钮，系统弹出"凸台-拉伸"属性管理器。设置拉伸终止条件为"给定深度"，输入拉伸距离为 24mm，单击"确定"按钮✔，结果如图 5.105 所示。

（3）创建基准面 1。单击"特征"选项卡的"参考几何体"下拉列表中的"基准面"按钮，系统弹出"基准面"属性管理器。选择"前视基准面"作为第一参考，输入偏移距离值为 12mm，单击"确定"按钮✔，基准面 1 创建完成，如图 5.106 所示。

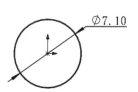

图 5.104　绘制草图 1

图 5.105　拉伸实体 1

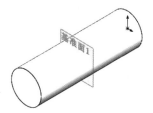

图 5.106　创建基准面 1

（4）绘制草图 2。在 FeatureManager 设计树中选择"前视基准面"作为草绘基准面。单击"草图"选项卡中的"圆"按钮⊙、"直线"按钮/、"绘制圆角"按钮⌐和"剪裁实体"按钮，绘制草图 2，如图 5.107 所示。

（5）绘制草图 3。在 FeatureManager 设计树中选择"基准面 1"作为草绘基准面。单击"草图"选项卡中的"圆"按钮⊙、"直线"按钮/、"绘制圆角"按钮⌐和"剪裁实体"按钮，绘制放样轮廓 1；单击"草图"选项卡中的"智能尺寸"按钮，标注尺寸，标注结果如图 5.108 所示。

（6）绘制草图 4。使用同样的方法，选择图 5.105 中的面 1 作为草绘基准面，绘制草图 4，结果如图 5.109 所示。

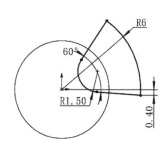

图 5.107　绘制草图 2

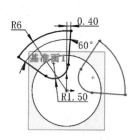

图 5.108　绘制草图 3

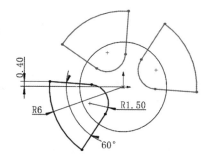

图 5.109　绘制草图 4

（7）放样切除实体 1。单击"特征"选项卡中的"放样切除"按钮，弹出"切除-放样"属性管理器。在绘图区中选择草图 2、草图 3 和草图 4，勾选"合并切面"复选框，如图 5.110 所示。单击"确定"按钮 ✔，结果如图 5.111 所示。

（8）绘制草图 5。选择"前视基准面"作为草绘基准面。单击"草图"选项卡中的"草图绘制"按钮 ▢，进入草图绘制状态。选择草图 4，单击"草图"选项卡中的"转换实体引用"按钮 ▢，结果如图 5.112 所示。

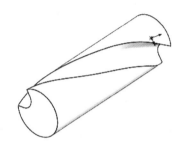

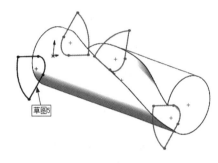

图 5.110 "切除-放样"　　　图 5.111 放样切除实体 1　　　图 5.112 绘制草图 5
属性管理器

（9）转换实体引用。选择基准面 1 作为草绘基准面。单击"草图"选项卡中的"草图绘制"按钮 ▢，进入草图绘制状态。选择草图 4，单击"草图"选项卡中的"转换实体引用"按钮 ▢，结果如图 5.113 所示。

（10）绘制草图 6。单击"草图"选项卡中的"旋转实体"按钮 ▨，系统弹出"旋转"属性管理器。选择（9）中转换后的图形，以原点为旋转中心，旋转角度为 90.00 度，如图 5.114 所示。单击"确定"按钮 ✔，结果如图 5.115 所示。

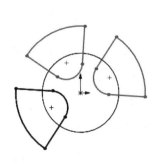

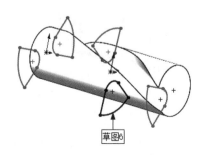

图 5.113 转换实体引用结果　　　图 5.114 "旋转"属性管理器　　　图 5.115 绘制草图 6

（11）绘制草图7。选择图5.105中的面1作为草绘基准面。单击"草图"选项卡中的"草图绘制"按钮▣，进入草图绘制状态。选择草图2，单击"草图"选项卡中的"转换实体引用"按钮▣，结果如图5.116所示。

（12）放样切除实体2。单击"特征"选项卡中的"放样切除"按钮▣，弹出"切除-放样"属性管理器。在绘图区中选择草图5、草图6和草图7，勾选"合并切面"复选框。单击"确定"按钮✓，结果如图5.117所示。

（13）绘制草图8。在FeatureManager设计树中选择"前视基准面"作为草绘基准面。单击"草图"选项卡中的"圆"按钮⊙、"直线"按钮╱、"绘制圆角"按钮┐和"剪裁实体"按钮▨，绘制草图8，如图5.118所示。

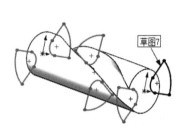

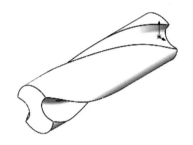

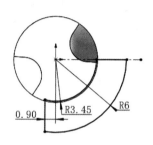

图5.116　绘制草图7　　　　图5.117　放样切除实体2　　　　图5.118　绘制草图8

（14）扫描切除实体1。单击"特征"选项卡中的"扫描切除"按钮▣，系统弹出"切除-扫描"属性管理器。选择草图8作为轮廓，选择图5.119所示的边线作为扫描路径，在"轮廓扭转"选项组中选择"与相邻面相切"选项，勾选"与结束端面对齐"复选框，如图5.120所示。单击"确定"按钮✓，结果如图5.121所示。

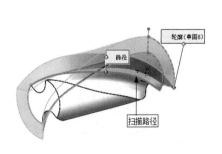

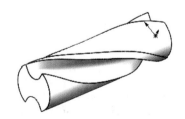

图5.119　选择扫描路径　　　图5.120　"切除-扫描"属性管理器　　　图5.121　扫描切除实体1

（15）扫描切除实体2。使用同样的方法绘制图5.122所示的草图9，创建扫描切除实体2，如图5.123所示。

（16）绘制草图 10。选择图 5.105 中的面 1 作为草绘基准面。单击"草图"选项卡中的"圆"按钮，在坐标原点绘制一个直径为 7.10mm 的圆，标注尺寸，结果如图 5.124 所示。

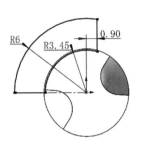

图 5.122　绘制草图 9

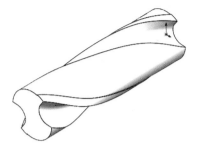

图 5.123　扫描切除实体 2

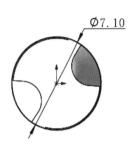

图 5.124　绘制草图 10

（17）创建拉伸实体 2。单击"特征"选项卡中的"拉伸凸台/基体"按钮，系统弹出"凸台-拉伸"属性管理器。设置拉伸终止条件为"给定深度"，输入拉伸距离为 40mm。单击"确定"按钮，结果如图 5.125 所示。

（18）绘制草图 11。在 FeatureManager 设计树中选择"右视基准面"作为草绘基准面。单击"草图"选项卡中的"直线"按钮，绘制草图 11，如图 5.126 所示。

（19）旋转切除实体 1。单击"特征"选项卡中的"旋转切除"按钮，系统弹出"切除-旋转"属性管理器。选择中心线作为旋转轴，设置终止条件为"给定深度"，旋转角度为 360.00 度。单击"确定"按钮，旋转切除完成，结果如图 5.127 所示。

图 5.125　拉伸实体 2

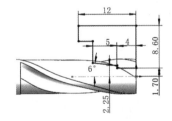

图 5.126　绘制草图 11

图 5.127　旋转切除实体 1

（20）绘制草图 12。在 FeatureManager 设计树中选择"右视基准面"作为草绘基准面。单击"草图"选项卡中的"直线"按钮，绘制草图 12，如图 5.128 所示。

（21）旋转切除实体 2。单击"特征"选项卡中的"旋转切除"按钮，系统弹出"切除-旋转"属性管理器。选择中心线作为旋转轴，设置终止条件为"给定深度"，旋转角度为 360.00 度。单击"确定"按钮，旋转切除完成，结果如图 5.129 所示。

（22）旋转切除实体 3。使用同样的方法绘制草图 13，切除另一侧的实体，结果如图 5.130 所示。

（23）显示草图 4。在 FeatureManager 设计树中选择草图 4，右击，在弹出的快捷菜单中单击"显示"按钮，显示草图 4。

（24）创建基准面 2。单击"特征"选项卡的"参考几何体"下拉列表中的"基准面"按钮，系统弹出"基准面"属性管理器。选择"前视基准面"作为第一参考，输入偏移距离值为 44mm，单击"确定"按钮，基准面 2 创建完成。

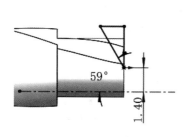

图 5.128　绘制草图 12

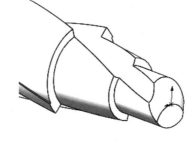

图 5.129　旋转切除实体 2

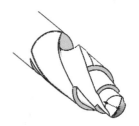

图 5.130　旋转切除实体 3

（25）绘制草图 14。在 FeatureManager 设计树中选择"基准面 2"作为草绘基准面。单击"草图"选项卡中的"点"按钮 ▣，绘制草图 14，如图 5.131 所示。

（26）边界切除实体 1。单击"特征"选项卡中的"边界切除"按钮 🗇，系统弹出"边界-切除"属性管理器，如图 5.132 所示。单击"确定"按钮 ✅，结果如图 5.133 所示。

（27）边界切除实体 2。使用同样的方法绘制草图 15，如图 5.134 所示。选择草图 7 和草图 15 创建边界切除实体 2，结果如图 5.103 所示。

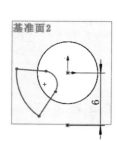

图 5.131　绘制草图 14

图 5.132　"边界-切除"属性管理器

图 5.133　边界切除实体

图 5.134　绘制草图 15

第 6 章 孔 特 征

内容简介

孔特征是指在已有的零件上生成各种类型的孔。SOLIDWORKS 2024 提供了几种孔特征的创建命令：简单直孔、异型孔向导、高级孔、螺纹线和螺柱向导。

内容要点

➢ 简单直孔
➢ 异型孔向导
➢ 高级孔
➢ 螺纹线
➢ 螺柱向导
➢ 综合实例——绘制支架

案例效果

6.1 简 单 直 孔

简单直孔用于在实体上插入各种类型的自定义柱形孔或锥孔。图 6.1 所示为创建的锥孔。

【执行方式】

菜单栏：选择菜单栏中的"插入"→"特征"→"简单直孔"命令。

【选项说明】

执行上述命令，系统弹出"孔"属性管理器，如图 6.2 所示。该属性管理器中各选项的含义如下。

（1）从：为简单直孔特征设定开始条件。

1）草图基准面：从草图所处的同一基准面开始创建简单直孔。

2）曲面/面/基准面：从选择的曲面/面/基准面开始创建简单直孔。

3）顶点：从选择的顶点开始创建简单直孔。

4）等距：从与当前草图基准面等距的基准面上开始创建简单直孔。在"输入等距值"输入框中输入等距距离。

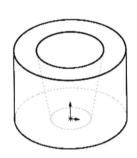

图 6.1　创建的锥孔

图 6.2　"孔"属性管理器

（2）终止条件：在该下拉列表中选择拉伸的终止条件，有以下几种。

1）给定深度：从草图的基准面拉伸到指定的距离平移处以生成特征。在其下方的"深度" 输入框中输入拉伸距离。

2）完全贯穿：从草图的基准面拉伸直到贯穿所有现有的几何体。

3）成形到下一面：从草图的基准面拉伸到下一面（隔断整个轮廓）以生成特征，下一面必须在同一零件上。

4）成形到一顶点：从草图的基准面拉伸到一个平面，这个平面平行于草图基准面且穿越指定的顶点。

5）成形到一面：从草图的基准面拉伸到所选的曲面以生成特征。

6）到离指定面指定的距离：从草图的基准面拉伸到离某平面或某曲面的特定距离处，以生成特征。

（3）孔直径 ：用于设置孔的直径。

（4）"拔模开/关"按钮 ：单击该按钮，添加拔模到孔。设置"拔模角度"以指定拔模角度值。勾选"向外拔模"复选框，则向外拔模。

（5）特征范围：指定用户想要特征影响到哪些实体或零部件。

动手学——绘制连杆

本例绘制图 6.3 所示的连杆。

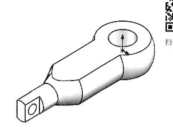

扫一扫，看视频

【操作步骤】

（1）打开文件。单击"快速访问"工具栏中的"打开"按钮，打开源文件\原始文件\6\连杆，如图 6.4 所示。

（2）创建孔 1。选择菜单栏中的"插入"→"特征"→"简单直孔"命令，选择图 6.4 中的面 3 作为放置面，系统弹出"孔"属性管理器，❶设置终止条件为"完全贯穿"，❷孔的直径为 10.00mm，如图 6.5 所示，❸单击"确定"按钮，结果如图 6.6 所示。

图 6.3　连杆

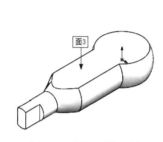

图 6.4　连杆原始文件

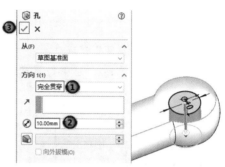

图 6.5　"孔"属性管理器

（3）添加约束。在 FeatureManager 设计树中选择"孔 1"特征，右击，在弹出的快捷菜单中单击"编辑草图"按钮，如图 6.7 所示，进入草图绘制状态。单击"草图"选项卡中的"添加几何关系"按钮，系统弹出"添加几何关系"属性管理器，选择图 6.8 所示的圆心与原点添加重合约束。单击"退出草图"按钮，结果如图 6.9 所示。

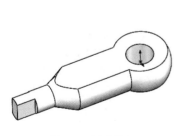

图 6.6　创建孔 1

图 6.7　选择命令

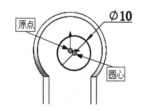

图 6.8　选择圆心与原点（1）

（4）创建孔 2。选择菜单栏中的"插入"→"特征"→"简单直孔"命令，选择图 6.9 所示的面 4 作为放置面，系统弹出"孔"属性管理器，设置终止条件为"完全贯穿"，孔的直径为 4.00mm，单击"确定"按钮，结果如图 6.10 所示。

（5）添加约束。在 FeatureManager 设计树中选择"孔 2"特征，右击，在弹出的快捷菜单中单击"编辑草图"按钮，如图 6.7 所示，进入草图绘制状态。单击"草图"选项卡中的"添加几何关系"按钮，系统弹出"添加几何关系"属性管理器，选择图 6.11 所示的圆心与原点添加水平约束。

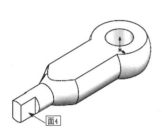

图 6.9　添加约束后的孔 1

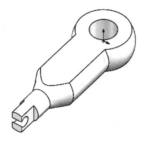

图 6.10　创建孔 2

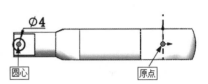

图 6.11　选择圆心与原点（2）

（6）标注尺寸。单击"草图"选项卡中的"智能尺寸"按钮，对圆进行尺寸标注，如图 6.12 所示。单击"退出草图"按钮，结果如图 6.13 所示。

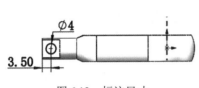

图 6.12　标注尺寸

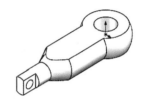

图 6.13　重新定位后的孔 2

动手练——绘制带轮

本例绘制图 6.14 所示的带轮。

【操作提示】

（1）绘制草图 1，如图 6.15 所示。生成旋转实体，如图 6.16 所示。

（2）在图 6.16 所示的面 1 上绘制草图 2，如图 6.17 所示。

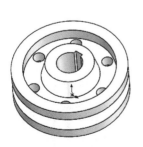

图 6.14　带轮

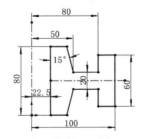

图 6.15　绘制草图 1

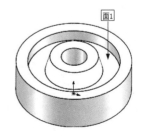

图 6.16　旋转实体

（3）利用"简单直孔"命令，在图 6.17 所示的点 1～点 6 的位置创建直径为 20mm 的减重孔。

（4）在"右视基准面"上绘制草图 3，如图 6.18 所示。利用"旋转切除"命令进行实体切除。

（5）在"右视基准面"上绘制草图 4，如图 6.19 所示。利用"拉伸切除"命令进行实体切除。

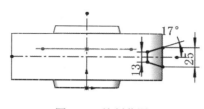

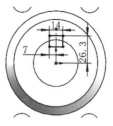

图 6.17　绘制草图 2　　　　　　图 6.18　绘制草图 3　　　　　　图 6.19　绘制草图 4

6.2　异型孔向导

异型孔向导用于在实体上插入各种类型的自定义孔如沉头孔、锥形沉头孔或螺纹孔。孔类型和尺寸会显示在 FeatureManager 设计树中。图 6.20 所示为根据六角头螺栓 C 级绘制的 M12 螺纹的柱形沉头孔。

【执行方式】

> 工具栏：单击"特征"工具栏中的"异型孔向导"按钮💿。
> 菜单栏：选择菜单栏中的"插入"→"特征"→"异型孔向导"命令。
> 选项卡：单击"特征"选项卡中的"异型孔向导"按钮💿。

【选项说明】

执行上述操作，系统弹出"孔规格"属性管理器，如图 6.21 所示。该属性管理器中各选项的含义如下。

1."类型"选项卡

"类型"选项卡用于设置孔的类型参数。

（1）收藏：该选项组用于管理可在模型中重新使用的异型孔向导的样式清单。异型孔向导收藏将保存常用孔的所有异型孔向导 PropertyManager 参数。

1）"应用默认/无收藏"按钮💕：重设到没有选择收藏及默认设置。

2）"添加或更新收藏"按钮🌟：将所选"异型孔向导"孔添加到收藏夹列表中。

如果要添加样式，则单击"添加或更新收藏"按钮🌟，输入一个名称，然后单击"确定"按钮。

如果要更新样式，则在类型上编辑属性，在收藏中选择孔，然后单击"添加或更新收藏"按钮🌟，并输入新名称或现有名称。

3）"删除收藏"按钮🌟：单击该按钮，删除所选的样式。

4）"保存收藏"按钮📁：单击该按钮，保存所选的样式。用户可以编辑文件名称。

5）"装入收藏"按钮🌟：单击该按钮，装载样式。浏览文件夹，然后选择一种样式。

（2）孔类型。

1）孔类型：在"孔规格"属性管理器中列出了九种孔类型，如图 6.22 所示。

2）标准：指定孔符号符合的标准，如图 6.23 所示。

3）类型：根据选定的孔类型和标准，指定钻孔所选类型。柱形沉头孔的类型如图 6.24 所示。

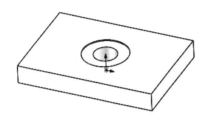

图 6.20 根据六角头螺栓 C 级绘制的 M12 螺纹的柱形沉头孔

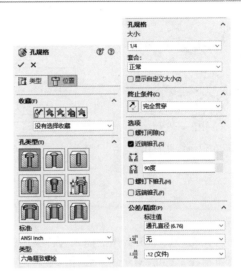

图 6.21 "孔规格" 属性管理器

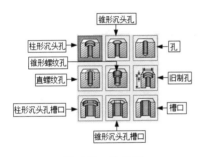

图 6.22 孔类型

图 6.23 标准

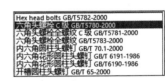

图 6.24 柱形沉头孔的类型

（3）孔规格：该选项组会根据孔类型而有所不同，下面以柱形沉头孔为例进行介绍。

1）大小：指定孔的尺寸大小。

2）套合：指定孔的配合类型。有紧密、正常、松弛三种。

3）显示自定义大小：勾选该复选框，显示孔参数输入框，如图 6.25 所示。该输入框会根据孔类型而发生变化。

（4）终止条件：单击下拉按钮 ∨，列出终止条件，如图 6.26 所示。

（5）选项：该选项组会根据孔类型而发生变化。

1）螺钉间隙：勾选该复选框，在"螺钉间隙"输入框中输入除 0 以外的间隙值，如图 6.27 所示。

图 6.25 孔参数输入框

图 6.26 终止条件

图 6.27 设置螺钉间隙

2）近端锥孔：勾选该复选框，需要设置"近端锥形沉头孔直径"和"近端锥形沉头孔角度"，如图 6.28 所示。

3）螺钉下锥孔：勾选该复选框，需要设置"下头锥形沉头孔直径"和"下头锥形沉头孔角度"，如图 6.29 所示。

4）远端锥孔：勾选该复选框，需要设置"远端锥形沉头孔直径"和"远端锥形沉头孔角度"，如图 6.30 所示。

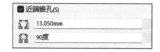
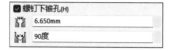
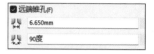

图 6.28　近端锥孔参数　　　　图 6.29　螺钉下锥孔参数　　　　图 6.30　远端锥孔参数

（6）公差/精度：该选项组不仅可以指定公差和精度的值，还可以用于生成装配体中的异型孔向导特征。其中的公差值将自动拓展至工程图中的孔标注，如果更改孔标注中的值，则将在零件中更新相应的值。另外，也可以为各配置设置不同的公差值。

1）标注值：选择孔类型的描述，如通孔直径、近端锥形沉头孔直径等。

2）公差类型：从列表中选择无、基本、双边、限制、对称等，如图 6.31 所示。

3）单位精度：从列表中选择小数点后的位数，如图 6.32 所示。

图 6.31　公差类型　　　　　　　　图 6.32　单位精度

2."位置"选项卡

在平面或非平面上找出异型孔向导孔。使用尺寸、草图工具、草图捕捉和推理线来定位孔中心。

动手学——绘制溢流阀上盖

本例绘制图 6.33 所示的溢流阀上盖。

扫一扫，看视频

【操作步骤】

（1）打开文件。单击"快速访问"工具栏中的"打开"按钮，打开源文件\原始文件\6\溢流阀上盖，如图 6.34 所示。

图 6.33　溢流阀上盖　　　　　图 6.34　溢流阀上盖原始文件

（2）创建螺纹孔。单击"特征"选项卡中的"异型孔向导"按钮，系统弹出"孔规格"属性管理器。❶"孔类型"选择"直螺纹孔"，❷"标准"选择"GB"，❸"类型"选择"螺纹孔"，❹"大小"选择"M16"，❺"终止条件"选择"成形到下一面"，❻"螺纹线"选择"成形到下一面"；在"选项"选项组中❼单击"装饰螺纹线"按钮，❽勾选"螺纹线等级"复选框，❾等级选择"1B"，其他参数采用默认设置；❿单击"位置"选项卡，⓫选择顶面为孔的放置面，⓬选择原点为孔的放置位置，如图 6.35 所示。⓭单击"确定"按钮，结果如图 6.36所示。

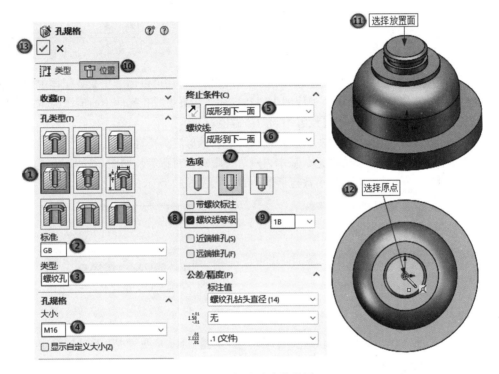

图 6.35　螺纹孔参数设置

（3）创建孔。单击"特征"选项卡中的"异型孔向导"按钮，系统弹出"孔规格"属性管理器。"孔类型"选择"孔"，"标准"选择"GB"，"类型"选择"钻孔大小"，"大小"选择"ϕ9.0"，"终止条件"选择"成形到下一面"，其他参数采用默认设置，如图 6.37 所示。

（4）放置孔。单击"位置"选项卡，选择台阶面作为孔的放置面，如图 6.38 所示。分别放置孔 1、孔 2、孔 3 和孔 4，如图 6.39 所示。

（5）绘制辅助圆。单击"草图"选项卡中的"圆"按钮，以原点为中心绘制半径为 53mm 的圆，选中圆，右击，在弹出的快捷菜单中单击"构造几何线"按钮，如图 6.40 所示，将圆转换为构造线。

（6）添加约束。单击"草图"选项卡中的"添加几何关系"按钮，将 4 个孔分别与圆添加重合约束，单击"确定"按钮，结果如图 6.41 所示。

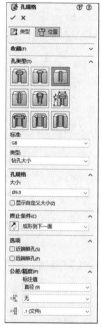

图 6.36　螺纹孔　　　　　图 6.37　孔参数设置　　　　图 6.38　选择放置面

图 6.39　放置孔　　　　　图 6.40　选择命令　　　　　图 6.41　创建的孔

动手练——绘制轴盖

本例绘制图 6.42 所示的轴盖。

【操作提示】

（1）在"前视基准面"上绘制图 6.43 所示的草图 1，利用"旋转"命令创建旋转实体。

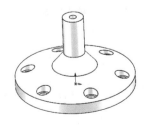

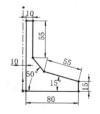

图 6.42　轴盖　　　　　　　图 6.43　绘制草图 1

（2）利用"基准面"命令，将"上视基准面"作为第一参考，偏移 25mm，创建基准面 1。

（3）利用"异型孔向导"命令，创建 M12 沉头孔，孔中心位于直径为 135mm 的圆上。

6.3　高　级　孔

高级孔工具可以从近端面和远端面中定义高级孔。图 6.44 所示为高级孔效果图。

【执行方式】

> 工具栏：单击"特征"工具栏中的"高级孔"按钮 。
> 菜单栏：选择菜单栏中的"插入"→"特征"→"高级孔"命令。
> 选项卡：单击"特征"选项卡中的"高级孔"按钮 。

【选项说明】

执行上述操作，系统弹出"高级孔"属性管理器，如图 6.45 所示。

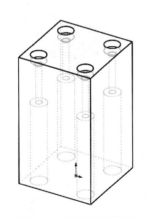

图 6.44　高级孔效果图

图 6.45　"高级孔"属性管理器

"高级孔"属性管理器中各选项的含义如下。

1."类型"选项卡

（1）元素弹出：元素弹出为近端和远端元素定义了顺序和值。用户可以拖动元素以在近端或远端堆叠内对其重新定位。元素弹出的各个按钮的含义如下。

1） ：在活动元素下方插入元素。

2）📌：在活动元素上方插入元素。

3）📐：删除活动元素。

4）📌：反转堆叠方向。反转近端堆叠的方向，仅适用于近端堆叠。

5）🔩：近端柱形沉头孔。

6）🔩：远端柱形沉头孔。

7）🔻：近端锥形埋头孔。

8）🔺：远端锥形埋头孔。

9）🔻：近端锥形螺纹。

10）🔺：远端锥形螺纹。

11）📖：孔。

12）🔩：直螺纹孔。

值得注意的是：

➢ 用户无法在堆叠之间拖动元素。

➢ 如果拖动操作导致失败的元素，则会高亮显示该元素。将鼠标悬停在元素上以显示错误消息。

（2）近端面和远端面。

1）🔲：在第一个蓝色的列表框中选择一个面定义为近端面，此时将显示孔的临时预览。位置根据面上的最初选择为临时。稍后可在"位置"选项卡中设置位置。

2）远端：勾选该复选框，在模型上选择与近端面相对的面，同时激活远端元素弹出，如图 6.46 所示。

3）使用基准尺寸：勾选该复选框，通过相同的初始基准尺寸测量近端和远端元素。此选项还会将孔堆叠中每个元素的终止条件自动指定为与曲面等距。

与使用基准尺寸相关的其他选项包括以下内容。

① 对于柱形沉头孔、锥形沉头孔或锥形螺纹元素，可以选择使用标准深度来确保元素深度与异型孔向导数据表中定义的深度相同。

② 对于直螺纹孔，可以从列表中选择一个公式来计算其深度。

（3）元素规格：该选项组可用且其图标根据元素弹出中选定的高级孔类型而变化，而值将在"元素规格"部分定义。

1）标准：指定孔符合的标准。

2）类型：根据选定的孔类型和孔标准，指定钻孔种类。

3）大小：根据指定的孔的种类，选择孔的大小。

4）自定义大小。

①"直径覆盖"按钮🔲：单击该按钮，激活"直径覆盖"输入框，可自行定义直径值。

②"终止条件覆盖"按钮🔲：单击该按钮，激活"终止条件"下拉列表，如图 6.47 所示。该下拉列表中的各选项在前面已经进行了介绍，这里只对部分选项进行说明。

➢ 直到下一元素：如果选定远端，则近端弹出中的最后一个元素可用。将该元素延伸到远端弹出中第一个元素的最近面。

➢ 直到所选项：选择该选项，需要选择面、基准面、曲面、边线或顶点作为终止条件。

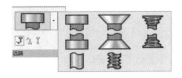

图 6.46　远端元素弹出　　　　　　　　图 6.47　"终止条件"下拉列表

（4）孔标注：设置工程图中孔的标注样式。

1）默认标注：选中该单选按钮，则采用系统默认的标注样式。

2）自定义标注：选中该单选按钮，则自行定义孔的标注样式。单击"上移"/"下移"按钮，可对标注进行重新排序。如果自定义标注字符串，则在标注列表中双击，激活变量，如图 6.48 所示，然后选择标注变量。也可以单击"标注变量"按钮，系统弹出"标注变量"对话框，如图 6.49 所示，选择标注变量。单击"确定"按钮，标注修改完成，修改的标注在列表中标有星号，如图 6.50 所示。

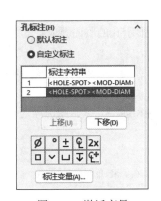

图 6.48　激活变量　　　　图 6.49　"标注变量"对话框　　　　图 6.50　修改后的标注

2. "位置"选项卡

（1）在平面或非平面上找出高级孔。使用尺寸、草图工具、草图捕捉和推理线来定位孔中心。要切换到"位置"选项卡，必须首先选择至少一个近端面。如果已选择远端，则必须选择至少一个远端面。

（2）要跳过的实例：创建高级孔时要跳过在绘图区中选择的实例。当将鼠标悬停到每个实例上时，指针变为 👆。单击即可选择跳过该实例，然后在列表中将出现实例坐标(X,Y) 值。其中，X 表示近端面数（按照选择的顺序）；Y 表示该面上的实例数（按照创建的顺序）。

动手学——绘制手压阀阀体

本例绘制图 6.51 所示的手压阀阀体。

【操作步骤】

（1）打开文件。单击"快速访问"工具栏中的"打开"按钮 ，打开源文件\原始文件\6\手压

阀阀体，如图 6.52 所示。

（2）创建螺纹孔 1。单击"特征"选项卡中的"异型孔向导"按钮，系统弹出"孔规格"属性管理器。"孔类型"选择"直螺纹孔"，"标准"选择"GB"，"类型"选择"螺纹孔"，"大小"选择"M24×2.0"，"盲孔深度"设置为 16.00mm，"螺纹线深度"设置为 11.00mm，在"选项"选项组中单击"装饰螺纹线"按钮，如图 6.53 所示。

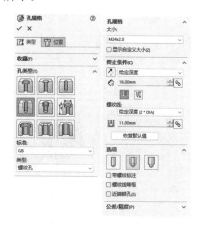

图 6.51　手压阀阀体　　　图 6.52　手压阀阀体原始文件　　　图 6.53　"孔规格"属性管理器

（3）选择螺纹孔 1 的放置位置。单击"位置"选项卡，选择图 6.54 所示的面为放置面，选择原点为孔中心位置，如图 6.55 所示。单击"确定"按钮，生成螺纹孔 1，如图 6.56 所示。

（4）创建螺纹孔 2。单击"特征"选项卡中的"异型孔向导"按钮，系统弹出"孔规格"属性管理器。"孔类型"选择"直螺纹孔"，"标准"选择"GB"，"类型"选择"螺纹孔"，"大小"选择"M36×2.0"，"盲孔深度"设置为 12.00mm，"螺纹线深度"设置为 12.00mm，在"选项"选项组中单击"装饰螺纹线"按钮。

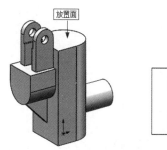

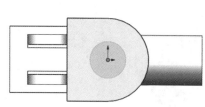

图 6.54　选择放置面（1）　　　图 6.55　选择原点（1）　　　图 6.56　创建螺纹孔 1

（5）选择螺纹孔 2 的放置位置。单击"位置"选项卡，选择图 6.57 所示的面为放置面，选择原点为孔中心位置，如图 6.58 所示。单击"确定"按钮，生成螺纹孔 2，如图 6.59 所示。

（6）创建基准面 2。单击"特征"选项卡的"参考几何体"下拉列表中的"基准面"按钮，系统弹出"基准面"属性管理器。选择图 6.60 所示的底面作为第一参考，输入偏移距离值为 12.00mm，单击"确定"按钮，基准面 1 创建完成，如图 6.61 所示。

图 6.57　选择放置面（2）

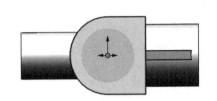

图 6.58　选择原点（2）

图 6.59　创建螺纹孔 2

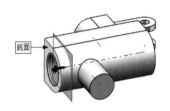

图 6.60　选择底面

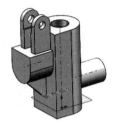

图 6.61　基准面 2

（7）设置近端。单击"特征"选项卡中的"高级孔"按钮，系统弹出"高级孔"属性管理器。① 在"近端弹出"中选择"孔"元素，② 选择基准面 2 作为近端面，③ "标准"选择"GB"，④ "类型"选择"钻孔大小"，⑤ 单击"直径覆盖"按钮，⑥ 将"直径"设置为 36.000mm，⑦ "终止条件"选择"给定深度"，⑧ 深度值设置为 4.000mm，⑨ "末端形状"选中"平底"单选按钮，如图 6.62 所示。

（8）选择放置位置。⑩ 单击"位置"选项卡，⑪ 捕捉原点为孔的圆心位置，如图 6.63 所示。

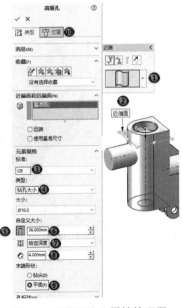

图 6.62　"高级孔"属性管理器

图 6.63　选择放置位置

（9）设置第二个孔的参数。⑫单击"类型"选项卡，然后在"近端弹出"中⑬单击"在活动元素下方插入元素"按钮，⑭选择"孔"元素，⑮单击"直径覆盖"按钮，⑯将"直径"设置为 34.000mm，⑰"终止条件"选择"给定深度"，⑱深度值设置为 39.000mm，⑲"末端形状"选中"平底"单选按钮，如图 6.64 所示。

（10）设置第三个孔的参数。在"近端弹出"中⑳单击"在活动元素下方插入元素"按钮，㉑选择"孔"元素，㉒单击"直径覆盖"按钮，㉓将"直径"设置为 23.000mm，㉔"终止条件"选择"给定深度"，㉕深度值设置为 25.000mm，㉖"末端形状"选中"平底"单选按钮，如图 6.65 所示。

图 6.64　设置第二个孔的参数

图 6.65　设置第三个孔的参数

（11）设置第四个孔的参数。再次在"近端弹出"中㉗单击"在活动元素下方插入元素"按钮，㉘选择"近端锥形埋头孔"元素，㉙单击"直径覆盖"按钮，㉚将"直径"设置为 23.000mm，㉛单击"钻尖角度覆盖"按钮，㉜"钻尖角度"设置为 120 度，㉝"终止条件"选择"给定深度"，㉞深度值设置为 4.000mm，如图 6.66 所示。

（12）设置远端。㉟在"类型"选项卡中勾选"远端"复选框，㊱选择阀体的顶面为远端面，㊲在"远端弹出"中选择"孔"元素，㊳"标准"选择"GB"，㊴"类型"选择"钻孔大小"，㊵"大小"选择"ϕ10.0"，㊶"终止条件"选择"直至下一元素"，如图 6.67 所示，㊷单击"确定"按钮，高级孔创建完成，如图 6.68 所示。

（13）创建螺纹孔 3。单击"特征"选项卡中的"异型孔向导"按钮，系统弹出"孔规格"属性管理器。"孔类型"选择"直螺纹孔"，"标准"选择"GB"，"类型"选择"螺纹孔"，"大小"选择"M16"，"盲孔深度"设置为 60.00mm，深度选项选择"直至肩部的深度"，"螺纹线深度"设置为 20.00mm，在"选项"选项组中单击"装饰螺纹线"按钮。

（14）选择螺纹孔 3 的放置位置。单击"位置"选项卡，选择大凸台的端面为放置面，选择原点为孔的中心位置，如图 6.69 所示。单击"确定"按钮 ✔，生成螺纹孔 3，如图 6.70 所示。

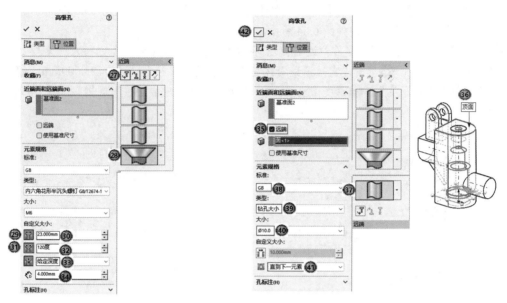

图 6.66　设置第四个孔的参数　　　　　　　　图 6.67　设置远端参数

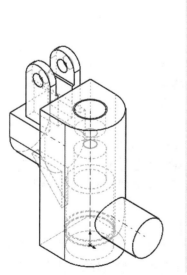

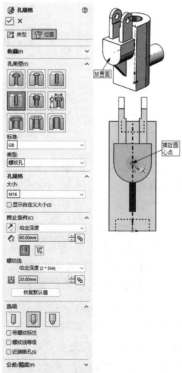

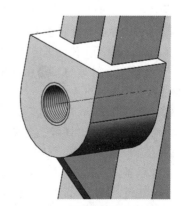

图 6.68　创建高级孔　　　图 6.69　螺纹孔 3 的参数设置　　　图 6.70　创建螺纹孔 3

（15）创建螺纹孔 4。单击"特征"选项卡中的"异型孔向导"按钮![icon]，系统弹出"孔规格"属性管理器。"孔类型"选择"直螺纹孔"，"标准"选择"GB"，"类型"选择"螺纹孔"，"大小"选择"M16"，"盲孔深度![icon]"设置为 58.00mm，深度选项选择"直至肩部的深度![icon]"，"螺纹线深度![icon]"设置为 20.00mm，在"选项"选项组中单击"装饰螺纹线"按钮![icon]。

（16）选择螺纹孔 4 的放置位置。单击"位置"选项卡，选择小凸台的端面为放置面，选择原点为孔的中心位置，如图 6.71 所示。单击"确定"按钮![icon]，生成螺纹孔 4，如图 6.72 所示。

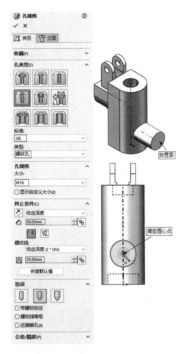

图 6.71　螺纹孔 4 的参数设置

图 6.72　创建螺纹孔 4

动手练——绘制轴套

本例绘制图 6.73 所示的轴套。

【操作提示】

（1）在"前视基准面"上绘制图 6.74 所示的草图 1，利用"旋转"命令创建旋转实体，如图 6.75 所示。

图 6.73　轴套

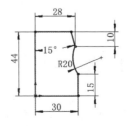

图 6.74　绘制草图 1

图 6.75　创建旋转实体

（2）利用"高级孔"命令创建高级孔，孔1~孔4的参数如图6.76~图6.79所示。

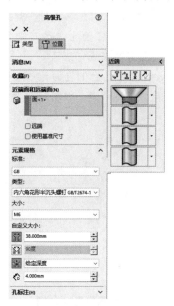

图 6.76　设置孔 1 的参数

图 6.77　设置孔 2 的参数

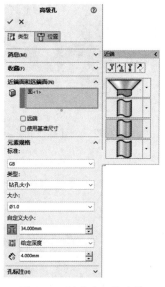

图 6.78　创建孔 3 的参数

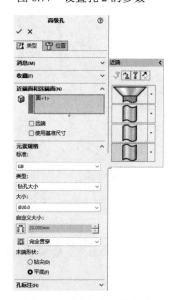

图 6.79　创建孔 4 的参数

6.4　螺　纹　线

用户可以使用轮廓草图在圆柱边线或面上创建螺纹，但使用轮廓草图无法自动调整螺纹大小以适应模型。"螺纹线"命令基于选定的轮廓，可以在孔或轴上加速创建拉伸的或剪切的螺纹线。螺纹的方向可以是右旋螺纹或左旋螺纹。用户可以设计多头螺纹，并将螺纹剪裁为与开始面或结束面对齐。图 6.80 所示为螺杆效果图。

【执行方式】

> 工具栏：单击"特征"工具栏中的"螺纹线"按钮。
> 菜单栏：选择菜单栏中的"插入"→"特征"→"螺纹线"命令。
> 选项卡：单击"特征"选项卡中的"螺纹线"按钮。

【选项说明】

执行上述操作，系统弹出"螺纹线"属性管理器，如图 6.81 所示。

图 6.80　螺杆效果图　　　　图 6.81　"螺纹线"属性管理器

"螺纹线"属性管理器中各选项的含义如下。

（1）螺纹线位置。

1）圆柱体边线◎：在绘图区中选择一条圆形边线。

2）可选起始位置▣：选择螺纹线的起点，如顶点（草图、模型或参考点）、边线（草图、模型或参考轴）、平面或平面曲面。如果边线是平面圆形边线，则该选项是可选项；否则是必需项。

3）偏移：勾选该复选框，设置螺纹起点的偏移距离。单击"反向"按钮，调整偏移方向。

4）开始角度：定义螺纹线的起始位置。开始角度必须为正值。输入值或以 =（等号）开始创建方程式。

（2）结束条件。

1）结束条件：在下拉列表中给出了以下选项。

① 给定深度：为深度指定值。在与起始位置相距特定距离的位置处终止螺纹，并且考虑任何偏移。单击"反向"按钮，调整螺纹方向。在"深度 🔧"输入框中设置螺纹长度值。

② 圈数：在与起始位置相距特定圈数的位置处终止螺纹，并且考虑任何偏移。该值必须为正值且大于 0.00。输入值或以 =（等号）开始创建方程式。选择该选项，需要设置螺纹的圈数，如图 6.82 所示。

③ 依选择而定：选择该选项，需要选择结束位置，若勾选"偏移"复选框，还需设置偏移距离及偏移方向，如图 6.83 所示。该选项根据选择的顶点（草图、模型或参考点）、边线（草图、模型或参考轴）、平面或平面曲面确定螺纹长度。平面、平面的面或边线必须平行于圆形边线（垂直于螺纹轴）。

2）保持螺纹长度：勾选该复选框，保持螺纹与起始曲面之间的固定长度。该复选框仅当螺纹结束条件设置为"给定深度"或"圈数"时才显示。

（3）规格。

1）类型：选择螺纹类型，如图 6.84 所示。下拉列表中各选项的含义如下。

① Inch Die：英制的螺纹板牙，用于套外螺纹。

② Inch Tap：英制的螺纹丝锥，用于攻内螺纹。

③ Metric Die：公制的螺纹板牙，用于套外螺纹。

④ Metric Tap：公制的螺纹丝锥，用于攻内螺纹。

⑤ SP4xx Bottle：涡旋类螺纹。

图 6.82　设置螺纹的圈数

图 6.83　选择结束位置

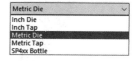

图 6.84　螺纹类型

2）尺寸：选择螺纹大小。在尺寸类型列表中显示库零件文件中的配置。

3）覆盖直径 ⊘：单击该按钮，以手动覆盖圆柱面或螺纹线的直径。输入值或以 =（等号）开始创建方程式。

4）覆盖螺距 ≡：单击该按钮，以手动覆盖螺纹线的螺距。输入值或以 =（等号）开始创建方程式。

5）螺纹线方法。

① 剪切螺纹线：选中该单选按钮，使用轮廓创建扫描切除。

② 拉伸螺纹线：选中该单选按钮，使用轮廓创建扫描凸台。

6）镜像轮廓：勾选该复选框，绕螺旋线的水平轴或竖直轴翻转螺旋线的轮廓。有水平镜像和竖直镜像之分。

7）旋转角度：按一定度数旋转螺旋线。输入值或以 =（等号）开始创建方程式。

8）找出轮廓：单击该按钮，缩放到轮廓，以便用户可更改草图轮廓中的任何草图点或顶点。

（4）螺纹选项。

1）右旋螺纹：选中该单选按钮，顺时针方向创建螺纹。

2）左旋螺纹：选中该单选按钮，逆时针方向创建螺纹。

3）多个起点：勾选该复选框，设定起点数，定义孔或轴附近在均匀分布圆周阵列状态下所创建的螺纹次数。图 6.85 所示为 3 起点螺纹。

4）根据开始面修剪：勾选该复选框，将螺纹与开始面对齐。剪切螺纹线将延伸且剪切以与开始面相匹配。拉伸螺纹线将剪切以与结束面相匹配。

5）根据结束面修剪：将螺纹与结束面对齐。剪切螺纹线将延伸且剪切以与结束面相匹配。拉伸螺纹线将剪切以与结束面相匹配。

图 6.85 3 起点螺纹

📣 **注意：**

要使用"根据开始面修剪"和"根据结束面修剪"功能，螺纹线必须超出剪裁面。

（5）预览选项。

1）上色预览：选中该单选按钮，显示完全网格化的螺纹预览。

2）线架图预览：选中该单选按钮，显示螺纹的线架图预览。

3）部分预览：选中该单选按钮，调整线架图中显示的线数。

动手学——绘制输出轴

本例绘制图 6.86 所示的输出轴。

【操作步骤】

（1）打开文件。单击"快速访问"工具栏中的"打开"按钮，打开源文件\原始文件\6\输出轴，如图 6.87 所示。

图 6.86 输出轴

图 6.87 输出轴原始文件

（2）创建螺纹线。单击"特征"选项卡中的"螺纹线"按钮，系统弹出 SOLIDWORKS 对话框，如图 6.88 所示。单击"确定"按钮，关闭对话框。系统弹出"螺纹线"属性管理器。①选择轴的右端面边线作为螺纹线的位置，②勾选"偏移"复选框，③选择输出轴的左端面作为偏移基准面，④偏移距离设置为 3.50mm，⑤单击"反向"按钮，调整偏移方向，⑥"结束条件"选择"给定深度"，⑦深度值设置为 35.00mm，⑧勾选"保持螺纹长度"复选框，⑨螺纹类型选择"Metric Die"，⑩尺寸选择"M12×1.75"，⑪"螺纹线方法"选择"剪切螺纹线"，⑫"螺旋选项"选择"左旋螺纹"，⑬勾选"根据开始面修剪"复选框，如图 6.89 所示。⑭单击"确定"按钮，生成螺纹，如图 6.90 所示。

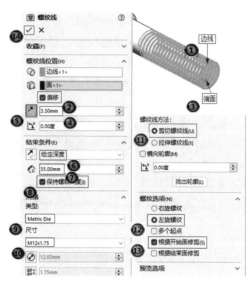

图 6.89 "螺纹线"属性管理器

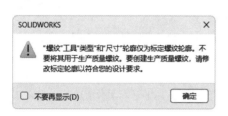

图 6.88 SOLIDWORKS 对话框

（3）创建孔。单击"特征"选项卡中的"高级孔"按钮，系统弹出"高级孔"属性管理器。在绘图区选择轴的左端面作为近端面，如图 6.91 所示。在"近端弹出"中选择"孔"元素，"标准"选择"GB"，"类型"选择"钻孔大小"，"大小"设置为"ϕ20.0"，"终止条件"选择"给定深度"，深度值设置为 48.000mm，"末端形状"选择"钻尖"，单击"钻尖角度覆盖"按钮，"钻尖角度"设置为 118 度，深度类型选择"直至肩部的深度"，如图 6.92 所示。

图 6.92 孔参数设置

图 6.90 创建螺纹

图 6.91 选择近端面

（4）选择放置位置。在"高级孔"属性管理器中，单击"位置"选项卡，捕捉原点为孔的圆心位置，如图 6.93 所示。单击"确定"按钮✔，生成孔，如图 6.94 所示。

（5）创建基准面。单击"特征"选项卡的"参考几何体"下拉列表中的"基准面"按钮，系统弹出"基准面"属性管理器。选择前视基准面作为第一参考，输入偏移距离值为 25mm，单击"确定"按钮✔，基准面创建完成，如图 6.95 所示。

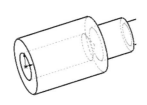
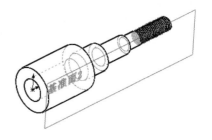

图 6.93　捕捉原点　　　　图 6.94　创建孔　　　　图 6.95　创建基准面

（6）创建螺纹底孔。单击"特征"选项卡中的"高级孔"按钮，系统弹出"高级孔"属性管理器。选择上一步创建的基准面作为近端面，在"近端弹出"中选择"孔"元素，"标准"选择"GB"，"类型"选择"螺纹钻孔"，"大小"设置为"M8×1.0"，单击"直径覆盖"按钮，修改直径为 6.800mm，"终止条件"选择"成形到下一面"，"末端形状"选择"钻尖"，单击"钻尖角度覆盖"按钮，"钻尖角度"设置为 120 度，如图 6.96 所示。单击"确定"按钮✔，螺纹底孔创建完成，如图 6.97 所示。

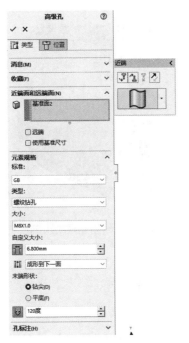

图 6.96　螺纹底孔的参数设置　　　　图 6.97　创建螺纹底孔

（7）创建螺纹孔 1。单击"特征"选项卡中的"螺纹线"按钮，系统弹出 SOLIDWORKS 对话框，单击"确定"按钮，关闭对话框。系统弹出"螺纹线"属性管理器，在绘图区选择孔的边线作为螺纹线的位置，如图 6.98 所示。勾选"偏移"复选框，选择图 6.95 中的基准面 2 作为偏移基准面，偏移距离设置为 2.00mm，单击"反向"按钮，调整偏移方向，"结束条件"选择"给定深度"，深度值设置为 22.00mm，勾选"保持螺纹长度"复选框，螺纹类型选择"Metric Tap"，尺寸选择"M8×1.0"，"螺纹线方法"选择"剪切螺纹线"，"螺纹选项"选择"右旋螺纹"，如图 6.99 所示。单击"确定"按钮，生成螺纹孔 1，如图 6.100 所示。

图 6.98　选择孔的边线　　　　　　　　图 6.99　螺纹参数设置

（8）创建螺纹孔 2。使用同样的方法创建螺纹孔 2，结果如图 6.101 所示。

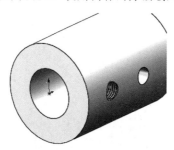

图 6.100　创建螺纹孔 1　　　　　　　　图 6.101　创建螺纹孔 2

动手练——绘制螺母

本例在已经绘制好的螺母主体结构上创建螺纹孔，如图 6.102 所示。

【操作提示】

（1）打开源文件。打开"螺母主体"源文件，如图 6.103 所示。

（2）利用"螺纹线"命令，创建 M36 的左旋螺纹，如图 6.102 所示。

图 6.102　螺母

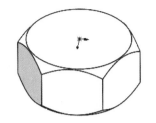

图 6.103　"螺母主体"源文件

6.5　螺柱向导

螺柱向导可以用于创建外部螺纹螺柱特征，还可以将螺纹参数应用到现有圆形螺柱上。图 6.104 所示为螺柱效果图。

【执行方式】

➢ 工具栏：单击"特征"工具栏中的"螺柱向导"按钮 。

➢ 菜单栏：选择菜单栏中的"插入"→"特征"→"螺柱向导"命令。

➢ 选项卡：单击"特征"选项卡中的"螺柱向导"按钮 。

图 6.104　螺柱效果图

【选项说明】

执行上述操作，系统弹出"螺柱向导"属性管理器，如图 6.105 所示。该属性管理器中各选项的含义如下。

1．在圆柱体上创建螺柱

（1）边线：选择圆柱面的边线以创建螺柱。

（2）标准：指定尺寸标注标准、螺纹类型和螺纹大小，主要直径根据设置进行更新。

1）标准：指定尺寸标注标准。

2）类型：指定螺纹类型。

3）大小：指定螺纹尺寸大小。

4）主要直径：指定螺纹的主要直径。用类型和大小控制此值。

（3）螺纹线。

1）终止条件：将螺纹从起始边线延伸到指定的终止条件，包括给定深度、成形到下一面和通孔。

2）螺纹线深度 ：指定从起始边线沿螺柱的螺纹长度。当终止条件选择"给定深度"时可用。

3）螺纹线等级：指定螺纹等级贴合度，用于测量外部配合螺纹的松弛度或紧密度。其中：

① 1A：宽松的商业安装，易于装配和拆卸。

② 2A：中等贴合度。

③ 3A：紧密贴合度，表示配合零件之间的紧密贴合度。

（4）根切：在螺柱的螺纹部分末端创建根切，以提供间隙。默认值基于在标准下的选择，也可以覆盖和自定义这些值。其参数包括底切直径 、底切深度 和底切半径 ，如图 6.106 所示。这些参数可以采用默认值，也可以自行定义。自行定义参数后激活"恢复默认值"按钮，单击该按钮，恢复默认值。

2. 在曲面上创建螺柱

单击"在曲面上创建螺柱"按钮，系统弹出"螺柱向导"属性管理器，如图 6.107 所示。

（1）"螺柱"选项卡：在该选项卡中指定螺柱参数。包括以下参数。

1）轴长度：指定轴的长度。

2）轴直径：指定轴的直径。

（2）"位置"选项卡：在该选项卡中选择要定位螺柱的面。

图 6.105 "螺柱向导"属性管理器

图 6.106 根切参数示意图

图 6.107 在曲面上创建螺柱

扫一扫，看视频

动手学——绘制通气塞

本例绘制图 6.108 所示的通气塞。

【操作步骤】

（1）打开文件。单击"快速访问"工具栏中的"打开"按钮，打开源文件\原始文件\6\通气塞，如图 6.109 所示。

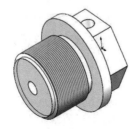

图 6.108 通气塞

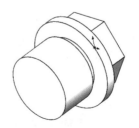

图 6.109 通气塞原始文件

（2）创建螺纹线。单击"特征"选项卡中的"螺柱向导"按钮▉，系统弹出"螺柱向导"属性管理器。单击"在圆柱体上创建螺柱"按钮▊，选择拉伸实体 4 的边线，"标准"选择"GB"，"类型"选择"机械螺纹"，"大小"选择"M39"，"终止条件"设置为"给定深度"，深度值设置为 24.00mm，勾选"螺纹线等级"复选框，等级选择"2A"，如图 6.110 所示。单击"确定"按钮✔，结果如图 6.111 所示。

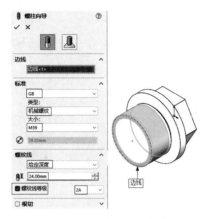

图 6.110　"螺柱向导"属性管理器　　　　　图 6.111　创建螺纹线

（3）创建孔 1。单击"特征"选项卡中的"异型孔向导"按钮🕳，系统弹出"孔规格"属性管理器。"孔类型"选择"孔▊"，"标准"选择"GB"，"类型"选择"钻孔大小"，"大小"选择"φ8.0"，"终止条件"选择"完全贯穿"，其他参数采用默认设置，如图 6.112 所示。

（4）放置孔 1。单击"位置"选项卡，选择图 6.113 所示的面作为孔的放置面，标注孔的位置尺寸，如图 6.114 所示。单击"确定"按钮✔，结果如图 6.115 所示。

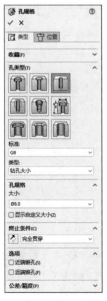

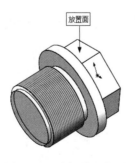

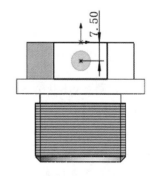

图 6.112　"孔规格"属性管理器　　　图 6.113　选择放置位置　　　图 6.114　标注尺寸

（5）创建孔 2。单击"特征"选项卡中的"异型孔向导"按钮，系统弹出"孔规格"属性管理器。"孔类型"选择"孔"，"标准"选择"GB"，"类型"选择"钻孔大小"，"大小"选择"$\phi 8.0$"，"终止条件"选择"成形到下一面"，其他参数采用默认设置。

（6）放置孔 2。单击"位置"选项卡，选择图 6.116 所示的面 1 作为孔的放置面，捕捉原点放置孔，如图 6.117 所示。单击"确定"按钮，结果如图 6.108 所示。

图 6.115　创建孔 1

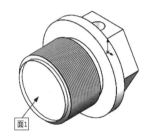

图 6.116　选择面

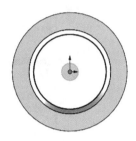

图 6.117　捕捉原点

动手练——绘制轴

本例绘制图 6.118 所示的轴。

【操作提示】

（1）在"前视基准面"上绘制图 6.119 所示的草图 1，利用"旋转"命令创建旋转实体。

图 6.118　轴

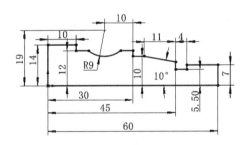

图 6.119　绘制草图 1

（2）利用"螺柱向导"命令绘制 M14 的螺纹，结果如图 6.118 所示。

6.6　综合实例——绘制支架

本例绘制图 6.120 所示的支架。

【操作步骤】

（1）绘制草图 1。创建一个新的零件文件，在 FeatureManager 设计树中选择"上视基准面"作为草绘基准面，单击"草图"选项卡中的"边角矩形"按钮，绘制草图，如图 6.121 所示。

（2）创建底座。单击"特征"选项卡中的"拉伸凸台/基体"按钮，系统弹出"凸台-拉伸"

属性管理器。设定拉伸的终止条件为"给定深度",输入拉伸距离为 20.00mm,保持其他选项的系统默认值不变,如图 6.122 所示。单击"确定"按钮 ✔,结果如图 6.123 所示。

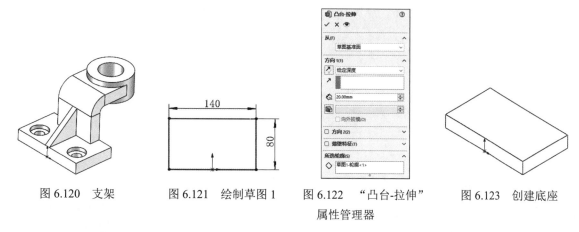

图 6.120 支架　　图 6.121 绘制草图 1　　图 6.122 "凸台-拉伸"　　图 6.123 创建底座
属性管理器

（3）绘制草图 2。在 FeatureManager 设计树中选择"右视基准面"作为草绘基准面,单击"草图"选项卡中的"直线"按钮 ✏ 和"绘制圆角"按钮 ⌐,绘制草图并标注尺寸,如图 6.124 所示。单击"退出草图"按钮 ↳,退出草图绘制状态。

（4）绘制草图 3。选择图 6.123 中的上表面作为草绘基准面,单击"草图"选项卡中的"边角矩形"按钮 ▢,绘制草图并标注尺寸,如图 6.125 所示。单击"退出草图"按钮 ↳,退出草图绘制状态。

（5）创建扫描实体。单击"特征"选项卡中的"扫描"按钮 🦟,系统弹出"扫描"属性管理器。选择草图 3 为扫描路径,选择草图 2 为扫描轮廓,如图 6.126 所示。单击属性管理器中的"确定"按钮 ✔,结果如图 6.127 所示。

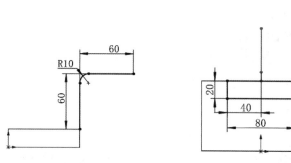

图 6.124 绘制草图 2　　　图 6.125 绘制草图 3　　　图 6.126 "扫描"属性管理器

（6）绘制草图 4。选择图 6.127 所示的面 1 为草绘基准面,单击"草图"选项卡中的"圆"按钮 ⊙,以扫描体的边线中点为中心绘制直径为 80mm 的圆。

（7）创建拉伸实体 1。单击"特征"选项卡中的"拉伸凸台/基体"按钮 🗗,系统弹出"凸台-拉伸"属性管理器。在方向 1 中输入拉伸距离为 10mm,在方向 2 中输入拉伸距离为 30mm,单击

"确定"按钮 ✔，结果如图 6.128 所示。

（8）绘制草图 5。在 FeatureManager 设计树中选择"右视基准面"作为草绘基准面，单击"草图"选项卡中的"直线"按钮 ✎，绘制草图并标注尺寸，如图 6.129 所示。

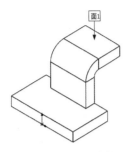

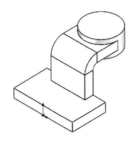

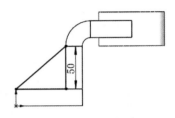

图 6.127　扫描实体　　　　　　图 6.128　拉伸实体 1　　　　　图 6.129　绘制草图 5

（9）创建拉伸实体 2。单击"特征"选项卡中的"拉伸凸台/基体"按钮 ⬚，系统弹出"凸台-拉伸"属性管理器。设定拉伸的终止条件为"两侧对称"，输入拉伸距离为 18mm，单击"确定"按钮 ✔，结果如图 6.130 所示。

（10）创建沉头孔。单击"特征"选项卡中的"异型孔向导"按钮 ⬡，系统弹出"孔规格"属性管理器。选择孔类型为"柱形沉头孔 ⬚"，"标准"选择"GB"，设置孔大小为 M16，终止条件为"完全贯穿"，勾选"显示自定义大小"复选框，将"柱形沉头孔深度"设置为 7.000mm，如图 6.131 所示。单击"位置"选项卡，选择底板的上表面作为孔的放置面，并单击"草图"工具栏中的"智能尺寸"按钮 ✎，创建孔位置，如图 6.132 所示。单击"确定"按钮 ✔，结果如图 6.133 所示。

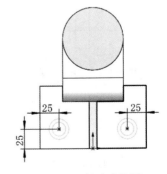

图 6.130　拉伸实体 2　　　　图 6.131　"孔规格"属性管理器　　　图 6.132　创建孔位置

（11）创建简单直孔。选择菜单栏中的"插入"→"特征"→"简单直孔"命令，选择图 6.133 所示的面 2 为孔的放置面，系统弹出"孔"属性管理器。设定终止条件为"完全贯穿"，直径为 44.00mm，如图 6.134 所示。单击"确定"按钮 ✔，结果如图 6.135 所示。

（12）在 FeatureManager 设计树中选择孔 1，右击，在弹出的快捷菜单中单击"编辑草图"按钮 ☑，选择孔的圆心与凸台的边线设置同心约束，单击"退出草图"按钮 ↰，退出草图绘制状态，结果如图 6.120 所示。

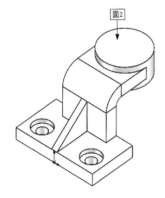

图 6.133　创建沉头孔　　　　图 6.134　"孔"属性管理器　　　　图 6.135　创建简单直孔

第 7 章　简单放置特征

内容简介

SOLIDWORKS 2024 除了可以利用实体建模功能创建基础特征外，还可以通过圆角、倒角、圆顶特征等功能来实现产品的辅助设计。这些功能使模型的创建更加精细化，可以更广泛地应用于各行业。

内容要点

➢ 圆角特征
➢ 倒角特征
➢ 圆顶特征
➢ 综合实例 —— 绘制轴支架

案例效果

7.1　圆 角 特 征

圆角特征可以在一个零件上生成内圆角或外圆角。圆角特征在零件设计中起着重要作用。大多数情况下，在零件特征上加入圆角有助于造型上的变化，或者产生平滑的效果。

【执行方式】

➢ 工具栏：单击"特征"工具栏中的"圆角"按钮 ⬚。
➢ 菜单栏：选择菜单栏中的"插入"→"特征"→"圆角"命令。

➢ 选项卡：单击"特征"选项卡中的"圆角"按钮📦。

【选项说明】

执行"圆角"命令，系统弹出"圆角"属性管理器，如图 7.1 所示。

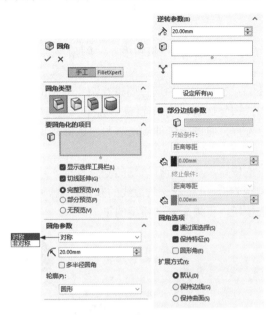

图 7.1　"圆角"属性管理器

在"圆角"属性管理器中选择"手工"选项卡，SOLIDWORKS 2024 可以为一个面上的所有边线、多个面、多条边线或多个边线环创建圆角特征。SOLIDWORKS 2024 中有以下几种圆角类型。

（1）固定大小圆角📦：对所选边线以相同的圆角半径进行倒圆角操作。

（2）变量大小圆角📦：对边线的每个顶点指定不同的圆角半径。

（3）面圆角📦：在混合曲面之间沿着零件边线进行面圆角操作，生成平滑过渡。

（4）完整圆角📦：将不相邻的面混合起来。

图 7.2 所示为四种圆角特征效果。

（a）固定大小圆角　　　　（b）变量大小圆角　　　　（c）面圆角　　　　（d）完整圆角

图 7.2　四种圆角特征效果

7.1.1　固定大小圆角特征

固定大小圆角特征是指对所选边线以相同的圆角半径进行倒圆角操作。

【选项说明】

在"圆角类型"中单击"固定大小圆角"按钮📦。"圆角"属性管理器中各选项的含义如下。

（1）要圆角化的项目。

1）边线、面、特征和环🗐：在绘图区中选择要进行圆角处理的实体。

2）显示选择工具栏：勾选该复选框，显示/隐藏"选择"工具栏，如图 7.3 所示。

3）切线延伸：勾选该复选框，将圆角延伸到所有与所选面相切的面。切线延伸示意图如图 7.4 所示。

4）完整预览：选中该单选按钮，显示所有边线的圆角预览。

5）部分预览：选中该单选按钮，只显示一条边线的圆角预览。按 A 键可以依次预览每个圆角。

6）无预览：选中该单选按钮，可提高复杂模型的重建时间。

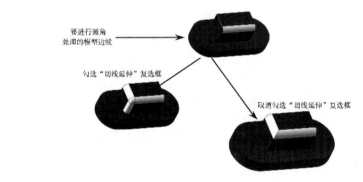

图 7.3　"选择"工具栏　　　　　　　　　　图 7.4　切线延伸示意图

（2）圆角参数。

1）圆角方法：包括对称和非对称。

① 对称：创建一个由半径定义的对称圆角，其示意图如图 7.5 所示。

② 非对称：创建一个由两个半径定义的非对称圆角，其示意图如图 7.6 所示。此时需要设置"距离 1"和"距离 2"的值，如图 7.7 所示。单击"反向"按钮🔁，互换"距离 1"和"距离 2"的方向。

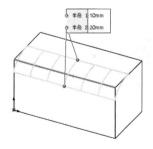

图 7.5　对称圆角示意图　　　　　图 7.6　非对称圆角示意图　　　　图 7.7　设置距离参数

2）半径：设定圆角半径。圆角方法选择"对称"时需要设置该项。

3）多半径圆角：勾选该复选框，可以边线不同的半径值生成圆角，也可以使用不同半径的三条边线生成边角。不能为具有共同边线的面或环指定多个半径，如图 7.8 所示。

4）轮廓：设置圆角的轮廓类型，用轮廓定义圆角的横截面形状。图 7.9 所示的下拉列表中给出了轮廓的类型。

① 圆形：圆角截面形状为规则的圆弧。

② 圆锥 Rho：设置定义曲线重量的比率。输入 0～1 之间的值。

③ 圆锥半径：设置沿曲线的肩部点的曲率半径。

④ 曲率连续：在相邻曲面之间创建更为光顺的曲率。曲率连续圆角比标准圆角更平滑，因为边界处在曲率中无跳跃。

（3）逆转参数：通过设置各选项，系统将在混合曲面之间沿着零件边线进入圆角生成平滑的过渡。选择一顶点和一半径，然后为每条边线指定相同或不同的缩进距离。缩进距离为沿每条边线的点，圆角在此开始混合到在共同顶点相遇的三个面。

1）距离📏：从顶点测量而设定圆角逆转距离。

2）逆转顶点📦：在绘图区中选择一个或多个顶点，逆转圆角边线在所选顶点汇合。

3）逆转距离🍴：以相应的逆转距离值列举边线数。如果要将不同的逆转距离应用到边线，先在逆转距离中选取一条边线，然后设定距离并按 Enter 键。

4）设定所有：单击该按钮，应用当前的距离到所有边线。

（4）部分边线参数：通过设置各选项，系统将沿模型边线创建具有指定长度的部分圆角。

1）开始条件：在图 7.10 所示的下拉列表中选择开始条件。

2）终止条件：在图 7.11 所示的下拉列表中选择终止条件。

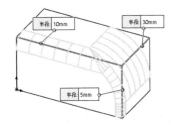

图 7.8　多半径圆角示意图

图 7.9　轮廓类型

图 7.10　开始条件

图 7.11　终止条件

（5）圆角选项。

1）通过面选择：勾选该复选框，启用通过隐藏边线的面选择边线。

2）保持特征：勾选该复选框，如果应用一个大到可覆盖特征的圆角半径，则保持切除或凸台特征可见。

3）圆形角：勾选该复选框，生成带圆形角的固定尺寸圆角。至少选择两个相邻边线进行圆角化。圆形角圆角在边线之间有一平滑过渡，可消除边线汇合处的尖锐接合点。

4）扩展方式：控制在单一封闭边线（如圆、样条曲线、椭圆）上圆角与边线汇合时的行为。

① 默认：选中该单选按钮，系统根据几何条件（进行圆角处理的边线凸起和相邻边线等）默认选择"保持边线"或"保持曲面"方式。

② 保持边线：选中该单选按钮，系统将保持邻近的直线形边线的完整性，但圆角曲面断裂成分离的曲面。在许多情况下，圆角的顶部边线中会有沉陷，如图 7.12（a）所示。

③ 保持曲面：选中该单选按钮，使用相邻曲面来剪裁圆角，因此圆角边线是连续且光滑的，但是相邻边线会受到影响，如图 7.12（b）所示。

（a）保持边线

（b）保持曲面

图 7.12　保持边线与保持曲面

扫一扫，看视频

动手学——绘制三通管

本例绘制图 7.13 所示的三通管。

【操作步骤】

（1）打开文件。单击"快速访问"工具栏中的"打开"按钮📂，打开源文件\原始文件\7\三通管，如图 7.14 所示。

（2）创建圆角。单击"特征"选项卡中的"圆角"按钮🗊，系统弹出"圆角"属性管理器。❶设置"圆角类型"为"固定大小圆角"，❷设置"半径"为 2.00mm，❸单击🗊图标右侧的列表框，然后在绘图区中❹选择各端面的两条边线，如图 7.15 所示。❺单击"确定"按钮✔，生成固定大小圆角特征。

图 7.13　三通管

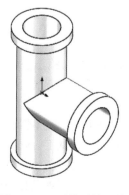

图 7.14　三通管原始文件

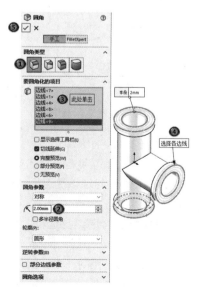

图 7.15　创建圆角 1

（3）创建其他圆角。仿照第（2）步，设置"半径"为 1.00mm，单击 图标右侧的列表框，然后在绘图区中选择边线，如图 7.16 所示。继续创建管接头圆角，设置"半径"为 5.00mm，如图 7.17 所示。最终效果如图 7.18 所示。

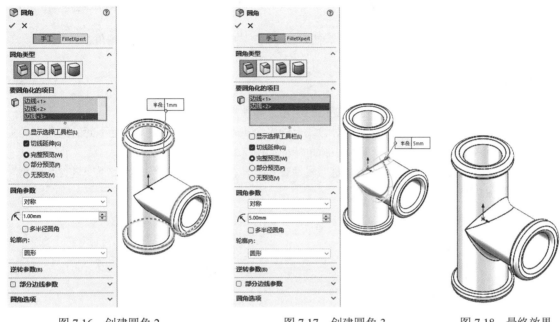

图 7.16　创建圆角 2　　　　图 7.17　创建圆角 3　　　　图 7.18　最终效果

动手练——绘制手柄

本例绘制图 7.19 所示的手柄。

【操作提示】

（1）在"前视基准面"上绘制草图，如图 7.20 所示。利用"拉伸凸台/基体"命令进行两侧对称拉伸，深度设置为 6mm，拉伸实体 1 创建完成。

图 7.19　手柄

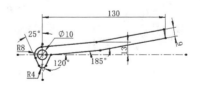

图 7.20　绘制草图 1

（2）在"前视基准面"上绘制草图 2，如图 7.21 所示。利用"拉伸凸台/基体"命令进行两侧对称拉伸，深度设置为 12mm，拉伸实体 2 创建完成。

（3）在拉伸实体 1 的端面上绘制草图 3，如图 7.22 所示。利用"拉伸凸台/基体"命令进行拉伸，深度设置为 10mm。

（4）利用"圆角"命令，对图 7.23 所示的棱边进行圆角，半径设置为 2mm，结果如图 7.19 所示。

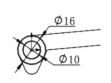

图 7.21　绘制草图 2

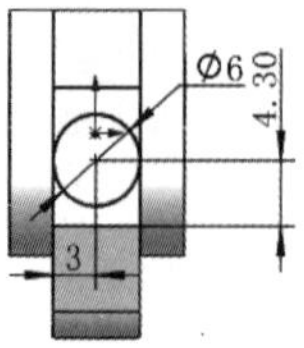

图 7.22　绘制草图 3

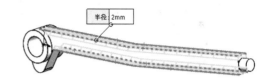

图 7.23　选择圆角边

7.1.2　变量大小圆角特征

变量大小圆角特征可以生成半径值变化的圆角，即使用控制点来定义圆角。

例如，变量大小圆角特征可以通过对边线上的多个点（变半径控制点）指定不同的圆角半径生成圆角，以制造出另类的效果。变量大小圆角特征如图 7.24 所示。

执行"圆角"命令，系统弹出"圆角"属性管理器，在"圆角类型"中单击"变量大小圆角"按钮，如图 7.25 所示。

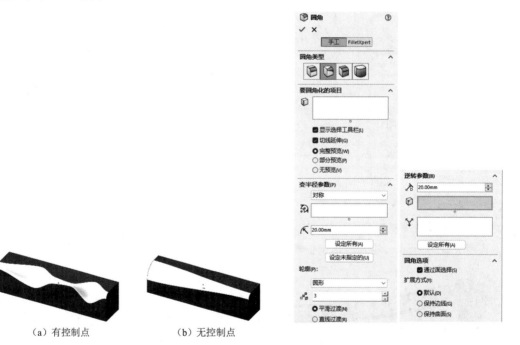

（a）有控制点　　　　（b）无控制点

图 7.24　变量大小圆角特征

图 7.25　"圆角"属性管理器

【选项说明】

"圆角"属性管理器中部分选项的含义如下。

（1）附加的半径：列出选择的边线顶点，并列出在绘图区中选择的控制点。

（2）实例数：设定边线上的控制点数。

（3）平滑过渡：选中该单选按钮，生成一个圆角，当一个圆角边线接合于一个邻近面时，圆角半径从一个半径平滑地变化为另一个半径。

（4）直线过渡：选中该单选按钮，生成一个圆角，圆角半径从一个半径线性变化为另一个半径，但是不将切边与邻近圆角匹配。

下面介绍使用控制点的注意事项。

（1）可以为每个控制点指定一个半径值，或为一个或两个闭合顶点指定数值。

（2）系统默认使用三个控制点，分别以 25%、50% 和 75% 的等距增量位于两个变半径之间的边线上。

（3）可使用以下方法更改每个控制点的相对位置。

1）在标注中更改控制点的百分比。

2）选择控制点，然后将其拖动到新的位置。

（4）添加或删减控制点：在生成圆角时，或者在使用编辑特征生成圆角后，用户可沿选择进行圆角处理的边线上添加或删减控制点，以将控制点以相等的间距放在此边线上。

1）添加控制点：选择一个控制点并按住 Ctrl 键拖动，在新位置生成一个额外控制点，或者在 PropertyManager 的"实例数"中递增数值。PropertyManager 会在默认位置添加控制点。

2）删减控制点：选择控制点，右击，然后从弹出的快捷菜单中选择"删除"命令来移除特定控制点，或者在 PropertyManager 的"实例数"中递减数值。PropertyManager 会从默认位置移除控制点。

动手学——绘制熨斗

本例绘制图 7.26 所示的熨斗。

【操作步骤】

1. 绘制熨斗主体

（1）打开文件。单击"快速访问"工具栏中的"打开"按钮，打开源文件\原始文件\7\熨斗，如图 7.27 所示。

扫一扫，看视频

图 7.26　熨斗

（2）创建变量大小圆角。单击"特征"选项卡中的"圆角"按钮，系统弹出"圆角"属性管理器。❶单击"变量大小圆角"按钮，在绘图区中❷选择最上端边线，❸勾选"切线延伸"复选框，❹"变半径参数"选择"对称"，❺选择轮廓形状为"圆形"，❻设置"实例数"为 2，❼V1 点半径为 0mm，❽P1 点半径为 20mm，❾P2 点半径为 20mm，❿V2 点半径为 20mm，⓫扩展方式选择"默认"，如图 7.28 所示。单击⓬"确定"按钮，变半径圆角创建完成。

（3）创建圆角 1。单击"特征"选项卡中的"圆角"按钮，系统弹出"圆角"属性管理器。单击"固定大小圆角"按钮，输入半径为 15mm，选择图 7.29 所示的边线，单击"确定"按钮，圆角创建完成。

（4）绘制草图 5。在 FeatureManager 设计树中选择"上视基准面"作为草绘基准面。单击"草图"选项卡中的"3 点圆弧"按钮，绘制图 7.30 所示的草图并标注尺寸。

（5）创建拉伸切除特征。单击"特征"选项卡中的"拉伸切除"按钮，系统弹出"曲面-拉伸"属性管理器。选择上一步创建的草图 5，设置终止条件为"完全贯穿-两者"，单击"确定"按钮，结果如图 7.31 所示。

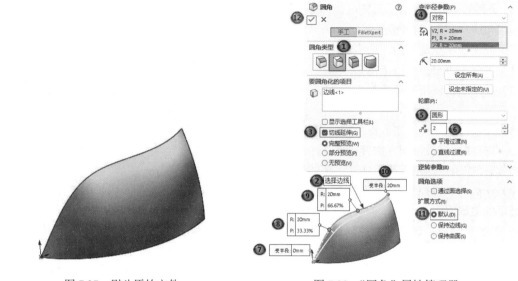

图 7.27　熨斗原始文件　　　　　　　　图 7.28　"圆角"属性管理器

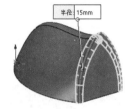

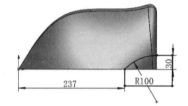

图 7.29　选择圆角边线 1　　　　图 7.30　绘制草图 5　　　　图 7.31　拉伸切除结果

（6）创建圆角 2。单击"特征"选项卡中的"圆角"按钮 🔘，系统弹出"圆角"属性管理器。单击"固定大小圆角"按钮 🔘，输入半径为 15mm，选择图 7.32 所示的边线，单击"确定"按钮 ✔，结果如图 7.33 所示。

（7）绘制草图 6。在 FeatureManager 设计树中选择"上视基准面"作为草绘基准面。单击"草图"选项卡中的"转换实体引用"按钮 🔘，选择底面实体边线进行转换，然后单击"草图"选项卡中的"等距实体"按钮 🔘，将转换后的图素向内偏移，偏移距离为 10mm，并将转换后的图素全部转换为构造线，如图 7.34 所示。

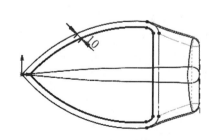

图 7.32　选择圆角边线 2　　　　图 7.33　圆角结果　　　　图 7.34　绘制草图 6

（8）创建拉伸实体。选择菜单栏中的"插入"→"凸台/基体"→"拉伸"命令，或者单击"特征"选项卡中的"拉伸凸台/基体"按钮，系统弹出"凸台-拉伸"属性管理器。设置拉伸终止条件为"给定深度"，输入拉伸距离为 5mm，单击"反向"按钮，调整拉伸方向。单击"确定"按钮，完成凸台拉伸操作，效果如图 7.35 所示。

2．绘制熨斗把手

（1）绘制草图 7。在 FeatureManager 设计树中选择"前视基准面"作为草绘基准面。单击"草图"选项卡中的"椭圆"按钮，绘制图 7.36 所示的草图并标注尺寸。

（2）创建基准面 2。单击"特征"选项卡中的"基准面"按钮，系统弹出"基准面"属性管理器。选择"前视基准面"作为第一参考，设置偏移距离为 80mm，单击"确定"按钮，完成基准 2 的创建。

（3）创建基准面 3。单击"特征"选项卡中的"基准面"按钮，系统弹出"基准面"属性管理器，选择"前视基准面"作为第一参考，设置偏移距离为 80mm，勾选"反转等距"复选框，单击"确定"按钮，完成基准面 3 的创建，结果如图 7.37 所示。

图 7.35　拉伸实体

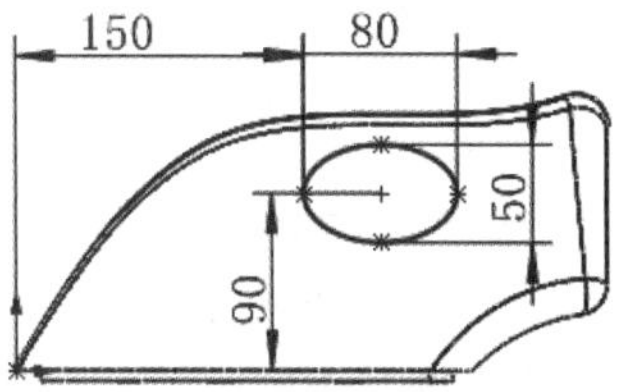

图 7.36　绘制草图 7

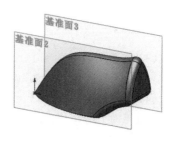
图 7.37　创建基准面

（4）绘制草图 8。在 FeatureManager 设计树中选择"基准面 2"作为草绘基准面。单击"草图"选项卡中的"转换实体引用"按钮，选择草图 7 进行转换，然后单击"草图"选项卡中的"等距实体"按钮，将转换后的图素向外偏移，偏移距离为 10mm，删除原图素，结果如图 7.38 所示。

（5）绘制草图 9。使用同样的方法在基准面 3 上绘制草图 9。

（6）创建放样切除特征。单击"特征"选项卡中的"放样切除"按钮，系统弹出"切除-放样"属性管理器，依次选择草图 8、草图 7 和草图 9，单击"确定"按钮，结果如图 7.39 所示。

（7）创建圆角 3。单击"特征"选项卡中的"圆角"按钮，系统弹出"圆角"属性管理器。单击"固定大小圆角"按钮，输入半径为 5mm，选择图 7.40 所示的边线，单击"确定"按钮，结果如图 7.26 所示。

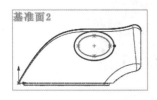
图 7.38　绘制草图 8

图 7.39　创建放样切除实体

图 7.40　创建圆角 3

动手练——绘制顶杆

本例绘制图 7.41 所示的顶杆。

【操作提示】

（1）在"上视基准面"上绘制草图 1，如图 7.42 所示。利用"拉伸凸台/基体"命令创建拉伸实体 1，终止条件选择"两侧对称"，拉伸深度设置为 6mm。

（2）在"前视基准面"上绘制草图 2，如图 7.43 所示。利用"拉伸凸台/基体"命令创建拉伸实体 2，终止条件选择"给定深度"，拉伸深度设置为 50mm。结果如图 7.44 所示。

图 7.41　顶杆

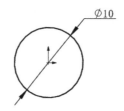
图 7.42　绘制草图 1

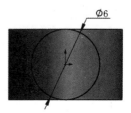
图 7.43　绘制草图 2

（3）在图 7.44 中的面 1 上绘制草图 3，如图 7.45 所示。利用"拉伸凸台/基体"命令创建拉伸实体 3，终止条件选择"给定深度"，拉伸深度设置为 5mm。

（4）在图 7.44 中的面 2 上绘制草图 4，如图 7.46 所示。利用"拉伸切除"命令创建拉伸切除实体，终止条件选择"给定深度"，拉伸深度设置为 6mm。

图 7.44　拉伸实体

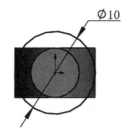
图 7.45　绘制草图 3

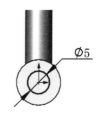
图 7.46　绘制草图 4

（5）利用"圆角"命令，选择一侧的边线，绘制变量大小圆角，如图 7.47 所示。结果如图 7.48 所示。

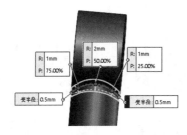
图 7.47　变量大小圆角参数设置

图 7.48　圆角结果

（6）使用同样的方法选择另一侧的边线创建圆角，结果如图 7.41 所示。

7.1.3　面圆角特征

面圆角特征可以混合非相邻、非连续的面，如图 7.49 所示。

选择菜单栏中的"圆角"命令，系统弹出"圆角"属性管理器，在"圆角类型"中单击"面圆角"按钮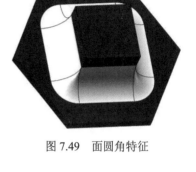，如图 7.50 所示。

【选项说明】

"圆角"属性管理器中部分选项的含义如下。

（1）要圆角化的项目。

1）面组 1：在绘图区中选择要混合的第一个面或第一组面。

2）面组 2：在绘图区中选择要混合的第二个面或第二组面。

图 7.49　面圆角特征

（2）圆角参数：在图 7.51 所示的"圆角参数"下拉列表中列出了可供选择的圆角参数。

1）对称：创建一个由半径定义的对称圆角。

2）弦宽度：创建一个由弦宽度定义的圆角。

图 7.50　"圆角"属性管理器

图 7.51　圆角参数

3）非对称：创建一个由两个半径定义的非对称圆角。

4）包络控制线：创建一个形状取决于零件边线或投影的分割线的圆角。

（3）通过面选择：勾选该复选框，启用通过隐藏边线的面选择边线。

（4）辅助点：在可能不清楚在何处发生面混合时解决模糊选择的问题。在辅助点顶点中单击，然后单击要插入面圆角的边侧上的一个顶点，圆角在靠近辅助点的位置处生成。

动手学——绘制承重台

本例绘制图 7.52 所示的承重台。

【操作步骤】

（1）打开文件。单击"快速访问"工具栏中的"打开"按钮 ，打开源文件\原始文件\7\承重台，如图 7.53 所示。

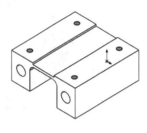

图 7.52　承重台

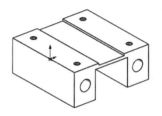

图 7.53　承重台原始文件

（2）创建面圆角 1。单击"特征"选项卡中的"圆角"按钮 ，系统弹出"圆角"属性管理器。❶设置圆角类型为"面圆角"，❷设置"半径"为 6.00mm，在绘图区中❸选择面 1，❹单击"面组 2 "列表框，然后在绘图区中❺选择面 2，如图 7.54 所示。❻单击"确定"按钮 ，生成面圆角。

（3）创建面圆角 2。重复"圆角"命令，选择图 7.55 所示的面 1 和面 2，结果如图 7.56 所示。

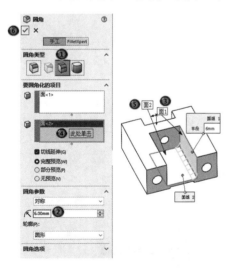

图 7.54　"圆角"属性管理器

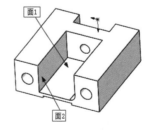

图 7.55　选择面

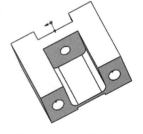

图 7.56　创建的圆角

动手练——绘制垫片

本例绘制图 7.57 所示的垫片。

【操作提示】

（1）在"前视基准面"上绘制草图 1，如图 7.58 所示。利用"旋转凸台/基体"命令创建旋转实体，如图 7.59 所示。

图 7.57　垫片

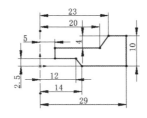

图 7.58　绘制草图 1

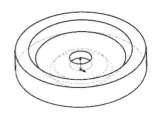

图 7.59　旋转实体

（2）在"前视基准面"上绘制草图 2，如图 7.60 所示。利用"旋转切除"命令创建旋转切除特征。

（3）利用"圆角"命令创建角面圆，将图 7.61 所示的面 1 和面 2 进行圆角处理，圆角半径设置为 1.5mm；将面 2 和面 3 进行圆角处理，圆角半径设置为 2mm。

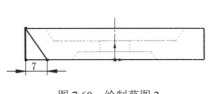

图 7.60　绘制草图 2

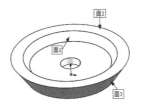

图 7.61　角面圆

（4）重复"圆角"命令，再将底面与面 3 进行圆角，圆角半径设置为 5mm。

7.1.4　完整圆角特征

完整圆角特征可以生成相切于 3 个相邻面组（一个或多个面相切）的圆角。完整圆角效果如图 7.62 所示。

执行"圆角"命令，系统弹出"圆角"属性管理器，在"圆角类型"中单击"完整圆角"按钮 ，如图 7.63 所示。

（a）未使用逆转圆角特征

（b）使用逆转圆角特征

图 7.62　完整圆角效果

图 7.63　"圆角"属性管理器

【选项说明】

"圆角"属性管理器中部分选项的含义如下。

（1）面组 1▦：选择第一个边侧面。

（2）中央面组▦：选择中央面。

（3）面组 2▦：选择第二个边侧面。该面与第一个边侧面相对。

✎技巧荟萃：

> 　　如果在生成变半径控制点的过程中，只指定两个顶点的圆角半径值，而不指定中间控制点的半径值，则可以生成平滑过渡的变量大小圆角特征。
>
> 　　在生成圆角时，要注意以下几点。
>
> 　　（1）在添加小圆角之前先添加较大的圆角。当有多个圆角汇聚于一个顶点时，先生成较大的圆角。
>
> 　　（2）如果要生成具有多个圆角边线及拔模面的铸模零件，在大多数情况下，应在添加圆角之前先添加拔模特征。
>
> 　　（3）添加装饰圆角。在大多数其他几何体定位后再尝试添加装饰圆角，如果先添加装饰圆角，则系统需要花费很长的时间重建零件。
>
> 　　（4）尽量使用一个"圆角"命令来处理需要相同圆角半径的多条边线，这样会提高零件重建的速度。但是，当改变圆角的半径时，在同一操作中生成的所有圆角都会改变。
>
> 　　此外，还可以通过为圆角设置边界或包络控制线来决定混合面的半径和形状。包络控制线可以是要生成圆角的零件边线或投影到一个面上的分割线。

扫一扫，看视频

动手学——绘制齿轮泵前盖

本例绘制图 7.64 所示的齿轮泵前盖。

【操作步骤】

（1）打开文件。单击"快速访问"工具栏中的"打开"按钮📂，打开源文件\原始文件\7\齿轮泵前盖，如图 7.65 所示。

（2）创建完整圆角。单击"特征"选项卡中的"圆角"按钮🔲，系统弹出"圆角"属性管理器。❶"圆角类型"选择"完整圆角"，❷在绘图区中选择边侧面组 1，❸单击"中央面组▦"列表框，❹在绘图区中选择中央面组，❺单击"面组 3▦"列表框，❻在绘图区中选择边侧面组 2，如图 7.66 所示。❼单击"确定"按钮✔，创建完整圆角。

（3）使用同样的方法将底面分别与两侧面进行完整圆角，再将拉伸实体 2 的顶面和底面分别与两侧面进行圆角，结果如图 7.67 所示。

（4）创建盲孔。单击"特征"选项卡中的"异型孔向导"按钮📷，系统弹出"孔规格"属性管理器。"孔类型"选择"孔"，"标准"选择"GB"，"类型"选择"钻孔大小"，"大小"选择"$\phi16.0$"，终止条件选择"给定深度"，单击"直至肩部的深度"按钮▨，深度值设置为 11.00mm，如图 7.68 所示；单击"位置"选项卡，选择面 1 为孔的放置面，如图 7.69 所示；创建的孔位置如图 7.70 所示。单击"确定"按钮✔，结果如图 7.71 所示。

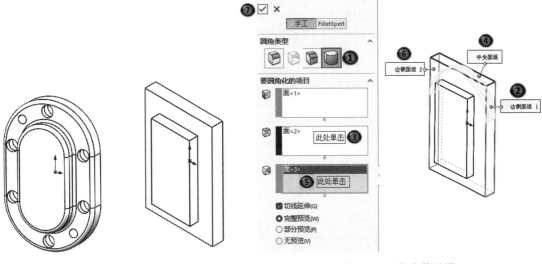

图 7.64 齿轮泵前盖　　图 7.65 齿轮泵前盖　　　　　图 7.66 圆角参数设置
　　　　　　　　　　　　原始文件

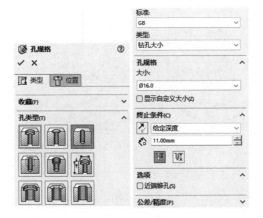

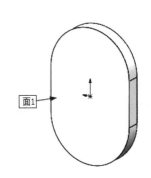

图 7.67 圆角结果　　　　　图 7.68 孔参数设置　　　　图 7.69 选择放置面

（5）创建沉头孔。重复"异型孔向导"命令，系统弹出"孔规格"属性管理器。"孔类型"选择"柱形沉头孔"，"标准"选择"GB"，"类型"选择"Hex head bolts GB/T 5782—2000"，勾选"显示自定义大小"复选框，设置"通孔直径"为 7.000mm，"柱形沉头孔直径"为 9.000mm，"柱形沉头孔深度"为 6.000mm，终止条件选择"完全贯穿"，如图 7.72 所示；单击"位置"选项卡，选择面 1 为孔的放置面，创建的沉头孔位置如图 7.73 所示。单击"确定"按钮 ✔，结果如图 7.74 所示。

（6）创建销孔。重复"异型孔向导"命令，系统弹出"孔规格"属性管理器。"孔类型"选择"孔"，"标准"选择"GB"，"类型"选择"暗销孔"，"大小"选择"ϕ5.0"，终止条件选择"完全贯穿"，如图 7.75 所示；单击"位置"选项卡，选择面 1 为销孔的放置面，创建的销孔位置如图 7.76 所示。单击"确定"按钮 ✔，结果如图 7.77 所示。

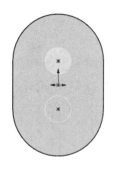  

图 7.70　创建的孔位置　　图 7.71　创建盲孔　　　　图 7.72　沉头孔的参数设置

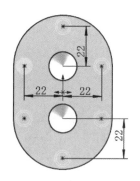 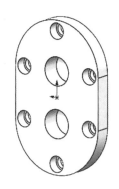  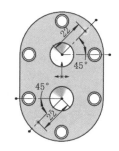

图 7.73　创建的沉头孔位置　图 7.74　创建沉头孔　图 7.75　销孔参数设置　图 7.76　创建的销孔位置

（7）创建圆角 1。单击"特征"选项卡中的"圆角"按钮 ，系统弹出"圆角"属性管理器。设置圆角类型为"固定大小圆角"，设置"半径"为 2mm，选择图 7.78 所示的两条边线，单击"确定"按钮 ，生成圆角特征。

（8）创建圆角 2。单击"特征"选项卡中的"圆角"按钮 ，系统弹出"圆角"属性管理器。设置圆角类型为"固定大小圆角"，设置"半径"为 1.5mm，选择图 7.79 所示的两条边线，单击"确定"按钮 ，生成圆角特征，如图 7.64 所示。

 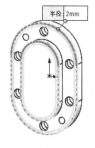 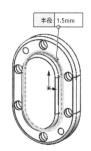

图 7.77　创建销孔　　　　图 7.78　选择边线（1）　　　图 7.79　选择边线（2）

动手练——绘制圆头平键

本例绘制图 7.80 所示的圆头平键。

【操作提示】

（1）绘制草图。在"上视基准面"上绘制矩形，如图 7.81 所示。

（2）创建拉伸实体。利用"拉伸凸台/基体"命令，设置深度为 16.00mm，结果如图 7.82 所示。

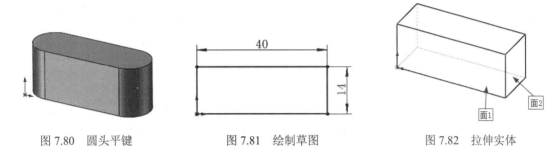

图 7.80　圆头平键　　　　　图 7.81　绘制草图　　　　　图 7.82　拉伸实体

（3）创建完整圆角。利用"圆角"命令选择图 7.82 中的面 1、面 2 及面 1 的相对面，创建面圆角，结果如图 7.80 所示。

7.1.5　FilletXpert

FilletXpert 选项卡用于帮助用户管理、组织和重新排序对称等半径圆角。当在"圆角"属性管理器中单击 FilletXpert 选项卡时，"圆角"属性管理器变为 FilletXpert 属性管理器，其中各选项的含义如下。

（1）"添加"选项卡：该选项卡用于生成新的圆角，单击该选项卡时，FilletXpert 属性管理器如图 7.83 所示。

（2）"更改"选项卡：该选项卡用于修改现有圆角，单击该选项卡时，FilletXpert 属性管理器如图 7.84 所示。

（3）"边角"选项卡：单击该选项卡，FilletXpert 属性管理器如图 7.85 所示。该选项卡用于管理圆角，可以进行以下操作。

1）选择其他圆角并生成圆角特征，指针停留在圆角上时变为。

2）将圆角复制到其他圆角。

注意：

　　（1）"边角"选项卡修改的圆角必须正好有三条圆角边线在一个顶点汇合，并且圆角的每个面必须与三个圆角面相邻。

　　（2）如果所有三条圆角边线都凹陷或凸起，或者具有相同半径，则只有一个圆角类型存在。

图 7.83 "添加"选项卡

图 7.84 "更改"选项卡

图 7.85 "边角"选项卡

扫一扫，看视频

动手学——绘制宠物盆

本例绘制图 7.86 所示的宠物盆。

【操作步骤】

（1）打开文件。单击"快速访问"工具栏中的"打开"按钮 📂，打开源文件\原始文件\7\宠物盆，如图 7.87 所示。

（2）创建圆角。单击"特征"选项卡中的"圆角"按钮 🔲，系统弹出"圆角"属性管理器。设置圆角类型为"固定大小圆角"，设置"半径"为 10mm，在绘图区中选择图 7.88 所示的边线，单击"确定"按钮 ✔，生成固定大小圆角特征。

图 7.86 宠物盆

图 7.87 宠物盆原始文件

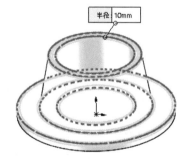
图 7.88 选择圆角边

（3）更改圆角。单击"特征"选项卡中的"圆角"按钮 🔲，系统弹出"圆角"属性管理器。❶单击 FilletXpert 选项卡，❷单击"更改"选项卡，在绘图区中❸选择圆角 1 和❹圆角 2，❺修改圆角半径为 30.00mm，如图 7.89 所示。❻单击"调整大小"按钮，结果如图 7.90 所示。

（4）继续更改圆角。选择图 7.89 中的圆角 3，修改半径为 80.00mm，单击"调整大小"按钮，结果如图 7.86 所示。

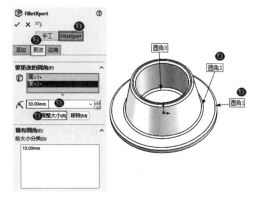

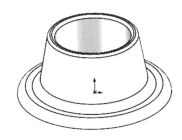

图 7.89　修改圆角半径　　　　　　　　　　　图 7.90　更改圆角

动手练——凸台圆角替代

本例绘制图 7.91 所示的凸台并进行圆角替代。

【操作提示】

（1）打开"凸台"源文件，如图 7.92 所示。

（2）单击"特征"选项卡中的"圆角"按钮 ，系统弹出"圆角"属性管理器。单击 FilletXpert 选项卡，单击"边角"选项卡，在"边角面"列表框中选择图 7.93 所示的面 1，单击"显示选择"按钮，选择图 7.94 所示的圆角样式，结果如图 7.95 所示。

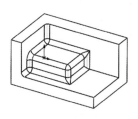

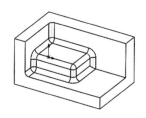

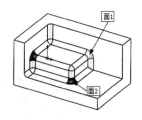

图 7.91　凸台圆角替代　　　　图 7.92　凸台源文件　　　　　图 7.93　选择面

（3）在"边角面"列表框中选择修改后的面 1，在"复制目标"列表框中选择图 7.93 所示的面 2，此时，FilletXpert 属性管理器如图 7.96 所示。单击"复制到"按钮，将修改后的面 1 复制到面 2 位置，结果如图 7.91 所示。

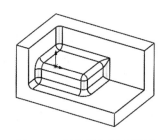

图 7.94　选择圆角样式　　　　图 7.95　调整圆角样式结果　　　图 7.96　FilletXpert 属性管理器

7.2 倒角特征

本节将介绍倒角特征。在零件设计过程中，通常会对锐利的零件边角进行倒角处理，以防止伤人，避免应力集中，便于搬运、装配等。此外，有些倒角特征也是机械加工过程中不可缺少的工艺。

与圆角特征类似，倒角特征是对边或角进行倒角。图 7.97 所示为应用倒角特征后的零件实例。

【执行方式】

➤ 工具栏：单击"特征"工具栏中的"倒角"按钮⬡。

➤ 菜单栏：选择菜单栏中的"插入"→"特征"→"倒角"命令。

➤ 选项卡：单击"特征"选项卡中的"倒角"按钮⬡。

【选项说明】

执行上述操作，系统弹出"倒角"属性管理器，如图 7.98 所示。

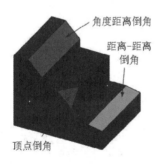

图 7.97 应用倒角特征后的零件实例

图 7.98 "倒角"属性管理器

"倒角"属性管理器中部分选项的含义如下。

（1）倒角类型。

1）角度距离⬡：在所选边线上指定距离和倒角角度来生成倒角特征，如图 7.99（a）所示。

2）距离-距离⬡：在所选边线两侧分别指定两个距离值来生成倒角特征，如图 7.99（b）所示。

3）顶点⬡：在与顶点相交的 3 条边线上分别指定距顶点的距离来生成倒角特征，如图 7.99（c）所示。

4）等距面⬡：通过偏移选定边线旁边的面来求解等距面倒角特征，如图 7.99（d）所示。

5）面-面⬡：混合非相邻、非连续的面，如图 7.99（e）所示。

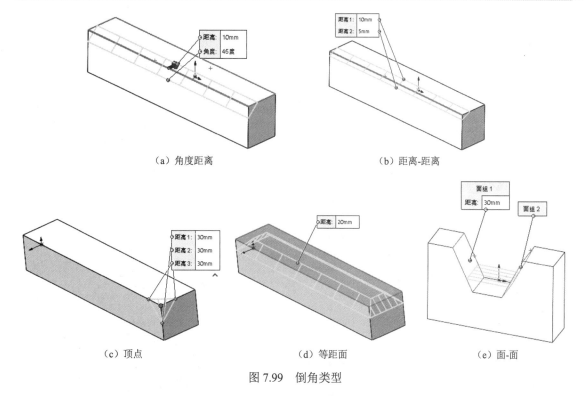

（a）角度距离　　　　　　　　　　　　　（b）距离-距离

（c）顶点　　　　　　　（d）等距面　　　　　　（e）面-面

图 7.99　倒角类型

（2）要倒角化的项目：该选项组会根据倒角类型的不同而发生变化。选择适当的项目来添加倒角。

1）线、面和环▢：选择倒角类型为"角度距离"和"距离-距离"时，显示该列表框。

2）要倒角化的顶点▢：选择倒角类型为"顶点"时，显示该列表框。"倒角"属性管理器如图 7.100 所示。

3）线、面、特征和环▢：选择倒角类型为"等距面"时，显示该列表框。"倒角"属性管理器如图 7.101 所示。

4）面组 1 和面组 2▢：选择倒角类型为"面-面"时，显示该列表框。"倒角"属性管理器如图 7.102 所示。

（3）倒角参数：该选项组会根据倒角类型的不同而发生变化。

1）反转方向：勾选该复选框，可以调整距离与角度的方向。

2）距离◆：设置倒角距离值。

3）角度◠：设置倒角角度值。

4）相等距离：勾选该复选框，则为从顶点的距离应用单一值。适用于倒角类型为"顶点"。

5）偏移距离◁：为非对称的等距面倒角和面-面倒角设置距离值。

（4）部分边线参数：用户可以通过指定沿模型边线的长度为等距面倒角创建部分倒角，如图 7.103 所示。

（5）保持特征：勾选该复选框，则当应用倒角特征时，会保持零件的其他特征，如图 7.104 所示。

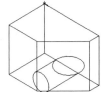

图 7.100　倒角类型为"顶点"　　图 7.101　倒角类型为"等距面"　　图 7.102　倒角类型为"面-面"

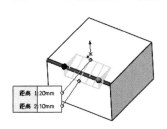

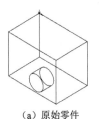

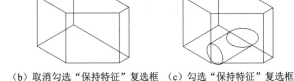

（a）原始零件　　（b）取消勾选"保持特征"复选框　　（c）勾选"保持特征"复选框

图 7.103　部分倒角　　　　　　　　图 7.104　倒角特征

扫一扫，看视频

动手学——绘制法兰盘

本例绘制图 7.105 所示的法兰盘。

【操作步骤】

（1）打开文件。单击"快速访问"工具栏中的"打开"按钮，打开源文件\原始文件\7\法兰盘，如图 7.106 所示。

（2）创建倒角。单击"特征"选项卡中的"倒角"按钮，系统弹出"倒角"属性管理器。❶选择倒角类型为"角度距离"，❷勾选"切线延伸"复选框，❸选中"完整预览"单选按钮，❹设置"距离"为 1.00mm，❺设置"角度"为 45.00 度，❻取消勾选"通过面选择"复选框，

⑦勾选"保持特征"复选框，⑧选择边线 1、边线 2、边线 3 和边线 4，如图 7.107 所示。⑨单击"确定"按钮 ✔，结果如图 7.105 所示。

图 7.105   法兰盘

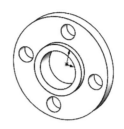

图 7.106   法兰盘原始文件

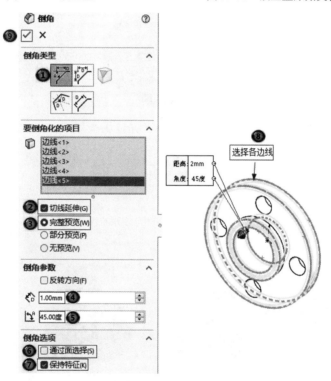

图 7.107   "倒角"属性管理器

动手练——绘制端盖

本例绘制图 7.108 所示的端盖。

【操作提示】

（1）在"前视基准面"上绘制草图 1，如图 7.109 所示。

（2）利用"旋转凸台/基体"命令创建旋转实体，如图 7.110 所示。

（3）利用"圆角"命令选择图 7.111 所示的边进行圆角，圆角半径设置为 7mm。

（4）利用"倒角"命令选择图 7.112 所示的边线进行倒角，倒角距离设置为 0.5mm。

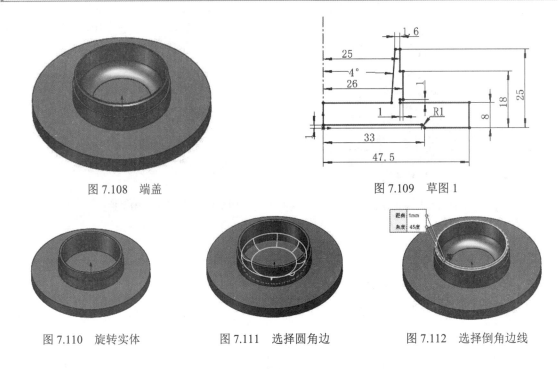

图 7.108　端盖

图 7.109　草图 1

图 7.110　旋转实体　　　　图 7.111　选择圆角边　　　　图 7.112　选择倒角边线

7.3　圆顶特征

圆顶特征是对模型的一个面进行变形操作，生成圆顶形凸起特征。图 7.113 所示为圆顶特征的几种效果。

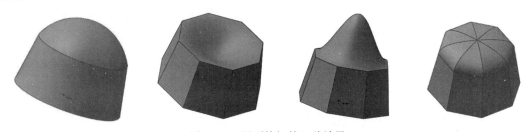

图 7.113　圆顶特征的几种效果

【执行方式】

➢ 工具栏：单击"特征"工具栏中的"圆顶"按钮 🔵。

➢ 菜单栏：选择菜单栏中的"插入"→"特征"→"圆顶"命令。

【选项说明】

执行上述操作，系统弹出"圆顶"属性管理器，如图 7.114 所示。

"圆顶"属性管理器中各选项的含义如下。

（1）到圆顶的面 🔲：选择一个或多个平面或非平面。

（2）距离：设定圆顶扩展的距离。

（3）反向 ：单击该按钮，生成一个凹陷圆顶（默认为凸起）。

（4）约束点或草图 ：通过选择一个包含点的草图来约束草图的
形状以控制圆顶。当使用一个包含点的草图为约束时，"距离"文本框
被禁用。

（5）方向 ：单击该按钮，然后从绘图区中选择一个方向向量以
垂直于面以外的方向拉伸圆顶。可使用线性边线或由两个草图点所生成
的向量作为方向向量。

图 7.114　"圆顶"属性管理器

（6）连续圆顶：勾选该复选框，为多边形模型指定连续圆顶。连续
圆顶的形状在所有边均匀向上倾斜。如果取消勾选"连续圆顶"复选框，
则连续圆顶的形状将垂直于多边形的边线而上升。

◆技巧荟萃：

> 在圆柱和圆锥模型上，可以将"距离"设置为 0，系统会使用圆弧半径作为圆顶的基础来计算距离。

动手学——绘制瓜皮小帽

本例绘制图 7.115 所示的瓜皮小帽。

扫一扫，看视频

【操作步骤】

（1）打开文件。单击"快速访问"工具栏中的"打开"按钮 ，打开源文件\原始文件\7\宠物
盆，如图 7.116 所示。

（2）创建圆顶实体。选择菜单栏中的"插入"→"特征"→"圆顶"命令，系统弹出"圆顶"
属性管理器。在"参数"选项组中，❶选择绘图区中的上表面，❷设置"距离"为 50.00mm，❸勾
选"椭圆圆顶"复选框，如图 7.117 所示。❹单击"确定"按钮 ，创建的圆顶实体如图 7.118 所示。

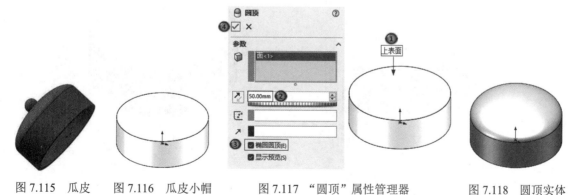

图 7.115　瓜皮　　图 7.116　瓜皮小帽　　　　图 7.117　"圆顶"属性管理器　　　　图 7.118　圆顶实体
　　小帽　　　　　原始文件

（3）绘制草图 2。在 FeatureManager 设计树中选择"右视基准面"作为草绘基准面。单击"草
图"选项卡中的"中心线"按钮 ，过原点绘制一条中心线。单击"草图"选项卡中的"等距实体"
按钮 ，系统弹出"等距实体"属性管理器，选择草图边线，在"等距距离"微调框 中输入 10.00mm，

如图 7.119 所示。单击"草图"选项卡中的"直线"按钮／，完成封闭图形的绘制，结果如图 7.120 所示。

（4）旋转切除实体。单击"特征"选项卡中的"旋转切除"按钮🔲，系统弹出"切除-旋转"属性管理器。选择中心线作为旋转轴，旋转角度设置为 360.00 度，单击"确定"按钮✔，结果如图 7.121 所示。

图 7.119　"等距实体"属性管理器

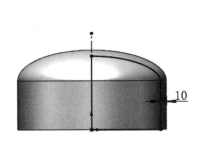

图 7.120　绘制草图 2

图 7.121　旋转切除结果

（5）绘制草图 3。在 FeatureManager 设计树中选择"前视基准面"作为草绘基准面。单击"草图"选项卡中的"圆"按钮⊙、"直线"按钮／和"剪裁实体"按钮💢，绘制草图 3，如图 7.122 所示。

（6）创建旋转实体。单击"特征"选项卡中的"旋转凸台/基体"按钮🍥，系统弹出"旋转"属性管理器。选择直线作为旋转轴，旋转角度设置为 360.00 度，单击"确定"按钮✔，结果如图 7.123 所示。

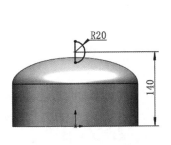

图 7.122　绘制草图 3

图 7.123　旋转实体

动手练——绘制饮料瓶

本例绘制图 7.124 所示的饮料瓶。

【操作提示】

（1）在"前视基准面"上绘制草图 1，如图 7.125 所示。

（2）利用"旋转凸台/基体"命令创建旋转薄壁实体，壁厚设置为 1mm。

（3）利用"圆角"命令选择图 7.126 所示的边线进行圆角，圆角半径设置为 10mm。

（4）利用"圆顶"命令，选择图 7.127 所示的底面，设置距离为 0.50mm，单击"反向"按钮，调整方向。

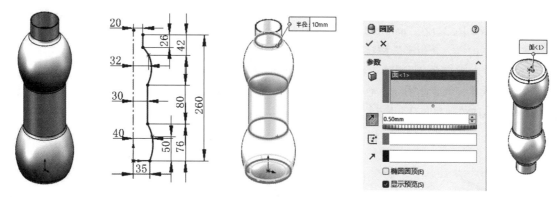

　图 7.124　饮料瓶　　图 7.125　绘制草图 1　　图 7.126　选择圆角边线　　　　图 7.127　圆顶参数设置

7.4　综合实例——绘制轴支架

本例绘制图 7.128 所示的轴支架。

【操作步骤】

（1）绘制草图 1。创建一个新的零件文件，在 FeatureManager 设计树中选择"前视基准面"作为草绘基准面。单击"草图"选项卡中的"圆"按钮，以原点为圆心绘制半径为 20mm 的圆作为拉伸轮廓草图，如图 7.129 所示。

（2）创建拉伸实体 1。单击"特征"选项卡中的"拉伸凸台/基体"按钮，系统弹出"凸台-拉伸"属性管理器，选择草图 1，设置拉伸终止条件为"两侧对称"，设置深度值为 55mm，单击"确定"按钮，如图 7.130 所示。

（3）绘制草图 2。在 FeatureManager 设计树中选择"前视基准面"作为草绘基准面。单击"草图"选项卡中的"三点矩形"按钮，绘制草图 2，如图 7.131 所示。

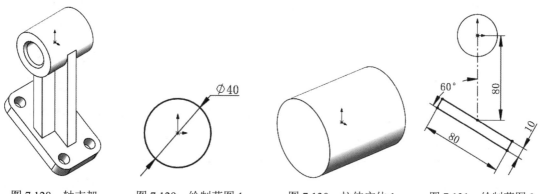

　图 7.128　轴支架　　图 7.129　绘制草图 1　　　图 7.130　拉伸实体 1　　图 7.131　绘制草图 2

（4）创建拉伸实体 2。单击"特征"选项卡中的"拉伸凸台/基体"按钮📦，系统弹出"凸台-拉伸"属性管理器，选择草图2，设置拉伸终止条件为"两侧对称"，设置深度值为 55mm，单击"确定"按钮✔，如图 7.132 所示。

（5）绘制草图 3。在 FeatureManager 设计树中选择"上视基准面"作为草绘基准面。单击"草图"选项卡中的"边角矩形"按钮▢，绘制草图 3，如图 7.133 所示。

（6）创建拉伸实体 3。单击"特征"选项卡中的"拉伸凸台/基体"按钮📦，系统弹出"凸台-拉伸"属性管理器，选择草图 2，单击"反向"按钮↗，设置拉伸终止条件为"成形到实体"，选择图 7.134 所示的拉伸实体 2，单击"确定"按钮✔，结果如图 7.135 所示。

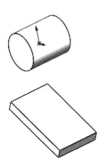

图 7.132　拉伸实体 2

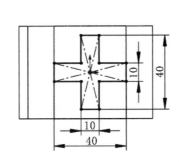

图 7.133　绘制草图 3

图 7.134　选择实体

（7）绘制草图 4。在 FeatureManager 设计树中选择"前视基准面"作为草绘基准面。单击"草图"选项卡中的"圆"按钮⊙，绘制草图 4，如图 7.136 所示。

（8）创建拉伸切除特征。单击"特征"选项卡中的"拉伸切除"按钮▣，系统弹出"切除-拉伸"属性管理器。设置切除终止条件为"完全贯穿-两者"，单击"确定"按钮✔，生成拉伸切除特征，如图 7.137 所示。

图 7.135　拉伸实体 3

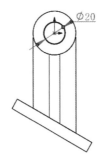

图 7.136　绘制草图 4

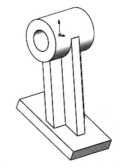

图 7.137　拉伸切除特征

（9）创建倒角。单击"特征"选项卡中的"倒角"按钮🔲，系统弹出"倒角"属性管理器。选择倒角类型为"角度距离🗲"，勾选"切线延伸"复选框，选择"完整预览"选项，设置"距离🗗"为 2mm，设置"角度📐"为 45 度，选择图 7.138 所示的边线，单击"确定"按钮✔，倒角创建完成。

（10）创建圆角。单击"特征"选项卡中的"圆角"按钮🔲，系统弹出"圆角"属性管理器。设置"圆角类型"为"固定大小圆角"，设置"半径"为10mm，在绘图区中选择图7.139所示的边线，单击"确定"按钮✔，生成固定大小圆角特征。

（11）绘制草图5。选择底板的上表面作为草绘基准面，单击"草图"选项卡中的"圆"按钮⊙，绘制草图5，如图7.140所示。

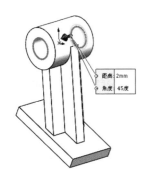
图 7.138　选择倒角边线

图 7.139　选择圆角边线

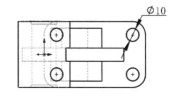
图 7.140　绘制草图 5

（12）创建拉伸切除特征。单击"特征"选项卡中的"拉伸切除"按钮🔳，系统弹出"切除-拉伸"属性管理器。设置切除终止条件为"完全贯穿-两者"，单击"确定"按钮✔，生成拉伸切除特征，如图7.128所示。

第8章　复杂放置特征

内容简介

SOLIDWORKS 2024 除了提供基础特征的实体建模功能外，还通过高级抽壳、拔模、筋特征及包覆、自由形和弯曲等功能来实现产品的辅助设计。这些功能使模型创建更精细化，广泛应用于各行业。

内容要点

- ➤ 抽壳特征
- ➤ 拔模特征
- ➤ 筋特征
- ➤ 包覆特征
- ➤ 自由形特征
- ➤ 弯曲特征
- ➤ 综合实例 ——绘制上箱盖

案例效果

8.1　抽　壳　特　征

抽壳特征是零件建模中的重要特征，它能使一些复杂工作变得简单化。当在零件的一个面上进行抽壳时，系统掏空零件的内部，使所选择的面敞开，在剩余的面上生成薄壁特征。如果没有选择模型上的任何面，而直接对实体零件进行抽壳操作，则会生成一个封闭、掏空的模型。抽壳时通常各个表面的厚度相等，也可以对某些表面的厚度进行单独指定，这样抽壳特征完成之后，各个零件表面的厚度就不相等了。

【执行方式】

➢ 工具栏：单击"特征"工具栏中的"抽壳"按钮 ⬛。
➢ 菜单栏：选择菜单栏中的"插入"→"特征"→"抽壳"命令。
➢ 选项卡：单击"特征"选项卡中的"抽壳"按钮 ⬛。

图 8.1 所示为抽壳特征实例。

执行"抽壳"命令，系统弹出"抽壳 1"属性管理器，如图 8.2 所示。

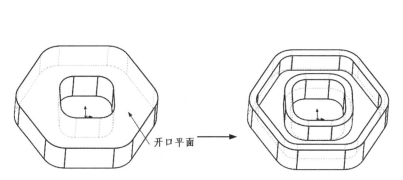

图 8.1　抽壳特征实例　　　　　　图 8.2　"抽壳 1"属性管理器

8.1.1　等厚度抽壳特征

等厚度抽壳是指在实体上除了要删除的面以外的所有面具有相同的抽壳厚度。

【选项说明】

要创建一个统一厚度的抽壳特征，需要对"抽壳 1"属性管理器中的以下选项进行设置。

（1）厚度 ⬛：设定保留的面的厚度。

（2）要移除的面 ⬛：在绘图区中选择一个或多个面。

（3）壳厚朝外：勾选该复选框，则向外增加零件的厚度。

动手学——绘制烟灰缸

本例绘制图 8.3 所示的烟灰缸。

【操作步骤】

（1）打开文件。单击"快速访问"工具栏中的"打开"按钮 ⬛，打开源文件\原始文件\8\烟灰缸，如图 8.4 所示。

（2）抽壳特征。单击"特征"选项卡中的"抽壳"按钮 ⬛，系统弹出"抽壳 1"属性管理器。❶设置抽壳厚度为 2.00mm，❷选择实体底面作为抽壳时将移除的面，如图 8.5 所示。❸单击"确定"按钮 ✔，生成抽壳特征，如图 8.6 所示。

扫一扫，看视频

图 8.3　烟灰缸

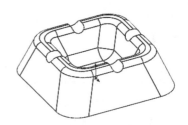

图 8.4　烟灰缸原始文件

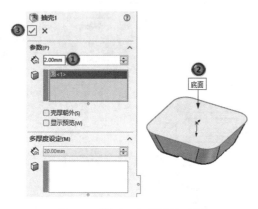

图 8.5　"抽壳 1"属性管理器

图 8.6　抽壳结果

⌯技巧荟萃：

> 如果想在零件上添加圆角特征，则应当在生成抽壳特征之前对零件进行圆角处理。

动手练——绘制闪盘盖

本例绘制图 8.7 所示的闪盘盖。

【操作提示】

（1）在"前视基准面"上绘制草图 1，如图 8.8 所示。利用"拉伸凸台/基体"命令进行拉伸，深度为 9mm，结果如图 8.9 所示。

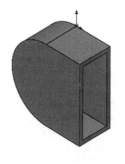

图 8.7　闪盘盖

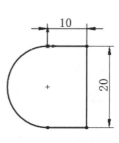

图 8.8　绘制草图 1

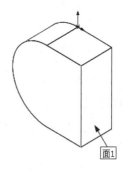

图 8.9　拉伸实体

（2）利用"抽壳"命令，选择图 8.9 中的面 1，设置厚度值为 1mm，结果如图 8.7 所示。

8.1.2　多厚度抽壳特征

多厚度抽壳可以生成不同面具有不同厚度的抽壳特征；也可以移除面，为剩余面设定默认厚度，然后从剩余面中选择面设定不同的厚度。

【选项说明】

要创建一个多厚度的抽壳特征，需要对"抽壳 1"属性管理器中的以下选项进行设置。

（1）多厚度面：选择应用不同厚度的面。

（2）多厚度 🏠：选择多厚度面才能激活此项，可以设定不同的厚度值。

动手学——绘制移动轮支架

本例绘制图 8.10 所示的移动轮支架。

【操作步骤】

（1）打开文件。单击"快速访问"工具栏中的"打开"按钮📂，打开源文件\原始文件\8\移动轮支架，如图 8.11 所示。

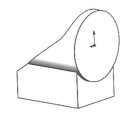

图 8.10　移动轮支架　　　　　　图 8.11　移动轮支架原始文件

（2）创建圆角 1。单击"特征"选项卡中的"圆角"按钮📦，系统弹出"圆角"属性管理器。设置圆角类型为"固定大小圆角"，设置"半径"为 15mm，在绘图区中选择图 8.12 所示的边线，单击"确定"按钮✔，生成固定大小圆角特征。

（3）抽壳特征。单击"特征"选项卡中的"抽壳"按钮🔲，系统弹出"抽壳 1"属性管理器。❶设置抽壳厚度为 3.50mm，选择❷面 1、❸面 2、❹面 3 和❺面 4 作为抽壳时将删除的平面，❻单击"多厚度面"列表框，然后在绘图区中❼选择面 5，❽设置"多厚度"为 6.50mm，如图 8.13 所示。❾单击"确定"按钮✔，生成抽壳特征，如图 8.14 所示。

（4）创建圆角 2。单击"特征"选项卡中的"圆角"按钮📦，系统弹出"圆角"属性管理器。设置圆角类型为"固定大小圆角"，设置"半径"为 3mm，在绘图区中选择图 8.15 所示的边线，单击"确定"按钮✔，生成固定大小圆角特征，如图 8.16 所示。

（5）绘制草图 4。在 FeatureManager 设计树中选择"右视基准面"作为草绘基准面。单击"草图"选项卡中的"圆"按钮⊙，绘制草图 4，如图 8.17 所示。

（6）创建拉伸切除特征。单击"特征"选项卡中的"拉伸切除"按钮🔲，系统弹出"切除-拉伸"属性管理器，选择草图 4，设置终止条件为"完全贯穿-两者"，单击"确定"按钮✔，生成拉伸切除特征，如图 8.18 所示。

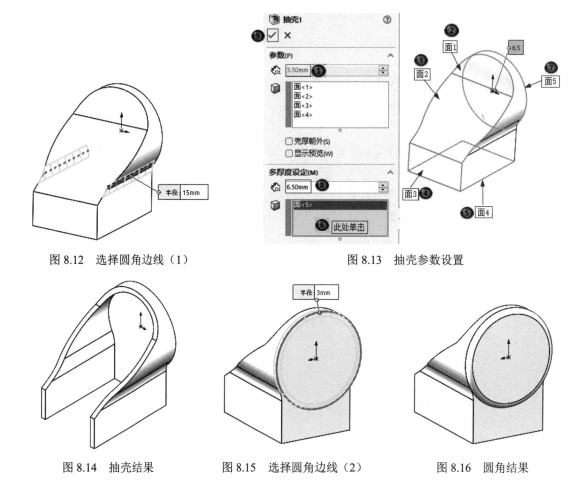

图 8.12　选择圆角边线（1）　　　　　　　　　　　图 8.13　抽壳参数设置

图 8.14　抽壳结果　　　　　　图 8.15　选择圆角边线（2）　　　　　　图 8.16　圆角结果

（7）绘制草图 5。在 FeatureManager 设计树中选择"右视基准面"作为草绘基准面。单击"草图"选项卡中的"圆"按钮◉，绘制草图 5，如图 8.19 所示。

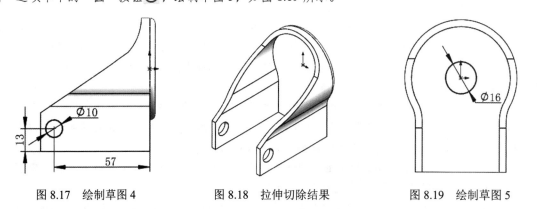

图 8.17　绘制草图 4　　　　　图 8.18　拉伸切除结果　　　　　图 8.19　绘制草图 5

（8）创建拉伸切除特征。单击"特征" 选项卡中的"拉伸切除"按钮▣，系统弹出"切除-拉伸"属性管理器，选择草图 5，设置终止条件为"完全贯穿-两者"，单击"确定"按钮✔，生成拉伸切除特征,如图 8.10 所示。

动手练——绘制插座

本例绘制图 8.20 所示的插座。

【操作提示】

(1)在"前视基准面"上绘制边长为 100mm 的中心矩形作为草图 1,利用"拉伸凸台/基体"命令进行拉伸,深度为 30mm。

(2)利用"圆角"命令选择图 8.21 所示的边进行圆角,圆角参数设置为"非对称","半径 1"设置为 10mm,"半径 2"设置为 20mm,轮廓形状选择"椭圆",如图 8.21 所示。

(3)使用同样的方法选择图 8.22 所示的边,"半径 1"设置为 20mm,"半径 2"设置为 10mm。

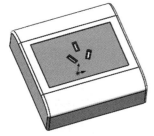

图 8.20 插座

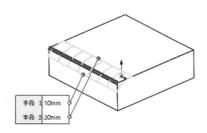

图 8.21 圆角参数设置

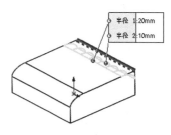

图 8.22 选择圆角边(1)

(4)利用"圆角"命令选择图 8.23 所示的边进行圆角,圆角半径设置为 2mm。

(5)在图 8.23 所示的实体的上表面绘制草图 2,如图 8.24 所示。利用"拉伸切除"命令进行拉伸切除,切除深度设置为 0.5mm。

(6)在图 8.25 所示的面 1 上绘制草图 3,如图 8.26 所示。利用"拉伸切除"命令进行拉伸切除,切除深度设置为 0.5mm。

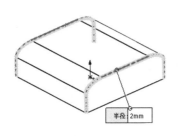

图 8.23 选择圆角边(2)

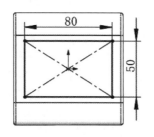

图 8.24 绘制草图 2

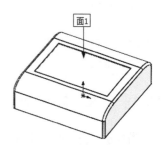

图 8.25 拉伸切除结果 1

(7)利用"抽壳"命令进行抽壳,参数设置如图 8.27 所示。

(8)在图 8.25 中的面 1 上绘制草图 4,如图 8.28 所示。利用"拉伸切除"命令进行拉伸切除,终止条件选择"完全贯穿"。

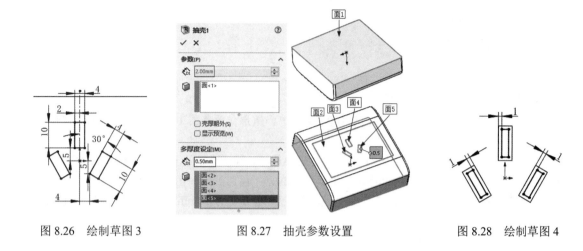

图 8.26　绘制草图 3　　　　　图 8.27　抽壳参数设置　　　　　图 8.28　绘制草图 4

8.2　拔模特征

拔模是零件模型上常见的特征，是以指定的角度斜削模型中所选的面，经常用于铸造零件，由于拔模角度的存在可以使型腔零件更容易脱出模具。SOLIDWORKS 2024 提供了丰富的拔模功能。用户既可以在现有的零件上插入拔模特征，也可以在拉伸特征的同时进行拔模。

【执行方式】

➢ 工具栏：单击"特征"工具栏中的"拔模"按钮 。
➢ 菜单栏：选择菜单栏中的"插入"→"特征"→"拔模"命令。
➢ 选项卡：单击"特征"选项卡中的"拔模"按钮 。

执行上述操作，系统弹出"拔模 1"属性管理器，如图 8.29 所示。

在"拔模 1"属性管理器中单击"手工"选项卡，其中的拔模类型有以下三种。

（1）中性面。

（2）分型线。

（3）阶梯拔模。

8.2.1　中性面拔模特征

当拔模类型选择"中性面"时，"拔模 1"属性管理器如图 8.29 所示。

【选项说明】

"拔模 1"属性管理器中各选项的含义如下。

（1）拔模角度 ：设定拔模角度（垂直于中性面进行测量），适用于拔模类型为"中性面"和"阶梯拔模"。

（2）中性面：在拔模的过程中大小不变的固定面用于指定拔模角的旋转轴。如果中性面与拔模面相交，则相交处即为旋转轴。

（3）拔模面：选取的零件表面，此面将生成拔模斜度。

（4）拔模沿面延伸：如果要在其他面上延伸拔模，则可以单击其后的下拉列表，如图 8.30 所示。

1）无：只在所选的面上进行拔模。

2）沿切面：将拔模延伸到所有与所选面相切的面。

3）所有面：所有面均进行拔模。

4）内部的面：对所有从中性面拉伸的内部面进行拔模。

5）外部的面：对所有在中性面旁边的外部面进行拔模。

图 8.29　"拔模 1"属性管理器

图 8.30　面延伸下拉列表

扫一扫，看视频

动手学——绘制基座

本例绘制图 8.31 所示的基座。

【操作步骤】

（1）打开文件。单击"快速访问"工具栏中的"打开"按钮，打开源文件\原始文件\8\基座，如图 8.32 所示。

（2）绘制草图 2。选择拉伸实体 1 的上表面作为草绘平面。单击"草图"选项卡中的"圆"按钮，绘制草图 2，如图 8.33 所示。

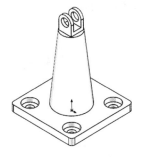

图 8.31　基座

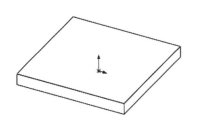

图 8.32　基座原始文件

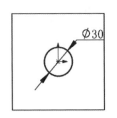

图 8.33　绘制草图 2

（3）创建拉伸实体 2。单击"特征"选项卡中的"拉伸凸台/基体"按钮🗇，系统弹出"凸台-拉伸"属性管理器，选择草图 2，设置终止条件为"给定深度"，设置深度为 100mm，然后单击"确定"按钮✔，完成拉伸实体 2 的创建。

（4）创建拔模。单击"特征"选项卡中的"拔模"按钮🗂，系统弹出"拔模"属性管理器。❶拔模类型选择"中性面"，❷设置拔模角度为 6.00 度，在绘图区中❸选择中性面和❹拔模面，如图 8.34 所示。❺单击"确定"按钮✔，结果如图 8.35 所示。

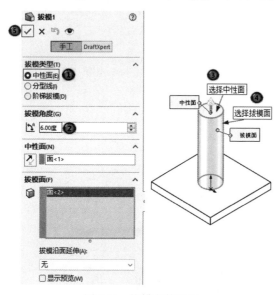

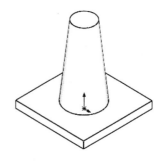

图 8.34　拔模参数设置

图 8.35　拔模结果

（5）绘制草图 3。在 FeatureManager 设计树中选择"前视基准面"作为草绘基准面。单击"草图"选项卡中的"直线"按钮✐、"圆"按钮⊙和"剪裁实体"按钮🗲，绘制草图并标注尺寸，如图 8.36 所示。

（6）创建拉伸实体 3。单击"特征"选项卡中的"拉伸凸台/基体"按钮🗇，系统弹出"凸台-拉伸"属性管理器，选择草图 3，设置终止条件为"两侧对称"，设置深度为 20mm，单击"确定"按钮✔，结果如图 8.37 所示。

（7）绘制草图 4。在 FeatureManager 设计树中选择"前视基准面"作为草绘基准面。单击"草图"选项卡中的"边角矩形"按钮▢，绘制草图并标注尺寸，如图 8.38 所示。

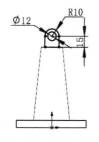

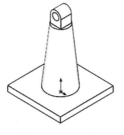

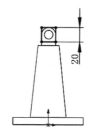

图 8.36　绘制草图 3

图 8.37　拉伸结果

图 8.38　绘制草图 4

（8）创建拉伸切除特征。单击"特征"选项卡中的"拉伸切除"按钮，系统弹出"切除-拉伸"属性管理器，选择草图 4，设置终止条件为"两侧对称"，设置深度为 12.00mm，如图 8.39 所示。单击"确定"按钮，结果如图 8.40 所示。

图 8.39　"切除-拉伸"属性管理器

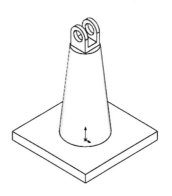

图 8.40　拉伸切除特征

（9）创建沉头孔。单击"特征"选项卡中的"异型孔向导"按钮，系统弹出"孔规格"属性管理器。"孔类型"选择"柱形沉头孔"，"标准"选择"ISO"，"类型"选择"六角螺栓等距 CISO 4016"，"大小"设置为"M10"，"终止条件"设置为"完全贯穿"，如图 8.41 所示。单击"位置"选项卡，单击"3D 草图"按钮，选择拉伸实体 1 的上表面为放置面，孔的位置尺寸如图 8.42 所示。单击"确定"按钮，结果如图 8.43 所示。

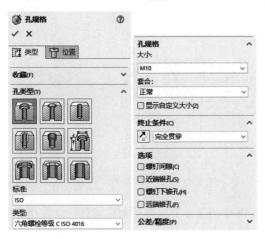

图 8.41　"孔规格"属性管理器

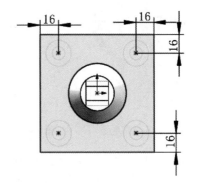

图 8.42　孔的位置尺寸

（10）创建圆角。单击"特征"选项卡中的"圆角"按钮，系统弹出"圆角"属性管理器。圆角类型选择"固定大小圆角"，设置半径为 5mm，选取图 8.44 中的边。单击"确定"按钮，结果如图 8.45 所示。

图 8.43　创建的孔

图 8.44　选择圆角边

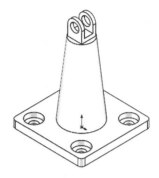

图 8.45　圆角结果

动手练——绘制凉水壶

本例绘制图 8.46 所示的凉水壶。

【操作提示】

（1）在"上视基准面"上绘制直径为 100mm 的圆作为草图 1，创建拉伸实体，高度为 200mm。

（2）利用"拔模"命令，选择拉伸实体的下表面为中性面，外表面为拔模面，拔模角度为 3.00 度。

（3）利用"基准面"命令，以"前视基准面"为第一参考，偏移距离设置为 100mm。

（4）在"前视基准面"上绘制草图 2，如图 8.47 所示。

（5）创建分割线，选择"投影"选项，将草图 2 投影到外圆锥面上。

（6）在基准面 1 上绘制草图 3，如图 8.48 所示。利用"放样"命令选择分割区域和草图 3，创建放样实体。

（7）利用"圆角"命令绘制圆角，半径设置为 2mm，选择图 8.49 所示的边。

图 8.46　凉水壶

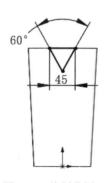

图 8.47　绘制草图 2

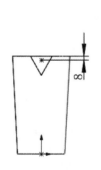

图 8.48　绘制草图 3

图 8.49　选择圆角边

（8）利用"抽壳"命令进行抽壳，选择图 8.49 中的两个面作为要删除的面，设置厚度为 2mm。

（9）在"右视基准面"上绘制草图 4，如图 8.50 所示。

（10）在"前视基准面"上绘制草图 5，如图 8.51 所示。利用"扫描"命令，以草图 5 为轮廓、草图 4 为路径进行扫描。

（11）在"右视基准面"上利用"转换实体引用"命令绘制草图 6，如图 8.52 所示。利用"旋转切除"命令切除多余的实体。

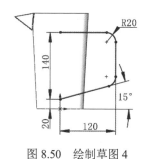

图 8.50 绘制草图 4

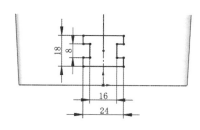

图 8.51 绘制草图 5

图 8.52 绘制草图 6

8.2.2 分型线拔模特征

分型线拔模是指沿分型线在一个或两个方向上创建拔模，可以对分型线周围的曲面进行拔模。当拔模类型选择"分型线"时，"拔模 1"属性管理器如图 8.53 所示。

【选项说明】

"拔模 1"属性管理器中各选项的含义如下。

（1）允许减少角度：勾选该复选框，在由最大角度所生成的角度总和与拔模角度为 90 度或以上时，允许创建拔模。

（2）方向 1 拔模角度：指定在一个方向上垂直于分型线测量的拔模角度。

（3）方向 2 拔模角度：指定在与方向 1 相反的方向上垂直于分型线测量的拔模角度。

（4）对称拔模：勾选该复选框，在两个方向应用相同的拔模角度。

（5）拔模方向：在绘图区中选取边线或面，确定拔模的方向。仅限于分型线拔模或阶梯拔模。单击"反向"按钮，调整拔模方向。

（6）分型线：在绘图区中选取分型线。

（7）其他面：为分型线的每条线段指定不同的拔模方向。在"分型线"列表框中单击边线名称，然后单击"其他面"按钮。只有当创建分型线拔模并为方向 2 指定拔模角度时，此选项才可用。

图 8.53 "拔模 1"属性管理器

技巧荟萃：

> 拔模分型线必须满足以下条件：①在每个拔模面上至少有一条分型线段与基准面重合；②其他所有分型线段处于基准面的拔模方向；③没有分型线段与基准面垂直。

动手学——绘制连杆基体

本例绘制图 8.54 所示的连杆基体。

【操作步骤】

（1）打开文件。单击"快速访问"工具栏中的"打开"按钮，打开源文件\原始文件\8\连杆基体，如图 8.55 所示。

扫一扫，看视频

（2）绘制草图 2。在 FeatureManager 设计树中选择"前视基准面"作为草绘基准面。单击"草图"选项卡中的"直线"按钮 ╱，绘制草图 2，如图 8.56 所示。

图 8.54　连杆基体　　　　　图 8.55　连杆基体原始文件　　　　　图 8.56　绘制草图 2

（3）创建分割线。单击"特征"选项卡中的"分割线"按钮 🗇，系统弹出"分割线"属性管理器。"分割类型"选择"投影"，分别选择草图 2 和两个圆柱体的外圆柱面，如图 8.57 所示。创建的分割线如图 8.58 所示。

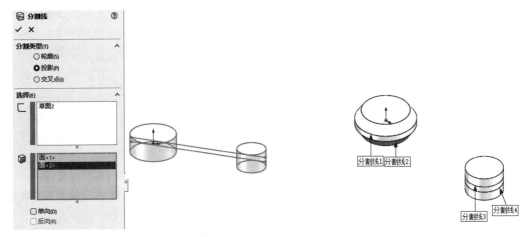

图 8.57　分割线参数设置　　　　　　　　　图 8.58　创建分割线

（4）创建拔模 1。单击"特征"选项卡中的"拔模"按钮 🍰，系统弹出"拔模 1"属性管理器。❶"拔模类型"选择"分型线"，❷设置拔模角度为 34.00 度，❸选择大圆柱体的上表面为拔模方向参考，❹选择分割线 1 为分型线，❺勾选"显示预览"复选框，如图 8.59 所示。❻单击"确定"按钮 ✔，结果如图 8.60 所示。

（5）创建拔模 2。使用同样的方法选择大圆柱体的下表面为拔模方向参考，选择图 8.58 中的分割线 2 为分型线，创建拔模 2。

（6）创建拔模 3。使用同样的方法设置拔模角度为 19.8 度，选择小圆柱体的上表面为拔模方向参考，选择图 8.58 中的分割线 3 为分型线。

（7）创建拔模 4。使用同样的方法设置拔模角度为 19.8 度，选择小圆柱体的下表面为拔模方向参考，选择图 8.58 中的分割线 4 为分型线。结果如图 8.61 所示。

（8）绘制草图 3。在 FeatureManager 设计树中选择"上视基准面"作为草绘基准面。单击"草图"选项卡中的"直线"按钮 ╱ 和"3 点圆弧"按钮 ⌒，绘制草图 3，如图 8.62 所示。

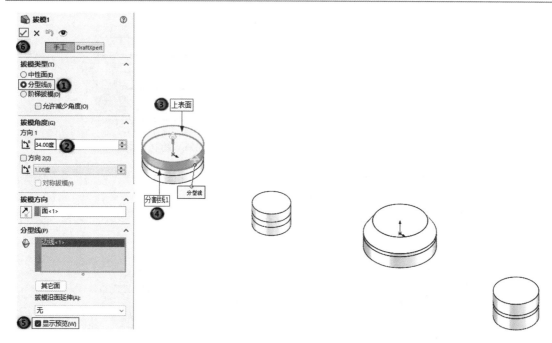

图 8.59　设置分型线拔模参数　　　　　图 8.60　拔模 1

（9）创建基准面 1。单击"特征"选项卡的"参考几何体"下拉列表中的"基准面"按钮🔲，在 FeatureManager 设计树中选择"右视基准面"作为第一参考，选择图 8.63 所示的点 1 作为第二参考，单击"确定"按钮✔，生成基准面 1。

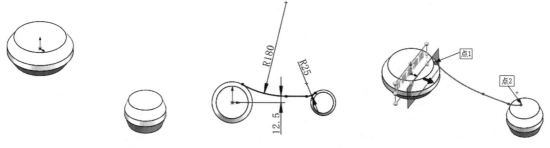

图 8.61　拔模结果　　　　　图 8.62　绘制草图 3　　　　　图 8.63　选择点

（10）创建基准面 2。单击"特征"选项卡的"参考几何体"下拉列表中的"基准面"按钮🔲，在 FeatureManager 设计树中选择"右视基准面"作为第一参考，选择图 8.63 中的点 1 作为第二参考，单击"确定"按钮✔，生成基准面 2。

（11）创建基准面 3。单击"特征"选项卡的"参考几何体"下拉列表中的"基准面"按钮🔲，在 FeatureManager 设计树中选择"右视基准面"作为第一参考，设置"偏移距离"为 120mm，单击"确定"按钮✔，生成基准面 3，结果如图 8.64 所示。

（12）绘制草图 4。选择"基准面 1"作为草绘基准面，单击"草图"选项卡中的"直线"按钮✏和"3 点圆弧"按钮⌒，绘制草图 4，如图 8.65 所示。

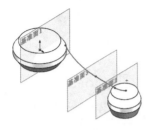

图 8.64　创建基准面 3

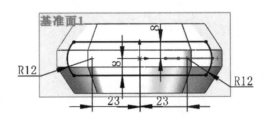

图 8.65　绘制草图 4

（13）绘制草图 5。选择"基准面 2"作为草绘基准面，单击"草图"选项卡中的"直线"按钮 ✏ 和"3 点圆弧"按钮 ⌒，绘制草图 5，如图 8.66 所示。

（14）绘制草图 6。选择"基准面 3"作为草绘基准面，单击"草图"选项卡中的"直线"按钮 ✏ 和"3 点圆弧"按钮 ⌒，绘制草图 6，如图 8.67 所示。

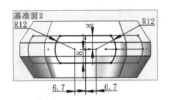

图 8.66　绘制草图 5

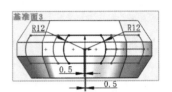

图 8.67　绘制草图 6

（15）创建放样实体。单击"特征"选项卡中的"放样凸台/基体"按钮 🥣，系统弹出"放样"属性管理器。依次选择草图 4、草图 6 和草图 5 作为轮廓，然后选择草图 3 作为引导线，"引导线感应类型"选择"到下一边线"，如图 8.68 所示。单击"确定"按钮 ✔，结果如图 8.69 所示。

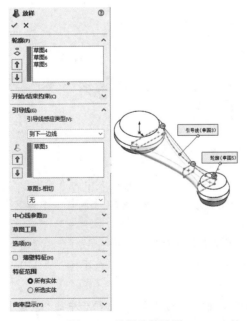

图 8.68　放样参数设置

图 8.69　放样结果

动手练——绘制料斗

本例绘制图 8.70 所示的料斗。

【操作提示】

（1）在"上视基准面"上绘制草图 1，如图 8.71 所示。利用"拉伸凸台/基体"命令进行拉伸，拉伸高度设置为 60mm，完成拉伸实体 1 的创建。

（2）在"前视基准面"上绘制草图 2，如图 8.72 所示。利用"分割线"命令，将其投影到与"前视基准面"平行的前后两侧面上，生成分割线 1 和分割线 2。

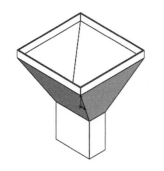

图 8.70　料斗

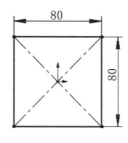

图 8.71　绘制草图 1

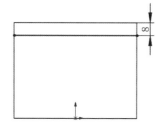

图 8.72　绘制草图 2

（3）使用同样的方法在"右视基准面"上绘制草图 3，创建分割线，如图 8.73 所示。

（4）利用"拔模"命令，"拔模类型"选择"分型线"，拔模角度设置为 30.00 度，选择底面为拔模方向参考面，选择分割线 1 和分割线 2 为分型线。

（5）使用同样的方法选择分割线 3 和分割线 4 进行拔模，拔模角度设置为 20.00 度。

（6）在"上视基准面"上利用"转换实体引用"命令绘制草图 4，如图 8.74 所示。创建拉伸实体，高度为 40mm，单击"反向"按钮 🔄，完成拉伸实体 2 的创建。

（7）利用"抽壳"命令进行抽壳，抽壳厚度设置为 2mm，结果如图 8.75 所示。

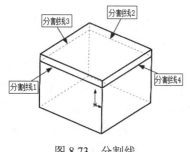

图 8.73　分割线

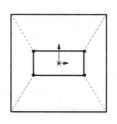

图 8.74　绘制草图 4

图 8.75　抽壳结果

8.2.3　阶梯拔模特征

除了中性面拔模和分型线拔模，SOLIDWORKS 2024 还提供了阶梯拔模。阶梯拔模为分型线拔模的变体，它的分型线可以不在同一个平面内，如图 8.76 所示。

【选项说明】

当拔模类型选择"阶梯拔模"时，"拔模1"属性管理器如图 8.77 所示。

"拔模1"属性管理器中各选项的含义如下。

（1）锥形阶梯：以与锥形曲面相同的方式生成曲面，仅限于阶梯拔模。

（2）垂直阶梯：垂直于原有主要面而生成曲面，仅限于阶梯拔模。

（3）分型线：在绘图区中选取分型线段。

（4）其他面：为分型线的每条线段指定不同的拔模方向。

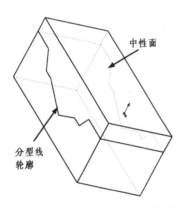

图 8.76　阶梯拔模中的分型线轮廓　　　　图 8.77　"拔模1"属性管理器

扫一扫，看视频

动手学——绘制凸轮

本例绘制图 8.78 所示的凸轮。

【操作步骤】

（1）绘制草图 1。创建一个新的零件文件，在 FeatureManager 设计树中选择"上视基准面"作为草绘基准面。单击"草图"选项卡中的"圆"按钮 ⊙，绘制草图 1，如图 8.79 所示。

（2）创建拉伸实体 1。单击"特征"选项卡中的"拉伸凸台/基体"按钮 🗐，系统弹出"凸台-拉伸"属性管理器，选择草图 1，设置终止条件为"给定深度"，设置深度值为 60.00mm，单击"确定"按钮 ✔，生成拉伸实体。

（3）绘制草图 2。在 FeatureManager 设计树中选择"前视基准面"作为草绘基准面。单击"草图"选项卡中的"直线"按钮 ✓，绘制草图 2，如图 8.80 所示。

（4）创建分割线。单击"特征"选项卡中的"分割线"按钮 🗐，选择"分割类型"为"投影"，将草图 2 投影到圆柱面上，参数设置如图 8.81 所示。单击"确定"按钮 ✔，结果如图 8.82 所示。

图 8.78 凸轮

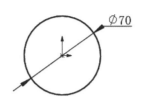

图 8.79 绘制草图 1

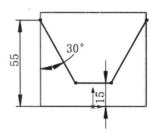

图 8.80 绘制草图 2

（5）创建拔模。单击"特征"选项卡中的"拔模"按钮，系统弹出"拔模 1"属性管理器。❶"拔模类型"选择"阶梯拔模"，❷选择"垂直阶梯"选项，❸设置拔模角度为 15.00 度，❹选择底面为拔模方向参考，❺选择分割线为分型线，对圆柱体进行拔模，参数设置如图 8.83 所示。❻单击"确定"按钮，结果如图 8.84 所示。

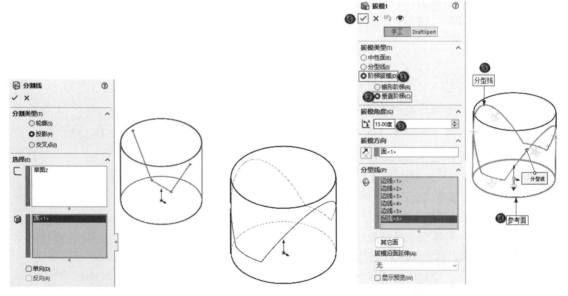

图 8.81 分割线参数设置　　　　图 8.82 创建分割线　　　　图 8.83 拔模参数设置

（6）创建圆角。单击"特征"选项卡中的"圆角"按钮，系统弹出"圆角"属性管理器。圆角半径设置为 5mm，选择图 8.85 所示的边进行圆角，单击"确定"按钮，圆角完成。

（7）重复"圆角"命令，选择图 8.86 所示的边进行圆角，圆角半径设置为 10mm。

（8）绘制草图 3。在 FeatureManager 设计树中选择"上视基准面"作为草绘基准面。单击"草图"选项卡中的"圆"按钮，绘制草图 3，如图 8.87 所示。

（9）创建拉伸切除特征。单击"特征"选项卡中的"拉伸切除"按钮，系统弹出"切除-拉伸"属性管理器，选择草图 3，设置终止条件为"完全贯穿"，单击"反向"按钮，调整拉伸切除方向。单击"确定"按钮，结果如图 8.78 所示。

图 8.84　拔模结果

图 8.85　选择圆角边 1

图 8.86　选择圆角边 2

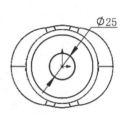

图 8.87　绘制草图 3

8.3　筋　特　征

筋是零件上增加强度的部分，是一种从开放或封闭草图轮廓生成的特殊拉伸实体，它在草图轮廓与现有零件之间添加指定方向和厚度的材料。

在 SOLIDWORKS 2024 中，筋实际上是由开放的草图轮廓生成的特殊类型的拉伸特征。图 8.88 所示为筋特征的效果。

【执行方式】

➢ 工具栏：单击"特征"工具栏中的"筋"按钮 🗊。

➢ 菜单栏：选择菜单栏中的"插入"→"特征"→"筋"命令。

➢ 选项卡：单击"特征"选项卡中的"筋"按钮 🗊。

【选项说明】

执行上述操作，系统弹出"筋 1"属性管理器，如图 8.89 所示。

（1）厚度：添加厚度到所选草图边上。可选择以下选项之一。

1）第一边 ☰：只添加材料到草图的一边。

2）两边 ☰：均等添加材料到草图的两边。

3）第二边 ☰：只添加材料到草图的另一边。

（2）筋厚度 🖑：设置筋板的厚度。

如果添加拔模，可以设置草图基准面或壁接口处的厚度。可选择以下选项之一。

1）在草图基准面处：选中该单选按钮，设置草图基准面处的厚度。

2）在壁接口处：选中该单选按钮，设置壁接口处的厚度。

（3）拉伸方向：使用平行基准面上的开放草图轮廓为筋绘制草图。选择以下选项之一。

1）平行于草图 🔷：平行于草图生成筋拉伸特征。

2）垂直于草图 🔷：垂直于草图生成筋拉伸特征。

（4）反转材料方向：勾选该复选框，更改拉伸的方向。

（5）拔模开/关 🐚：添加拔模到筋。

（6）向外拔模：勾选该复选框，生成向外拔模角度。如果取消勾选，将生成向内拔模角度。

（7）类型：在与基体零件基准面等距的基准面上生成一个草图。可选择以下选项之一。

图 8.89 "筋 1"属性管理器

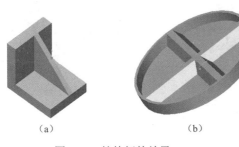

图 8.88 筋特征的效果

1）线性：选中该单选按钮，生成一个与草图方向垂直而延伸草图轮廓（直到它们与边界汇合）的筋。

2）自然：选中该单选按钮，生成一个延伸草图轮廓的筋，以相同轮廓方程式延续，直到筋与边界汇合。

（8）所选实体：只可用于多实体零件。选择草图后，选取一个实体。

动手学——绘制导流盖

本例绘制图 8.90 所示的导流盖。

扫一扫，看视频

【操作步骤】

（1）打开文件。单击"快速访问"工具栏中的"打开"按钮📂，打开源文件\原始文件\8\导流盖，如图 8.91 所示。

（2）绘制草图 2。在 FeatureManager 设计树中选择"前视基准面"作为草绘基准面。单击"草图"选项卡中的"直线"按钮✏，绘制筋草图，如图 8.92 所示。

图 8.90 导流盖

图 8.91 导流盖原始文件

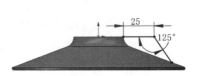

图 8.92 绘制草图 2

（3）创建筋特征。单击"特征"选项卡中的"筋"按钮🔩，弹出"筋 1"属性管理器。❶选择草图 2，❷单击"两侧"按钮☰，设置厚度生成方式为两边均等添加材料，❸设置"筋厚度"为 3.00mm，

④单击"平行于草图"按钮🔲，设置筋的拉伸方向为平行于草图，参数设置如图 8.93 所示。⑤单击"确定"按钮✔，生成筋特征，如图 8.94 所示。

（4）使用同样的方法创建其余 3 个筋特征。最终结果如图 8.90 所示。

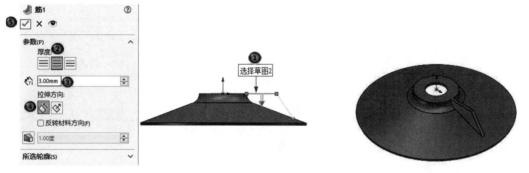

图 8.93　设置筋参数　　　　　　　　　　　　　　图 8.94　创建筋特征

动手练——绘制锁紧轴座

本例绘制图 8.95 所示的锁紧轴座。

【操作提示】

（1）在"上视基准面"上绘制草图 1，如图 8.96 所示。利用"拉伸凸台/基体"命令进行拉伸，拉伸高度设置为 12mm，完成拉伸实体 1 的创建。

（2）在"前视基准面"上绘制草图 2，如图 8.97 所示。利用"拉伸切除"命令进行拉伸切除，终止条件设置为"完全贯穿-两者"。

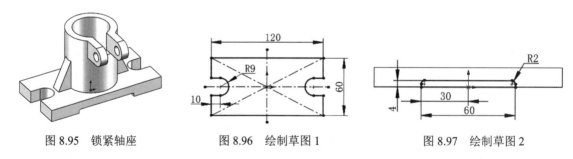

图 8.95　锁紧轴座　　　　　　　图 8.96　绘制草图 1　　　　　　　图 8.97　绘制草图 2

（3）在"上视基准面"上绘制直径为 50 的圆作为草图 3，拉伸高度为 55mm。

（4）在"右视基准面"上绘制草图 4，如图 8.98 所示。利用"拉伸凸台/基体"命令进行两侧对称拉伸，拉伸高度设置为 30mm，完成拉伸实体 2 的创建。

（5）在"右视基准面"上绘制草图 5，如图 8.99 所示。利用"拉伸切除"命令进行拉伸切除，终止条件设置为"两侧对称"，深度值设置为 15mm。

（6）在"上视基准面"上绘制草图 6，如图 8.100 所示。利用"拉伸切除"命令进行拉伸切除，终止条件设置为"完全贯穿"，调整拉伸方向向上。

（7）在"前视基准面"上绘制草图 7，如图 8.101 所示。利用"筋"命令创建筋板，设置筋厚度为 10mm，如图 8.102 所示。

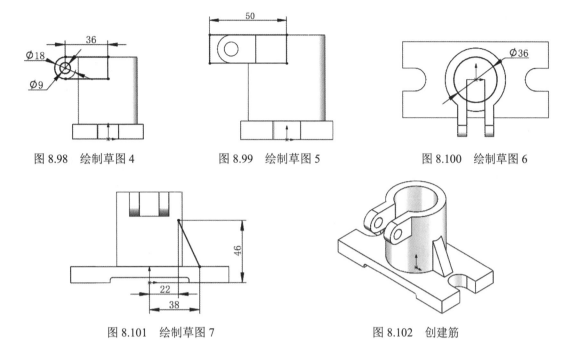

图 8.98　绘制草图 4　　　　　图 8.99　绘制草图 5　　　　　图 8.100　绘制草图 6

图 8.101　绘制草图 7　　　　　　　　图 8.102　创建筋

（8）使用同样的方法创建另一侧的筋，结果如图 8.95 所示。

8.4　包覆特征

【执行方式】

➤ 工具栏：单击"特征"工具栏中的"包覆"按钮 📼。

➤ 菜单栏：选择菜单栏中的"插入"→"特征"→"包覆"命令。

➤ 选项卡：单击"特征"选项卡中的"包覆"按钮 📼。

包覆特征将草图包裹到平面或非平面中，可以从圆柱、圆锥或拉伸的模型生成一个平面，也可以选择一个平面轮廓来添加多个封闭的样条曲线草图。包覆特征支持轮廓选择和草图再用，可以将包覆特征投影至多个面上。图 8.103 所示为不同参数设置下的包覆特征效果。

（a）浮雕　　　　　　　　　（b）蚀雕　　　　　　　　　（c）刻划

图 8.103　不同参数设置下的包覆特征效果

执行"包覆"命令，系统弹出"包覆 1"属性管理器，如图 8.104 所示。

"包覆 1"属性管理器中各选项的含义如下。

1. "包覆类型"选项组

（1）浮雕：在面上生成一个突起特征。

（2）蚀雕：在面上生成一个缩进特征。

（3）刻划：在面上生成一个草图轮廓的压印。

2. "包覆方法"选项组

（1）分析：将草图包覆至平面或非平面。

（2）样条曲面：在任何面类型上包覆草图。

3. "包覆参数"选项组

图 8.104　"包覆 1"属性管理器

（1）源草图：在视图中选择要创建包覆的草图。

（2）包覆草图的面：选择一个非平面的面。

（3）厚度：输入厚度值。勾选"反向"复选框，更改方向。

4. "拔模方向"选项组

选取一直线、线性边线或基准面来设定拔模方向。对于直线或线性边线，拔模方向是选定实体的方向；对于基准面，拔模方向与基准面正交。

动手学——绘制分划圈

本例绘制图 8.105 所示的分划圈。

【操作步骤】

（1）打开文件。单击"快速访问"工具栏中的"打开"按钮，打开源文件\原始文件\8\分划圈，如图 8.106 所示。

图 8.105　分划圈　　　　　　　图 8.106　分划圈原始文件

（2）创建基准面。单击"特征"选项卡中的"基准面"按钮，系统弹出"基准面"属性管理器。选择"前视基准面"作为第一参考，输入距离为 20mm，然后单击"确定"按钮，结果如图 8.107 所示。

（3）绘制草图 2。

1）绘制矩形。在 FeatureManager 设计树中选择"前视基准面"作为草绘基准面。单击"草图"

选项卡中的"边角矩形"按钮 ⬚ ，绘制草图轮廓，标注并修改尺寸，结果如图 8.108 所示。

2）阵列矩形。单击"草图"选项卡中的"线性草图阵列"按钮 ⬚⬚，系统弹出"线性阵列"属性管理器。选择步骤 1）中绘制的矩形，输入间距为 0.94mm，输入个数为 61，如图 8.109 所示。单击"确定"按钮 ✔，生成阵列特征。

3）剪裁矩形。单击"草图"选项卡中的"直线"按钮 ✏，绘制两条水平直线；单击"草图"选项卡中的"剪裁实体"按钮 ⚛，剪裁多余线段，结果如图 8.110 所示。

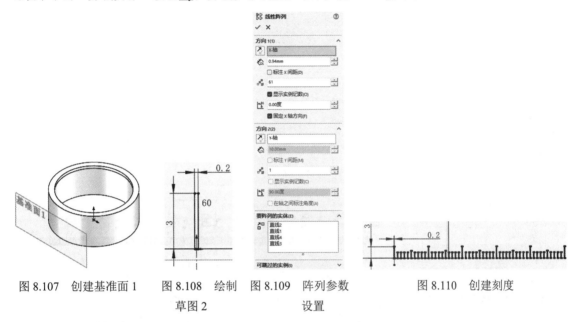

图 8.107　创建基准面 1　　图 8.108　绘制　图 8.109　阵列参数　　图 8.110　创建刻度
草图 2　　　　设置

4）镜像矩形。单击"草图"选项卡中的"中心线"按钮 ⌁，绘制水平中心线和竖直中心线。单击"草图"选项卡中的"镜像实体"按钮 ⑷，系统弹出"镜像"属性管理器。选择阵列后的矩形作为要镜像的实体，选择竖直中心线为镜像点，如图 8.111 所示。单击"确定"按钮 ✔，并删除右侧末尾的矩形，结果如图 8.112 所示。

图 8.111　"镜像"属性管理器

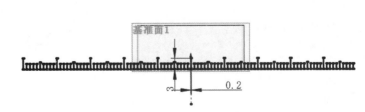

图 8.112　镜像矩形

5）标注文字。单击"草图"选项卡中的"文本"按钮 A，系统弹出"草图文字"属性管理器。在"文字"输入框中输入数字，选中输入的数字，单击"旋转"按钮 C，更改旋转角度为 90 度，如图 8.113 所示。再取消勾选"使用文档字体"复选框，单击"字体"按钮，系统弹出"选择字体"对话框。在该对话框中选择"字体"为"仿宋"、"字体样式"为"常规"，在"高度"选项组的"单位"输入框中输入"2.5mm"，单击"确定"按钮。返回"草图文字"属性管理器，单击"确定"按钮 ✔。同理标注所有的数字，结果如图 8.114 所示。单击"退出草图"按钮 ⤶，退出草图绘制状态。

图 8.113 设置文字参数

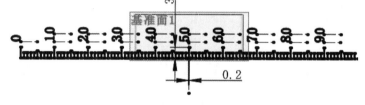

图 8.114 标注数字

（4）包覆文字。单击"特征"选项卡中的"包覆"按钮 🗊，系统弹出"包覆 1"属性管理器。选择草图 2，❶选择包覆类型为"蚀雕🗊"，❷选择拉伸体的外圆柱面为包覆草图的面，❸输入距离为 0.20mm，如图 8.115 所示。❹单击"确定"按钮 ✔，结果如图 8.116 所示。

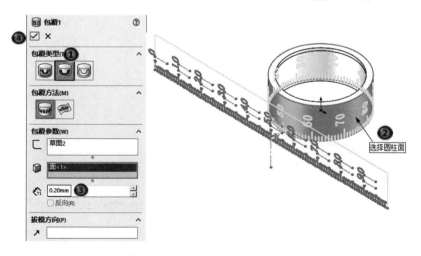

图 8.115 "包覆 1"属性管理器

图 8.116 包覆结果

动手练——绘制 C 型卡扣

本例绘制图 8.117 所示的 C 型卡扣。

【操作提示】

（1）在"上视基准面"上绘制草图 1，如图 8.118 所示。利用"拉伸凸台/基体"命令进行拉伸，深度为 100mm。

（2）利用"基准面"命令，以"前视基准面"为第一参考，偏移距离设置为 60mm，创建基准面 1。

（3）在基准面 1 上绘制草图 2，如图 8.119 所示。

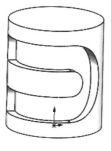
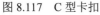

图 8.117　C 型卡扣

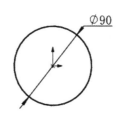

图 8.118　绘制草图 1

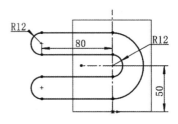

图 8.119　绘制草图 2

（4）利用"包覆"命令将草图 2 创建包覆，选择包覆类型为"蚀雕 "，厚度设置为 8mm。

8.5　自由形特征

自由形特征与圆顶特征类似，也是针对模型表面进行的变形操作，但是具有更多的控制选项。自由形特征通过展开、约束或拉紧所选曲面在模型上生成一个变形曲面。变形曲面灵活可变，很像一层膜。用户可以使用"自由形"属性管理器中"控制"选项卡中的滑块将之展开、约束或拉紧。

【执行方式】

➢ 工具栏：单击"特征"工具栏中的"自由形"按钮 。

➢ 菜单栏：选择菜单栏中的"插入"→"特征"→"自由形"命令。

【选项说明】

执行上述操作，系统弹出"自由样式"属性管理器，如图 8.120 所示。

"自由样式"属性管理器中各选项的含义如下。

（1）要变形的面 ：选择一个面作为自由样式特征进行修改。面可具有任何边数。

1）方向 1 对称：勾选该复选框，用户可以在一个方向上添加穿过面对称线的对称控制曲线。当到达对称面时将会出现一个基准面，在其中可以生成控制曲线。使用此选项可以设计一半模型，然后通过自由样式对称应用设计到另一半。当零件在一个方向对称时可用。

2）方向 2 对称：勾选该复选框，用户可以在第二个方向上添加穿过面对称线的对称控制曲线。

当零件按网格定义在两个方向对称时可用。

（2）控制类型：设定可用于沿控制曲线添加的控制点的控制类型。其中包含以下选项。

1）通过点：选中该单选按钮，在控制曲线上使用控制点。拖动控制点以修改面。

2）控制多边形：选中该单选按钮，在控制曲线上使用控制多边形。拖动控制多边形以修改面。

3）添加曲线：单击该按钮，切换为"添加曲线"模式，在该模式中，将指针移到所选的面上，然后单击以添加控制曲线。

4）反转方向：单击该按钮，反转新控制曲线的方向。

（3）坐标系：控制用户如何设定网格方向。

1）自然：选中该单选按钮，平行于边的方向生成网格。

2）用户定义：选中该单选按钮，显示可拖动定义网格方向的操纵杆。

（4）控制点：设置控制点模式。

1）添加点：单击该按钮，切换为"添加点"模式，在该模式中添加点到控制曲线。单击以添加控制点并进入"修改面"模式，在该模式中拖动控制点以修改所选的面。控制点仅在选择其控制曲线时才可见、可选。

2）捕捉到几何体：勾选该复选框，在移动控制点以修改面时，将点捕捉到几何体。三重轴的中心在捕捉到几何体时会改变颜色。

图 8.120　"自由样式"属性管理器

（5）三重轴方向：控制可用于精确移动控制点的三重轴的方向。其中包含以下选项。

1）整体：选中该单选按钮，定向三重轴以匹配零件的轴。

2）曲面：选中该单选按钮，在拖动之前使三重轴垂直于曲面。

3）曲线：选中该单选按钮，使三重轴与控制曲线上三个点生成的垂直线方向平行。

4）三重轴跟随选择：勾选该复选框，将三重轴移到当前选择的控制点。取消勾选该复选框后，当选择其他控制点时，三重轴会保持在当前的控制点，不会附加到任何控制点上。

扫一扫，看视频

动手学——绘制吹风机

本例绘制图 8.121 所示的吹风机。

【操作步骤】

（1）打开文件。单击"快速访问"工具栏中的"打开"按钮 🗁，打开源文件\原始文件\8\吹风机，如图 8.122 所示。

（2）创建基准面 1。单击"特征"选项卡中的"基准面"按钮 🖿，系统弹出"基准面"属性管理器。选择图 8.122 中的面 1 作为为第一参考，设置偏移距离为 35mm，单击"确定"按钮 ✔，完成基准面 1 的创建，如图 8.123 所示。

图 8.121 吹风机

图 8.122 吹风机原始文件

（3）绘制草图 2。选择图 8.122 中的面 1 作为草绘基准面，单击"草图"选项卡中的"圆"按钮⊙，绘制草图 2，如图 8.124 所示。

（4）绘制草图 3。在 FeatureManager 设计树中选择"基准面 1"作为草绘基准面，单击"草图"选项卡中的"中心矩形"按钮▣和"绘制圆角"按钮⏋，绘制草图 3，如图 8.125 所示。

（5）创建放样实体。单击"特征"选项卡中的"放样凸台/基体"按钮▥，系统弹出"凸台-放样"属性管理器。在绘图区中选择草图 2 和草图 3，单击"确定"按钮✔，结果如图 8.126 所示。

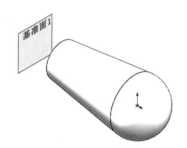

图 8.123 创建基准面 1

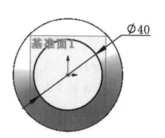

图 8.124 绘制草图 2

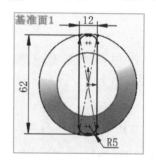

图 8.125 绘制草图 3

（6）创建基准面 2。单击"特征"选项卡中的"基准面"按钮▥，系统弹出"基准面"属性管理器。在 FeatureManager 设计树中选择"上视基准面"作为第一参考，设置偏移距离为 75mm，勾选"反转等距"复选框，单击"确定"按钮✔，完成基准面 2 的创建，如图 8.127 所示。

（7）绘制草图 4。在 FeatureManager 设计树中选择"基准面 2"作为草绘基准面，单击"草图"选项卡中的"椭圆"按钮⊙，绘制草图 4，如图 8.128 所示。

图 8.126 创建放样实体

图 8.127 创建基准面 2

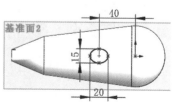

图 8.128 绘制草图 4

（8）创建拉伸实体。单击"特征"选项卡中的"拉伸凸台/基体"按钮🗊，系统弹出"凸台-拉伸"属性管理器。选择草图4，设置终止条件为"给定深度"，深度值设置为55mm，单击"确定"按钮✔，生成拉伸实体，如图8.129所示。

（9）创建基准面3。单击"特征"选项卡中的"基准面"按钮📄，系统弹出"基准面"属性管理器。在FeatureManager设计树中选择"右视基准面"作为第一参考，设置偏移距离为40mm，勾选"反转等距"复选框，单击"确定"按钮✔，完成基准面3的创建，如图8.130所示。

（10）绘制草图5。在FeatureManager设计树中选择"基准面3"作为草绘基准面，单击"草图"选项卡中的"边角矩形"按钮▢，绘制草图5，如图8.131所示。

图8.129 创建拉伸实体

图8.130 创建基准面3

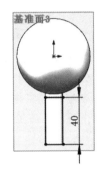

图8.131 绘制草图5

（11）创建分割线。单击"特征"选项卡中的"分割线"按钮🗊，系统弹出"分割线"属性管理器。"分割类型"选择"投影"，在绘图区中选择草图5，然后选择拉伸实体，勾选"单向"复选框，如图8.132所示。单击"确定"按钮✔，结果如图8.133所示。

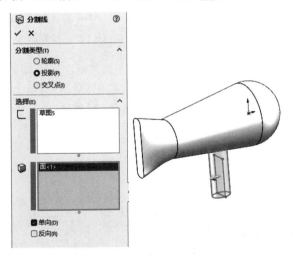

图8.132 "分割线"属性管理器

图8.133 创建分割线

（12）创建自由形。选择菜单栏中的"插入"→"特征"→"自由形"命令，系统弹出"自由样式"属性管理器。❶选择分割面，❷单击"添加曲线"按钮，❸单击"反转方向"按钮，❹在绘图区中添加控制曲线，❺单击"添加点"按钮，❻在绘图区中选择各控制曲线添加点，再次单击"添加点"按钮，取消控制点的添加，❼拖动各控制点，如图 8.134 所示。❽单击"确定"按钮✔，结果如图 8.135 所示。

（13）创建抽壳。单击"特征"选项卡中的"抽壳"按钮⬡，系统弹出"抽壳"属性管理器。选择图 8.136 所示的面 2 作为要删除的面，设置厚度值为 1mm，结果如图 8.137 所示。

扫一扫，看视频

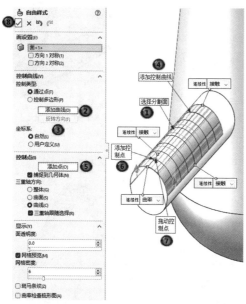

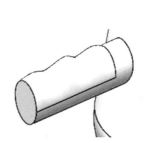

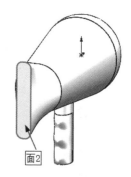

图 8.134　"自由样式"属性管理器　　　图 8.135　自由形结果　　　图 8.136　选择要删除的面

（14）绘制草图 6。在 FeatureManager 设计树中选择"右视基准面"作为草绘基准面，单击"草图"选项卡中的"椭圆"按钮⬭，绘制草图 6，如图 8.138 所示。

（15）创建拉伸切除特征。单击"特征"选项卡中的"拉伸切除"按钮⬚，系统弹出"切除-拉伸"属性管理器。选择草图 6，设置终止条件为"完全贯穿"，单击"反向"按钮⬆，调整拉伸切除方向，单击"确定"按钮✔，结果如图 8.139 所示。

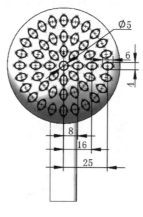

图 8.137　抽壳结果　　　图 8.138　绘制草图 6　　　图 8.139　拉伸切除特征

动手练——绘制公交扶手

本例绘制图 8.140 所示的公交扶手。

【操作提示】

（1）在"前视基准面"上绘制草图 1，如图 8.141 所示。利用"拉伸凸台/基体"命令对草图 1 进行拉伸，拉伸深度为 80mm。

（2）在"前视基准面"上绘制草图 2，如图 8.142 所示。利用"拉伸切除"命令对草图 2 进行拉伸切除，终止条件设置为"两侧对称"，拉伸深度为 40mm。

（3）在"前视基准面"上绘制草图 3，如图 8.143 所示。利用"拉伸切除"命令对草图 3 进行拉伸切除，终止条件设置为"完全贯穿-两者"。

图 8.140　公交扶手

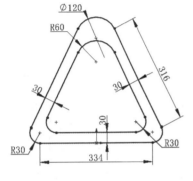

图 8.141　绘制草图 1

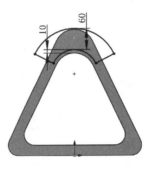

图 8.142　绘制草图 2

图 8.143　绘制草图 3

（4）利用"自由形"命令拖动曲面进行变形，选择图 8.144 所示的要变形的面，勾选"方向 1 对称"和"方向 2 对称"复选框，单击"添加曲线"按钮和"反转方向"按钮，在绘图区中添加控制曲线，单击"添加点"按钮，在绘图区中选择各控制曲线添加点，再次单击"添加点"按钮，取消控制点的添加，拖动各控制点，单击"确定"按钮 ✔，结果如图 8.145 所示。

（5）利用"圆角"命令选择图 8.146 所示的边进行圆角，圆角半径设置为 10mm，结果如图 8.140 所示。

图 8.144　选择变形面

图 8.145　自由形结果

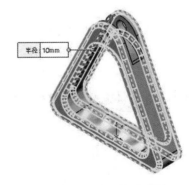

图 8.146　选择要圆角的边

8.6 弯 曲 特 征

弯曲特征以直观的方式对复杂的模型进行变形，如图 8.147 所示。

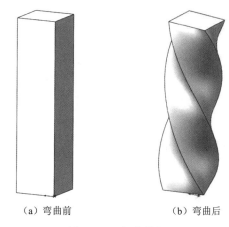

（a）弯曲前　　　　　（b）弯曲后

图 8.147　扭曲特征

【执行方式】

➢ 工具栏：单击"特征"工具栏中的"弯曲"按钮。

➢ 菜单栏：选择菜单栏中的"插入"→"特征"→"弯曲"命令。

【选项说明】

执行上述操作后，系统弹出"弯曲"属性管理器，如图 8.148 所示。

（1）弯曲输入：选择要弯曲的实体、设定弯曲类型以及调整弯曲量。

1）弯曲的实体：在绘图区中选择要弯曲的实体。

2）折弯：选中该单选按钮，绕三重轴的红色 X 轴（折弯轴）折弯一个或多个实体。定位三重轴和剪裁基准面，控制折弯的角度、位置和界限。折弯的中性面通过三重轴的原点且对应于三重轴的 X-Z 平面。在整个折弯操作过程中，沿中性面的剪裁基准面之间的弧长保持不变，并且需要设置折弯角度和折弯半径。

3）扭曲：选中该单选按钮，绕三重轴的蓝色 Z 轴扭曲实体和曲面实体。定位三重轴和剪裁基准面，控制扭曲的角度、位置和界限。需要设置扭曲角度。

🖋 技巧荟萃：

> 弯曲特征使用边界框计算零件的界限。剪裁基准面一开始便位于实体界限，垂直于三重轴的蓝色 Z 轴。

图 8.148　"弯曲"属性管理器

4）锥削：选中该单选按钮，沿三重轴的蓝色 Z 轴锥削实体和曲面实体。定位三重轴和剪裁基准面，控制锥削的角度、位置和界限。

5）伸展：选中该单选按钮，伸展实体和曲面实体。指定一个距离或使用鼠标左键拖动剪裁基准面的边线。按照三重轴的蓝色 Z 轴的方向进行伸展时需要设置伸展距离🔧。

6）粗硬边线：勾选该复选框，则生成如圆锥面、圆柱面及平面等分析曲面，这通常会形成剪裁基准面与实体相交的分割面。取消勾选该复选框，则结果将基于样条曲线。因此，曲面和平面会显得更光滑，而原有面保持不变。

（2）剪裁基准面：设定剪裁基准面的位置。

1）参考实体■：将剪裁基准面的原点锁定到模型上的所选点。

2）剪裁距离🔧：沿三重轴的蓝色 Z 轴（剪裁基准面轴）从实体的外部界限移动剪裁基准面。

⚙技巧荟萃：

> 弯曲特征仅影响剪裁基准面之间的区域。

（3）三重轴：设定三重轴的位置和方向。

1）选择坐标系特征↙：将三重轴的位置和方向锁定到坐标系。

2）旋转原点⟳x/⟳y/⟳z：沿指定轴移动三重轴（相对于三重轴的默认位置）。

3）旋转角度⟳/⟳/⟳：绕指定轴旋转三重轴（相对于三重轴自身）。

⚙技巧荟萃：

> 弯曲特征的中心在三重轴的中心附近。

（4）弯曲选项：控制曲面品质。提高品质还将会提高弯曲特征的成功率。

动手学——绘制内六角扳手

本例绘制图 8.149 所示的内六角扳手。

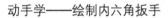

【操作步骤】

（1）打开文件。单击"快速访问"工具栏中的"打开"按钮📂，打开源文件\原始文件\8\内六角扳手，如图 8.150 所示。

图 8.149　内六角扳　　　　　　　图 8.150　内六角扳手原始文件

（2）创建弯曲特征。选择菜单栏中的"插入"→"特征"→"弯曲"命令，系统弹出"弯曲"属性管理器。❶在绘图区中选择实体，❷弯曲类型选择"折弯"，❸折弯角度设置为 90 度，❹在

"三重轴"选项组中设置"旋转原点🗘"值为 80mm，❺设置基准面 1"剪裁距离"为 80mm，❻基准面 2"剪裁距离"为 230mm，❼调整弯曲精度，如图 8.151 所示，❽单击"确定"按钮✔，结果如图 8.149 所示。

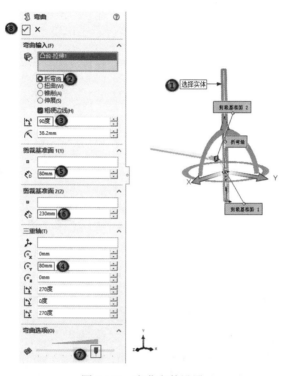

图 8.151　弯曲参数设置

动手练——绘制开瓶器

本例绘制图 8.152 所示的开瓶器。

【操作提示】

（1）在"前视基准面"上绘制草图 1，如图 8.153 所示。利用"拉伸凸台/基体"命令对草图 1 进行拉伸，拉伸深度为 10mm，结果如图 8.154 所示。

图 8.152　开瓶器

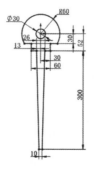

图 8.153　绘制草图 1

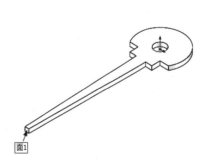

图 8.154　拉伸实体

（2）利用"弯曲"命令创建弯曲特征。弯曲参数设置如图 8.155 所示。

（3）利用"基准面"命令选择"前视基准面"作为参考，偏移距离设置为 380mm，创建基准面 1。

（4）在图 8.154 中的面 1 上绘制草图 2，如图 8.156 所示。

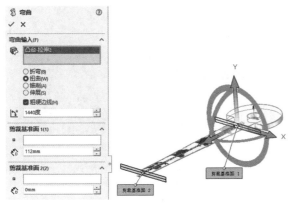

图 8.155　弯曲参数设置

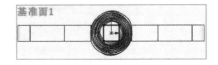

图 8.156　绘制草图 2

（5）在基准面 1 上绘制草图 3，在原点位置绘制点，如图 8.157 所示。利用"放样"命令选择草图 2 和草图 3 创建放样实体，结果如图 8.158 所示。

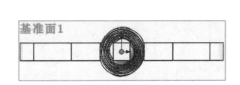

图 8.157　绘制草图 3

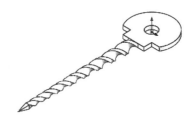

图 8.158　放样实体

8.7　综合实例——绘制上箱盖

扫一扫，看视频

本例绘制图 8.159 所示的上箱盖。

【操作步骤】

（1）绘制草图 1。创建一个新的零件文件，在 FeatureManager 设计树中选择"前视基准面"作为草绘基准面。单击"草图"选项卡中的"直线"按钮 ✐ 和"3 点圆弧"按钮 ⌒，绘制草图 1，如图 8.160 所示。

（2）创建拉伸实体 1。单击"特征"选项卡中的"拉伸凸台/基体"按钮 ⬗，系统弹出"凸台-拉伸"属性管理器。选择草图 1，设置终止条件为"两侧对称"，深度值设置为 220mm，单击"确定"按钮 ✔，生成拉伸实体，如图 8.161 所示。

图 8.159　上箱盖

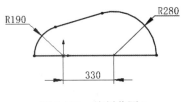

图 8.160　绘制草图 1

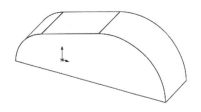

图 8.161　拉伸实体 1

（3）创建圆角。单击"特征"选项卡中的"圆角"按钮，系统弹出"圆角"属性管理器。设置圆角类型为"固定大小圆角"，"半径"为 40mm，在绘图区中选择图 8.162 所示的边线，单击"确定"按钮，生成固定大小圆角特征。

（4）绘制草图 2。在 FeatureManager 设计树中选择"上视基准面"作为草绘基准面。单击"草图"选项卡中的"拐角矩形"按钮 和"绘制圆角"按钮，绘制图 8.163 所示的草图。

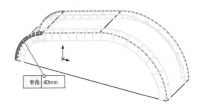

图 8.162　选择圆角边线

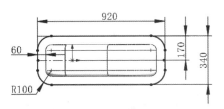

图 8.163　绘制草图 2

（5）创建拉伸实体 2。单击"特征"选项卡中的"拉伸凸台/基体"按钮，系统弹出"凸台-拉伸"属性管理器。选择草图 2，设置深度为 20mm，单击"确定"按钮，结果如图 8.164 所示。

（6）创建抽壳特征。单击"特征"选项卡中的"抽壳"按钮，系统弹出"抽壳 1"属性管理器。设置抽壳厚度为 20mm，选择实体底面作为抽壳时将删除的平面，如图 8.165 所示。勾选"显示预览"复选框，单击"确定"按钮，生成抽壳特征，如图 8.166 所示。

（7）绘制草图 3。选择图 8.166 所示的面 1 作为草绘基准面。单击"草图"选项卡中的"圆"按钮，绘制草图 3，如图 8.167 所示。

图 8.164　拉伸实体 2

图 8.165　选择要删除的面

图 8.166　抽壳结果

（8）创建拉伸实体 3。单击"特征"选项卡中的"拉伸凸台/基体"按钮，系统弹出"凸台-拉伸"属性管理器。选择草图 3，设置深度为 100mm，单击"反向"按钮，调整拉伸方向，单击"确定"按钮，结果如图 8.168 所示。

（9）创建拉伸实体 4。使用同样的方法创建另一侧的拉伸实体，结果如图 8.169 所示。

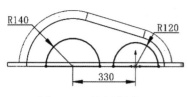

图 8.167　绘制草图 3

图 8.168　拉伸实体 3

图 8.169　拉伸实体 4

（10）创建拔模 1。单击"特征"选项卡中的"拔模"按钮📷，系统弹出"拔模"属性管理器。"拔模类型"选择"中性面"，设置"拔模角度"为 5.00 度，选择图 8.166 中的面 1 作为中性面，选择凸台的圆柱面作为拔模面，单击"反向"按钮↗，调整拔模方向，如图 8.170 所示。单击"确定"按钮✔，结果如图 8.171 所示。

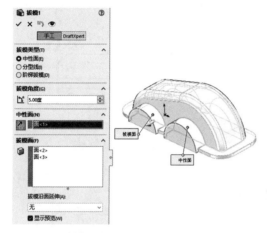

图 8.170　拔模参数设置

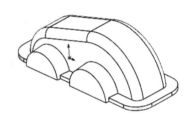

图 8.171　拔模 1

（11）创建拔模 2。使用（10）中的方法创建另一侧的拔模，结果如图 8.172 所示。

（12）绘制草图 4。在 FeatureManager 设计树中选择"上视基准面"作为草绘基准面。单击"草图"选项卡中的"中心线"按钮✏、"矩形"按钮▢、"绘制圆角"按钮⬎和"镜像实体"按钮ᕷᕯ，绘制草图 4，如图 8.173 所示。

扫一扫，看视频

（13）创建拉伸实体 5。单击"特征"选项卡中的"拉伸凸台/基体"按钮🗐，系统弹出"凸台-拉伸"属性管理器。设置拉伸终止条件为"给定深度"，设置深度为 80mm，单击"确定"按钮✔，结果如图 8.174 所示。

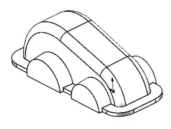

图 8.172　拔模 2

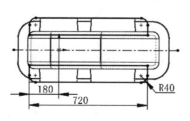

图 8.173　绘制草图 4

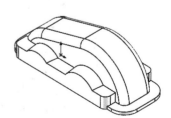

图 8.174　拉伸实体 5

（14）绘制草图 5。在 FeatureManager 设计树中选择"前视基准面"作为草绘基准面。单击"草图"选项卡中的"圆"按钮⊙，绘制草图 5，如图 8.175 所示。

（15）创建拉伸切除特征。单击"特征"选项卡中的"拉伸切除"按钮⬚，系统弹出"切除-拉伸"属性管理器。选择草图 5，设置终止条件为"完全贯穿-两者"，单击"确定"按钮✔，结果如图 8.176 所示。

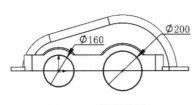

图 8.175　绘制草图 5

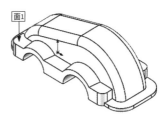

图 8.176　拉伸切除特征

（16）创建孔。单击"特征"选项卡中的"异型孔向导"按钮，系统弹出"孔规格"属性管理器。选择"孔"孔类型，"标准"选择"GB"，"终止条件"为"完全贯穿"，勾选"显示自定义大小"复选框，设置孔大小为 $\phi 1.0$，如图 8.177 所示；单击"位置"选项卡，选择图 8.176 中的面 1 作为孔的放置面，并单击"草图"工具栏中的"智能尺寸"按钮，创建孔位置，如图 8.178 所示；单击"确定"按钮✔，结果如图 8.179 所示。

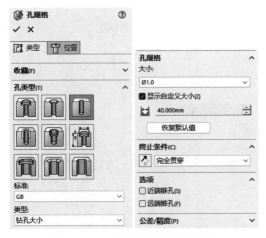

图 8.177　"孔规格"属性管理器

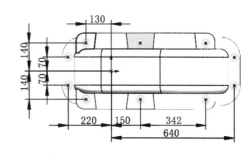

图 8.178　创建孔位置

（17）创建基准面 1。单击"特征"选项卡的"参考几何体"下拉列表中的"基准面"按钮，在 FeatureManager 设计树中选择"右视基准面"作为第一参考，偏移距离设置为 330mm，单击"确定"按钮✔，生成基准面 1。

（18）绘制草图 6。在 FeatureManager 设计树中选择"基准面 1"作为草绘基准面。单击"草图"选项卡中的"直线"按钮，绘制草图 6，如图 8.180 所示。

（19）创建筋特征 1。单击"特征"选项卡中的"筋"按钮，系统弹出"筋 1"属性管理器。选择草图 2，单击"两侧"按钮，设置厚度生成方式为两边均等添加材料，设置"筋厚度"为 20.00mm，单击"平行于草图"按钮 ，设置筋的拉伸方向为平行于草图，勾选"反转材料方向"复选框，如图 8.181 所示。单击"确定"按钮 ，生成筋特征，如图 8.182 所示。

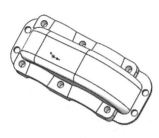

图 8.179　创建的孔

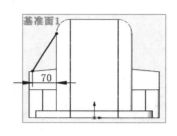

图 8.180　绘制草图 6

图 8.181　"筋 1"属性管理器

（20）使用（19）中的方法，创建另一侧的筋特征，如图 8.183 所示。

图 8.182　创建筋特征 1

图 8.183　创建筋特征 2

第 9 章　特征的复制

内容简介

SOLIDWORKS 2024 在进行特征建模时，为方便操作、简化步骤，可选择进行特征的复制操作，其中包括阵列特征、镜像特征等操作，将某特征根据不同参数设置进行复制。这些命令的使用，在很大程度上缩短了操作时间，简化了实体创建过程，使建模功能效率更高。

内容要点

➢ 阵列特征
➢ 镜像特征
➢ 特征的复制与删除
➢ 综合实例 ——绘制转向器

案例效果

9.1　阵　列　特　征

阵列特征用于将任意特征作为原始样本特征，通过指定阵列尺寸产生多个类似的子样本特征。特征阵列完成后，原始样本特征和子样本特征成为一个整体，用户可将它们作为一个特征进行相关的操作，如删除、修改等。如果修改了原始样本特征，则阵列中的所有子样本特征也将随之更改。

SOLIDWORKS 2024 提供了线性阵列、圆周阵列、草图驱动的阵列、曲线驱动的阵列、表格驱动的阵列和填充阵列六种阵列方式。下面详细介绍这六种常用的阵列方式。

9.1.1 线性阵列

线性阵列是指沿一条或两条直线路径生成多个子样本特征。图9.1所示为线性阵列的零件模型。

（a）阵列前　　　　　　　　　　　　（b）阵列后

图 9.1　线性阵列的零件模型

【执行方式】

- ➢ 工具栏：单击"特征"工具栏中的"线性阵列"按钮．
- ➢ 菜单栏：选择菜单栏中的"插入"→"阵列/镜像"→"线性阵列"命令。
- ➢ 选项卡：单击"特征"选项卡中的"线性阵列"按钮．

【选项说明】

执行上述操作，系统弹出"线性阵列"属性管理器，如图 9.2 所示。该属性管理器中部分选项的含义如下。

（1）阵列方向：设定阵列方向。选择线性边线、直线、轴、尺寸、平面和曲面、圆锥面和曲面、圆形边线和参考平面。单击"反转方向"按钮，反转阵列方向。

（2）间距与实例数：选中该单选按钮，单独设置间距和实例数。

1）间距：设定阵列实例之间的间距。

2）实例数：设定阵列实例数。此数量包括原始特征。

（3）到参考：选中该单选按钮，根据选定参考几何图形设定间距和实例数。选择该选项时，"方向1"选项组如图9.3所示。

1）参考几何图形：设定控制阵列的参考几何图形。

2）偏移距离：通过参考几何图形设定上一个阵列实例的距离。

3）反转等距方向：反转从参考几何图形偏移阵列的方向。

4）重心：选中该单选按钮，计算从参考几何图形到阵列特征重心的偏移距离。

5）所选参考：选中该单选按钮，计算从参考几何图形到选定源特征几何图形参考的偏移距离。此时，需要选择源参考。

（4）对称：勾选该复选框，在方向2中创建与方向1对称的阵列。

（5）只阵列源：勾选该复选框，仅源特征在方向2中进行阵列。

（6）要阵列的特征：选择特征作为源特征来生成阵列。

（7）要阵列的面：使用构成特征的面生成阵列。在绘图区中选择特征的所有面。这对于只输入构成特征的面而不是特征本身的模型很有用。当使用要阵列的面时，阵列必须保持在同一面或边界内，不能跨越边界。

（8）要阵列的实体/曲面实体：在多实体零件中选择的实体生成阵列，如图 9.4 所示。

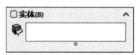

图 9.2　"线性阵列"属性管理器　　　　图 9.3　"方向 1"选项组　　图 9.4　"实体"选项组

（9）可跳过的实例：在生成阵列时跳过在绘图区中选择的阵列实例。

（10）选项。

1）随形变化：勾选该复选框，允许阵列重复时执行阵列更改。

2）几何体阵列：勾选该复选框，通过只使用特征的几何体（面和边线）来生成阵列，而不阵列和求解特征的每个实例。几何体阵列可加速阵列的生成和重建。对于具有与零件其他部分合并的特征，不能生成几何体阵列。

3）延伸视觉属性：勾选该复选框，将 SOLIDWORKS 的颜色、纹理和装饰螺纹数据延伸给所有阵列实例。

（11）变化的实例：仅当针对阵列实例选择特征时，该复选框才可用。

1）方向 1/2 间距增量 ：累积增量方向 1/2 中的阵列间距。

例如，如果阵列中行之间的间距为 1.5mm，当方向 1/2 间距增量设置为 0.3mm 时，则第二行与第一行的间距将为 1.8mm，第三行与第二行的间距将为 2.1mm，第四行与第三行的间距将为 2.4mm，以此类推。

2）选择方向 1/2 中要变化的特征尺寸：在列表框中显示源特征的尺寸，在绘图区中单击要修改的源特征尺寸。在增量列添加一个值可以增加或减小方向 1/2 特征尺寸的大小。

3）修改的实例 ：列出被修改的单个实例。通过阵列中的列号和行号识别实例。如果要修改单个实例，则在绘图区中单击实例标记，然后单击修改实例。也可以输入值以覆盖标注中的间距和尺寸。如果要移除已修改的实例，选择列表框中的实例，右击，在弹出的快捷菜单中选择"删除"命令。如果要移除所有已修改的实例，则在列表框中右击，在弹出的快捷菜单中选择"清除所有"命令。

扫一扫，看视频

动手学——绘制芯片

本例绘制图9.5所示的芯片。

【操作步骤】

（1）打开文件。单击"快速访问"工具栏中的"打开"按钮，打开源文件\原始文件\9\芯片，如图9.6所示。

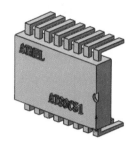

图9.5 芯片

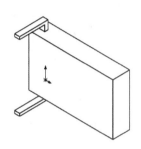

图9.6 芯片原始文件

（2）线性阵列实体。单击"特征"选项卡中的"线性阵列"按钮，系统弹出"线性阵列"属性管理器。❶在绘图区中选择边线1，❷设置"间距"为12.00mm，❸"实例数"为8，❹在"要阵列的特征"列表框中单击，❺在绘图区中选择芯片的管脚，如图9.7所示。❻单击"确定"按钮，结果如图9.8所示。

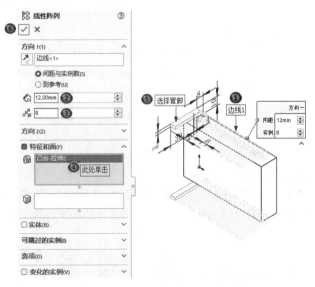

图9.7 线性阵列参数设置

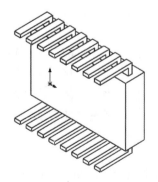

图9.8 线性阵列结果

（3）绘制草图 3。选择图 9.9 所示的面 1 作为草绘基准面，单击"草图"选项卡中的"文本"按钮 Ａ，系统弹出"草图文字"属性管理器，如图 9.10 所示。在"文字"栏中输入文字 ATMEL，取消勾选"使用文档字体"复选框，单击"字体"按钮，系统弹出图 9.11 所示的"选择字体"对话框。在该对话框中设置"字体"为"仿宋"，文字高度选择"单位"，单位大小设置为 8.00mm，单击"确定"按钮，返回"草图文字"属性管理器。在绘图区中单击放置文字，单击"确定"按钮 ✔。重复此命令，添加草图文字 AT89C51。调整文字在基准面上的位置，结果如图 9.12 所示。

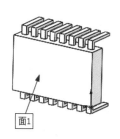

图 9.9　选择面 1

图 9.10　"草图文字"属性管理器

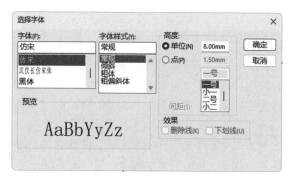

图 9.11　"选择字体"对话框

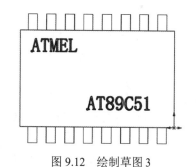

图 9.12　绘制草图 3

（4）包覆文字。单击"特征"选项卡中的"包覆"按钮 ▣，系统弹出"包覆 1"属性管理器。在绘图区中选择草图 3，选择包覆类型为"浮雕 ▣"，选择图 9.9 中的面 1，输入距离为 2mm，单击"确定"按钮 ✔，结果如图 9.13 所示。

（5）绘制草图 4。选择图 9.9 中的面 1 作为草绘基准面，单击"草图"选项卡中的"圆"按钮 ⊙，绘制圆，如图 9.14 所示。

（6）拉伸切除实体。单击"特征"选项卡中的"拉伸切除"按钮 ▣，系统弹出"切除-拉伸"属性管理器，选择草图 4，"深度"设置为 3mm，单击"确定"按钮 ✔，结果如图 9.15 所示。

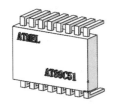

图 9.13　包覆结果

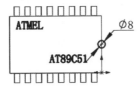

图 9.14　绘制草图 4

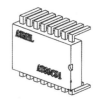

图 9.15　拉伸切除结果

动手练——绘制电容

本例绘制图 9.16 所示的电容。

【操作提示】

（1）在"前视基准面"上绘制草图 1，如图 9.17 所示。利用"拉伸凸台/基体"命令进行拉伸，"深度"设置为 40mm。

（2）选择顶面作为草绘平面绘制草图 2，利用"等距实体"命令将面 1 向外等距 2mm，拉伸深度为 2mm，如图 9.18 所示。

图 9.16　电容

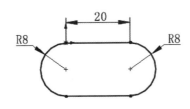

图 9.17　绘制草图 1

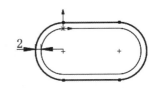

图 9.18　绘制草图 2

（3）在"右视基准面"上绘制草图 3，如图 9.19 所示。启动"扫描"命令，选择"圆形轮廓"选项，路径选择草图 3，将轮廓直径设置为 3mm。

（4）启动"线性阵列"命令，选择刚扫描生成的实体，设置"间距"为 20.00mm，"实例数"为 2，选择扫描实体进行阵列。

（5）选择图 9.20 所示的面 2 作为草绘平面，单击"草图"选项卡中的"文本"按钮 A，系统弹出"草图文字"属性管理器。在"文字"栏中输入 600pF，并设置文字的单位大小为 6.00mm。

（6）执行"包覆"命令，系统弹出"包覆 1"属性管理器。选择草图 3，选择包覆类型为"蚀雕"，选择图 9.20 所示的面 2，输入距离为 1mm，结果如图 9.21 所示。

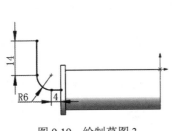

图 9.19　绘制草图 3

图 9.20　选择草绘平面

图 9.21　包覆结果

9.1.2 圆周阵列

圆周阵列是指绕一个轴心以圆周路径生成多个子样本特征。在创建圆周阵列特征之前，首先要选择一个中心轴，这个轴可以是基准轴或者临时轴。每个圆柱和圆锥面都有一条轴线，称为临时轴。临时轴是由模型中的圆柱和圆锥隐含生成的，在绘图区中一般不可见。在生成圆周阵列时需要使用临时轴，选择菜单栏中的"视图"→"隐藏显示"→"临时轴"命令即可显示临时轴。此时该菜单旁边出现标记"√"，表示临时轴可见。此外，还可以生成基准轴作为中心轴。

【执行方式】

➢ 工具栏：单击"特征"工具栏中的"圆周阵列"按钮🔛。

➢ 菜单栏：选择菜单栏中的"插入"→"阵列/镜像"→"圆周阵列"命令。

➢ 选项卡：单击"特征"选项卡中的"圆周阵列"按钮🔛。

【选项说明】

执行上述操作，系统弹出"阵列(圆周)1"属性管理器，如图 9.22 所示。

"阵列(圆周)1"属性管理器中部分选项的含义如下。

（1）阵列轴：选择用于圆周阵列的中心轴，阵列绕此轴生成。

（2）实例间距：选中该单选按钮，指定实例中心间的距离。

（3）等间距：选中该单选按钮，"角度🔛"设置为360.00 度。

（4）角度🔛：指定每个实例之间的角度。

（5）实例数🔅：指定阵列个数。

动手学——绘制链轮

本例绘制图 9.23 所示的链轮。

图 9.22 "阵列(圆周)1"属性管理器

扫一扫，看视频

【操作步骤】

（1）打开文件。单击"快速访问"工具栏中的"打开"按钮📂，打开源文件\原始文件\9\链轮，如图 9.24 所示。

（2）创建圆角。单击"特征"选项卡中的"圆角"按钮🔘，系统弹出"圆角"属性管理器。将"半径"设置为 10mm，然后选择图 9.24 中的边线，单击"确定"按钮✔，结果如图 9.25 所示。

（3）圆周阵列实体。单击"特征"选项卡中的"圆周阵列"按钮🔛，系统弹出"阵列(圆周)1"属性管理器。❶在 FeatureManager 设计树中选择"凸台-拉伸 2"和"圆角 1"特征，❷在"阵列轴"栏中单击，单击"视图（前导）"工具栏中的"隐藏所有项目"按钮👁 ▾右侧的下拉按钮，在打开的下拉列表中❸单击"观阅临时轴"按钮📏，❹选择阵列轴，❺设置"角度"为360.00 度，❻"实例数"为 10，如图 9.26 所示。❼单击"确定"按钮✔，结果如图 9.27 所示。

图 9.23　链轮

图 9.24　链轮原始文件

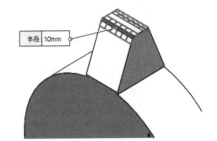

图 9.25　圆角后的图形

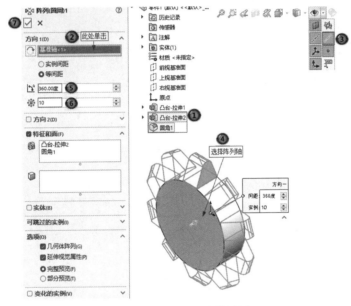

图 9.26　圆周阵列参数设置

图 9.27　圆周阵列结果

（4）绘制草图 3。在 FeatureManager 设计树中选择"前视基准面"作为草绘基准面。单击"草图"选项卡中的"圆"按钮 ⬭，以原点为圆心绘制一个直径为 150mm 的圆，如图 9.28 所示。

（5）创建拉伸切除特征。单击"特征"选项卡中的"拉伸切除"按钮 📵，选择草图 3，系统弹出"切除-拉伸"属性管理器。设置拉伸终止条件为"完全贯穿"，单击"反向"按钮 ⬈，调整拉伸方向，单击"确定"按钮 ✅，结果如图 9.29 所示。

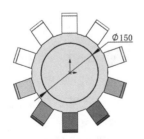

图 9.28　绘制草图 3

图 9.29　拉伸切除结果

动手练——绘制桨叶

本例绘制图 9.30 所示的桨叶。

【操作提示】

（1）打开源文件。打开源文件\原始文件\7\桨叶，如图 9.31 所示。

（2）执行"圆周阵列"命令，在 FeatureManager 设计树中选择"放样 1"，选择阵列轴，设置"实例数"为 12。

图 9.30　桨叶　　　　　　　　　　　图 9.31　源文件

9.1.3　草图驱动的阵列

SOLIDWORKS 2024 可以使用草图中的草图点指定特征的阵列。用户只要控制草图上的草图点，即可将整个阵列扩散到草图中的每个点。对于孔或其他特征，也可以运用草图驱动的阵列。

【执行方式】

➤ 工具栏：单击"特征"工具栏中的"草图驱动的阵列"按钮🔡。

➤ 菜单栏：选择菜单栏中的"插入"→"阵列/镜像"→"草图驱动的阵列"命令。

➤ 选项卡：单击"特征"选项卡中的"草图驱动的阵列"按钮🔡。

【选项说明】

执行上述操作，系统弹出"由草图驱动的阵列"属性管理器，如图 9.32 所示。该属性管理器中部分选项的含义如下。

（1）参考草图🖼：在 FeatureManager 设计树中选择草图用于阵列。

（2）参考点：选择阵列的参考位置。

1）重心：选中该单选按钮，使用原始样本特征的重心作为参考点。

2）所选点：选中该单选按钮，在绘图区中选择参考顶点。例如，可以使用原始样本特征的重心、草图原点、顶点或另一个草图点作为参考点。

图 9.32　"由草图驱动的阵列"属性管理器

动手学——绘制底座

本例绘制图 9.33 所示的底座。

【操作步骤】

（1）打开文件。单击"快速访问"工具栏中的"打开"按钮 📂，打开源文件\原始文件\9\底座，如图 9.34 所示。

（2）绘制草图 6。在 FeatureManager 设计树中选择"前视基准面"作为草绘基准面。单击"草图"选项卡中的"边角矩形"按钮 ⬜，绘制矩形并将矩形各条边线转换为构造线，再单击"点"按钮 ▣，在矩形的 4 个角点处绘制点，如图 9.35 所示。

图 9.33　底座

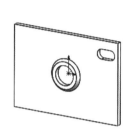

图 9.34　底座原始文件

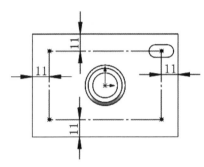

图 9.35　绘制草图 6

（3）创建草图驱动的阵列。单击"特征"选项卡中的"草图驱动的阵列"按钮 ▦，❶ 在 FeatureManager 设计树中选择草图 6，❷ "参考点"选择"重心"，❸ 在 FeatureManager 设计树中选择"切除-拉伸 2"特征，如图 9.36 所示。❹ 单击"确定"按钮 ✔，结果如图 9.37 所示。

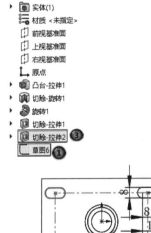

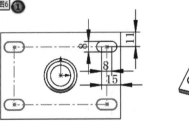

图 9.36　阵列参数设置

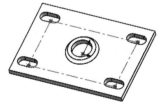

图 9.37　阵列结果

动手练——绘制齿轮泵基座

本例绘制图 9.38 所示的齿轮泵基座。

【操作提示】

（1）打开"齿轮泵基座"源文件。

（2）在齿轮泵基座的前面上创建 M6 的螺纹孔，孔的位置如图 9.39 所示。

（3）在齿轮泵基座的前面上绘制草图 10，如图 9.40 所示。进行草图阵列。

（4）在齿轮泵基座的前面上绘制草图 11，如图 9.41 所示。进行拉伸切除，设置终止条件为"完全贯穿"。

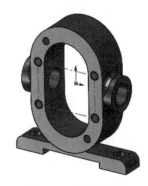

图 9.38　齿轮泵基座

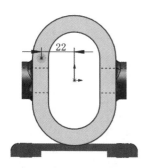

图 9.39　创建螺纹孔

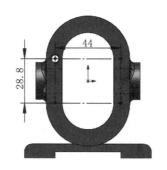

图 9.40　绘制草图 10

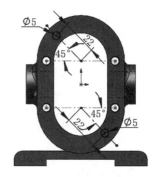

图 9.41　绘制草图 11

9.1.4　曲线驱动的阵列

曲线驱动的阵列是指沿平面曲线或者空间曲线生成的阵列实体，曲线可以是开放的也可以是封闭的。

【执行方式】

➤ 工具栏：单击"特征"工具栏中的"曲线驱动的阵列"按钮 ✿。

➤ 菜单栏：选择菜单栏中的"插入"→"阵列/镜像"→"曲线驱动的阵列"命令。

➤ 选项卡：单击"特征"选项卡中的"曲线驱动的阵列"按钮 ✿。

【选项说明】

执行上述操作，系统弹出"曲线驱动的阵列"属性管理器，如图 9.42 所示。该属性管理器中部分选项的含义如下。

（1）阵列方向：选择一曲线、边线、草图实体，或者从 FeatureManager 设计树中选择一草图作为阵列的路径。

（2）实例数 ✿：为阵列中源特征的实例数设定数值。

（3）等间距：勾选该复选框，设定每个阵列实例之间的等间距。实例之间的分隔取决于为阵列方向选择的曲线及曲线的绘制方法。

（4）间距🎇：沿曲线为阵列实例之间的距离设定数值。曲线与要阵列的特征之间的距离按与该曲线垂直的方向进行测量。未勾选"等间距"复选框时可用。

（5）曲线方法：通过为阵列方向选择的曲线定义阵列的方向。包括以下选项。

1）转换曲线：选中该单选按钮，每个实例从所选曲线原点到源特征的 X 和 Y 的距离均得以保留。

2）等距曲线：选中该单选按钮，每个实例从所选曲线原点到源特征的垂直距离均得以保留。

（6）对齐方法：设置阵列的对齐方法。

1）与曲线相切：选中该单选按钮，对齐与为阵列方向选择的曲线相切的每个实例。

2）对齐到源：选中该单选按钮，对齐每个实例以与源特征的原有对齐匹配。

（7）面法线：选取三维曲线所处的面生成曲线驱动的阵列。只针对三维曲线有效。

扫一扫，看视频

动手学——绘制杯托

本例绘制图 9.43 所示的杯托。

【操作步骤】

（1）打开文件。单击"快速访问"工具栏中的"打开"按钮📂，打开源文件\原始文件\9\杯托，如图 9.44 所示。

（2）绘制螺旋线。单击"特征"选项卡中的"螺旋线/涡状线"按钮🧬，系统弹出"螺旋线/涡状线"属性管理器。选择图 9.44 中的底面，绘制半径为 50mm 的圆，参数设置如图 9.45 所示，单击"确定"按钮✔，结果如图 9.46 所示。

图 9.42　"曲线驱动的阵列"属性管理器

图 9.43　杯托

图 9.44　杯托原始文件

图 9.45　"螺旋线/涡状线"属性管理器

图 9.46　绘制的螺旋线

（3）绘制草图 4。在 FeatureManager 设计树中选择"前视基准面"作为草绘基准面，单击"草图"选项卡中的"圆"按钮⊙、"样条曲线"按钮 ∿ 和"剪裁实体"按钮🐜，绘制草图 4，如图 9.47 所示。

（4）创建拉伸切除特征。单击"特征"选项卡中的"拉伸切除"按钮▣，系统弹出"切除-拉伸"属性管理器。选择草图 4，设置终止条件为"完全贯穿"，单击"确定"按钮✔，生成拉伸切除特征，如图 9.48 所示。

（5）创建曲线驱动的阵列。单击"特征"选项卡中的"曲线驱动的阵列"按钮🔩，系统弹出"曲线驱动的阵列"属性管理器。❶选择螺旋线作为方向曲线，❷"实例数"设置为 16，❸勾选"等间距"复选框，❹"曲线方法"选择"转换曲线"，❺"对齐方法"选择"与曲线相切"，❻在 FeatureManager 设计树中选择"切除-拉伸 1"特征，❼单击"面法线"栏，❽在绘图区中选择面，如图 9.49 所示。❾单击"确定"按钮✔，结果如图 9.50 所示。

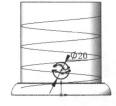

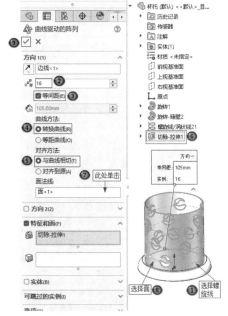

图 9.47　绘制草图 4　　图 9.48　拉伸切除　　　　图 9.49　阵列参数设置　　　　图 9.50　阵列结果
特征

（6）创建基准面 1。单击"特征"选项卡的"参考几何体"下拉列表中的"基准面"按钮▥，选择"右视基准面"作为第一参考，偏移距离设置为 5mm，单击"确定"按钮✔，生成基准面 1。

（7）创建基准面 2。单击"特征"选项卡的"参考几何体"下拉列表中的"基准面"按钮▥，选择"右视基准面"作为第一参考，偏移距离设置为 5mm，勾选"反转等距"复选框，单击"确定"按钮✔，生成基准面 2。

（8）绘制草图 5。在 FeatureManager 设计树中选择"基准面 1"作为草绘基准面，单击"草图"选项卡中的"直线"按钮╱、"3 点圆弧"按钮⌒和"绘制圆角"按钮⌐，绘制草图 5，如图 9.51 所示。

（9）绘制草图6。在 FeatureManager 设计树中选择"基准面2"作为草绘基准面，单击"草图"选项卡中的"草图绘制"按钮▢，单击"草图"选项卡中的"转换实体引用"按钮⬜，将草图5全部进行转换，如图9.52所示。

（10）绘制 3D 草图。单击"草图"选项卡中的"3D 草图"按钮⬛，进入草图绘制状态。单击"草图"选项卡中的"转换实体引用"按钮⬜，选择草图5和草图6全部进行转换，如图9.53所示。单击"草图"选项卡中的"3 点圆弧"按钮⌒，绘制圆弧，并设置圆弧与直线的相切约束，如图9.54所示。单击"退出草图"按钮↩，3D 草图绘制完成。

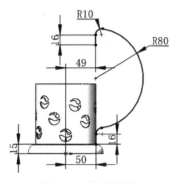

图 9.51　绘制草图 5

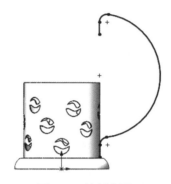

图 9.52　绘制草图 6

图 9.53　绘制 3D 草图

（11）创建扫描实体。单击"特征"选项卡中的"扫描"按钮✐，系统弹出"扫描"属性管理器。"轮廓和路径"选择"圆形轮廓"，在 FeatureManager 设计树中选择"3D 草图1"，直径设置为 3.00mm，如图9.55所示。单击"确定"按钮✔，结果如图9.56所示。

图 9.54　绘制圆弧

图 9.55　扫描参数设置

图 9.56　扫描结果

动手练——绘制旋转阶梯

本例绘制图9.57所示的旋转阶梯。

【操作提示】

（1）在"上视基准面"上绘制直径为 80mm 的圆作为草图1，并进行拉伸，深度设置为 160mm。

（2）在"上视基准面"上绘制草图2，如图9.58所示。然后进行拉伸，深度设置为 6mm。

（3）利用"螺旋线/涡状线"命令，绘制直径为 80mm 的螺旋线，高度为 155mm，圈数为1，起始角度为 0 度。绘制的螺旋线如图9.59所示。

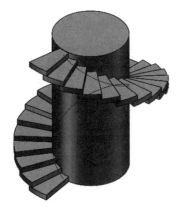

図 9.57　旋转阶梯

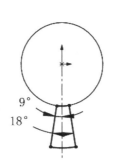

図 9.58　绘制草图 2

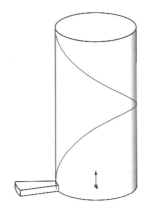

図 9.59　绘制螺旋线

（4）利用"曲线驱动的阵列"命令，设置"实例数"为 26，进行等间距阵列，结果如图 9.57 所示。

9.1.5　表格驱动的阵列

表格驱动的阵列是指添加或检索已生成的 X-Y 坐标，在模型的面上增加源特征。用户可以使用 X-Y 坐标指定特征阵列。另外，用户也可以对其他特征（如凸台）使用表格驱动的阵列，还可以保存和装入特征阵列的 X-Y 坐标，并将其应用到新零件。

【执行方式】

➢ 工具栏：单击"特征"工具栏中的"表格驱动的阵列"按钮 ▦ 。
➢ 菜单栏：选择菜单栏中的"插入"→"阵列/镜像"→"表格驱动的阵列"命令。
➢ 选项卡：单击"特征"选项卡中的"表格驱动的阵列"按钮 ▦ 。

【选项说明】

执行上述操作，系统弹出"由表格驱动的阵列"对话框，如图 9.60 所示。该对话框中部分选项的含义如下。

（1）读取文件：读取带 X-Y 坐标的阵列表或文字文件。单击"浏览"按钮，然后选择阵列表（*.sldptab）文件或文字（*.txt）文件输入现有的 X-Y 坐标。

📢 注意：

> 用于表格驱动的阵列的文本文件应只包含两个列：左列用于 X 坐标，右列用于 Y 坐标。这两个列应由一个分隔符分隔，如空格、逗号或制表符。用户可在同一文本文件中使用不同的分隔符组合。不要在文本文件中包括任何其他信息，因为这可导致读取失败。

（2）参考点：指定在放置阵列实例时 X-Y 坐标所适用的点。参考点的 X-Y 坐标在阵列表中显示为点 0。

1）所选点：选中该单选按钮，将参考点设定到所选顶点或草图点。

2）重心：选中该单选按钮，将参考点设定到源特征的重心。

（3）坐标系：设定生成表格驱动的阵列的坐标系，包括原点。从 FeatureManager 设计树中选择生成的坐标系。

（4）要复制的实体：选择要进行阵列的实体。

（5）要复制的特征：选择要进行阵列的特征，可选择多个特征。

（6）要复制的面：选择要进行阵列的面。当使用要复制的面时，阵列必须保持在同一面或边界内且不能跨越边界。

（7）X-Y 坐标表：使用 X-Y 坐标为阵列实例生成位置点。若要为表格驱动的阵列的每个实例输入 X-Y 坐标，则双击点 0 以下的区域。将为点 0 显示参考点的 X-Y 坐标。单击"撤销"按钮↶，可撤销坐标表操作。

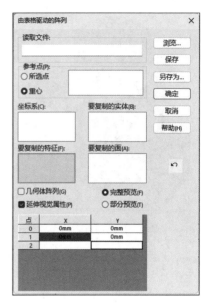

图 9.60   "由表格驱动的阵列"对话框

扫一扫，看视频

动手学——绘制壳体底座

本例绘制图 9.61 所示的壳体底座。

【操作步骤】

（1）打开文件。单击"快速访问"工具栏中的"打开"按钮📂，打开源文件\原始文件\9\壳体底座，如图 9.62 所示。

（2）创建坐标系 1。单击"特征"选项卡的"参考几何体"下拉列表中的"坐标系"按钮🔩，系统弹出"坐标系"属性管理器。选择原点，单击"确定"按钮✔，坐标系 1 创建完成。结果如图 9.63 所示。

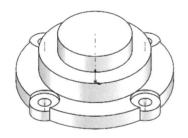

图 9.61   壳体底座

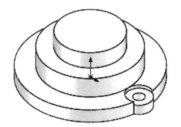

图 9.62   壳体底座原始文件

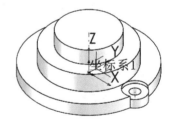

图 9.63   创建坐标系 1

（3）创建表格驱动的阵列。单击"特征"选项卡中的"表格驱动的阵列"按钮📇，系统弹出"由表格驱动的阵列"对话框。❶在 FeatureManager 设计树中选择"凸台-拉伸 1"特征、"切除-拉伸 1"特征和"切除-拉伸 2"特征，❷单击"坐标系"栏，❸在 FeatureManager 设计树中选择"坐标系 1"，然后❹在 X-Y 坐标表中输入要阵列的坐标值，如图 9.64 所示。❺单击"确定"按钮，结果如图 9.65 所示。

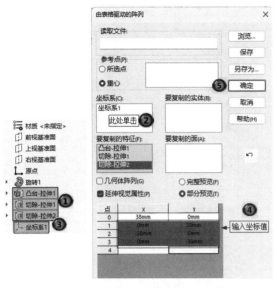

图 9.64 "由表格驱动的阵列"对话框

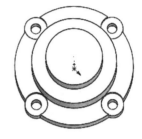

图 9.65 阵列结果

动手练——绘制轴承座

本例绘制图 9.66 所示的轴承座。

【操作提示】

（1）打开"轴承座"源文件。

（2）在"上视基准面"上绘制草图 6，如图 9.67 所示。利用"拉伸切除"命令进行拉伸切除，终止条件设置为"完全贯穿"。

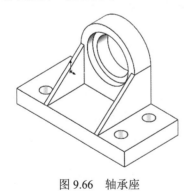

图 9.66 轴承座

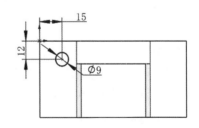

图 9.67 绘制草图 6

（3）利用"坐标系"命令定义坐标系，如图 9.68 所示，单击"确定"按钮 ✔，坐标系 1 创建完成。

（4）利用"表格驱动的阵列"命令，系统弹出"由表格驱动的阵列"对话框。在 FeatureManager 设计树中选择"切除-拉伸 1"特征；单击"坐标系"栏，在 FeatureManager 设计树中选择"坐标系 1"，然后在 X-Y 坐标表中输入要阵列的坐标点，如图 9.69 所示。单击"确定"按钮，结果如图 9.66 所示。

图 9.68　坐标系参数设置

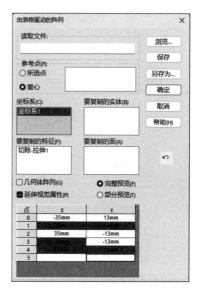

图 9.69　阵列参数设置

9.1.6　填充阵列

填充阵列是在特定边界内，通过设置参数来控制阵列位置、数量的特征生成方式。

【执行方式】

➢ 工具栏：单击"特征"工具栏中的"填充阵列"按钮。

➢ 菜单栏：选择菜单栏中的"插入"→"阵列/镜像"→"填充阵列"命令。

➢ 选项卡：单击"特征"选项卡中的"填充阵列"按钮。

执行上述操作，系统弹出"填充阵列"属性管理器，如图 9.70 所示。该属性管理器中各选项的含义如下。

1. 填充边界

定义要使用阵列填充的区域。选择草图、面上的曲线、面或共有平面的面。如果使用草图作为边界，则可能需要选择阵列方向。

2. 阵列布局

（1）穿孔：为钣金穿孔式阵列生成网格。选择该项时，需要设置以下参数。

1）实例间距：设定实例中心间的距离。

2）交错断续角度：设定各实例行之间的交错断续角度，起始点位于阵列方向所用的向量。

3）边距：设定填充边界与最远端实例之间的边距。可以将边距的值设定为 0。

4）阵列方向：设定方向参考。如果未指定方向参考，则系统将使用最合适的方向参考。

5）实例数：可根据设置计算阵列中的实例数。用户无法编辑此数量。验证前，该值显示为红色。

6）验证计数：单击该按钮，计算生成的实例数。阵列可能会超过填充边界，从而导致一些实例未与模型相交。验证计数不包括这些额外实例。

（2）圆形：生成圆形阵列。选择该项时，"填充阵列"属性管理器如图 9.71 所示。需要设置以下参数。

1）环间距：设定实例环间的距离（使用中心）。

2）目标间距：选中该单选按钮，通过定义"实例间距"设定每个环内实例间的距离来填充区域。每个环内的实际间距均可能不同，因此各实例会进行均匀调整。

3）实例间距：设定每个环内实例中心间的距离。

4）每环的实例：选中该单选按钮，通过定义"实例数"填充区域。

5）实例数：设定每环内的实例数。

6）边距：设定填充边界与最远端实例之间的边距。可以将边距的值设定为 0。

7）阵列方向：设定方向参考。如果未指定方向参考，系统将使用最合适的方向参考。

图 9.70　"填充阵列"属性管理器

（a）目标间距

（b）每环的实例

图 9.71　选择"圆形"选项

（3）方形：生成方形阵列。选择该项时，"填充阵列"属性管理器如图 9.72 所示。需要设置以下参数。

1）环间距：设定实例环间的距离。

2）目标间距：选中该单选按钮，通过定义"实例间距"设定每个环内实例间的距离来填充区域（使用中心）。每个环内的实际间距均可能不同，因此各实例会进行均匀调整。

3）实例间距：设定每个环内实例中心间的距离。

4）每边的实例：选中该单选按钮，通过定义"实例数 ::::#"填充区域。

5）实例数 ::::#：设定每个方形每边的实例数。

6）边距 🖼：设定填充边界与最远端实例之间的边距。可以将边距的值设定为 0。

7）阵列方向 ::::：设定方向参考。如果未指定方向参考，系统将使用最合适的方向参考。

（4）多边形 ⚙：生成多边形阵列。选择该项时，"填充阵列"属性管理器如图9.73所示。需要设置以下参数。

（a）目标间距

（b）每边的实例

图 9.72　选择"方形"选项

（a）目标间距

（b）每边的实例

图 9.73　选择"多边形"选项

1）环间距 ::::：设定实例环间的距离。

2）多边形边 ⬡：设定阵列中的边数。

3）目标间距：选中该单选按钮，通过定义"实例间距 ::::"设定每个环内实例间的距离来填充区域（使用中心）。每个环内的实际间距均可能不同，因此各实例会进行均匀调整。

4）实例间距 ::::：设定每个环内实例中心间的距离。

5）每边的实例：选中该单选按钮，使用实例数 ::::#（每个棱边）填充区域。

6）实例数 ::::#：设定每个棱边的实例数。

7）阵列方向 ::::：设定方向参考。如果未指定方向参考，系统将使用最合适的方向参考。

3. 特征和面

（1）所选特征：选中该单选按钮时，需要设置以下参数。

1）要阵列的特征：确定填充边界内实例的布局阵列。选择可自定义形状进行阵列，或对特征进行阵列。阵列实例以源特征中心呈同轴心分布。

2）要阵列的面：选择要阵列的面。各面必须形成一个与填充边界面相接触的封闭实体。

（2）生成源切：为要阵列的源特征自定义切除形状。选中该单选按钮时，"填充阵列"属性管理器如图9.74所示。需要设置以下参数：

1）圆形 🔘：生成圆形切割作为源特征。需要设置以下参数。

① 直径 ⊘：设定直径。

② 顶点或草图点⊙：将源特征的中心定位在所选顶点或草图点，并生成以该点为起始点的阵列。如果将此框留空，则阵列将位于填充边界面上的中心位置。

2）方形▢：生成方形切割作为源特征。选择该选项时，"填充阵列"属性管理器如图 9.75 所示。需要设置以下参数。

图 9.74 选择"生成源切"选项

图 9.75 选择"方形"选项

① 尺寸▣：设定各边的长度。

② 顶点或草图点▣：将源特征的中心定位在所选顶点或草图点，并生成以该点为起始点的阵列。如果将此框留空，则阵列将位于填充边界面上的中心位置。

③ 旋转↻：按设定的值逆时针旋转每个实例。

3）菱形◇：生成菱形切割作为源特征。选择该选项时，"填充阵列"属性管理器如图 9.76 所示。需要设置以下参数。

① 尺寸◇：设定各边的长度。

② 对角◆：设定对角线的长度。

③ 顶点或草图点◇：将源特征的中心定位在所选顶点或草图点，并生成以该点为起始点的阵列。如果将此框留空，则阵列将位于填充边界面上的中心位置。

④ 旋转↻：按设定的值逆时针旋转每个实例。

4）多边形⬠：生成多边形切割作为源特征。选择该选项时，"填充阵列"属性管理器如图 9.77 所示。需要设置以下参数。

图 9.76 选择"菱形"选项

图 9.77 选择"多边形"选项

① 多边形边⬠：设定边数。

② 外径⬡：设定外径大小。

③ 内径⬠：设定内径大小。

④ 顶点或草图点⬠：将源特征的中心定位在所选顶点或草图点，并生成以该点为起始点的阵列。如果将此框留空，则阵列将位于填充边界面上的中心位置。

⑤ 旋转↻：按设定的值逆时针旋转每个实例。

图 9.78 所示为部分阵列效果实例（设置"阵列布局"类型及"生成源切"类型）。

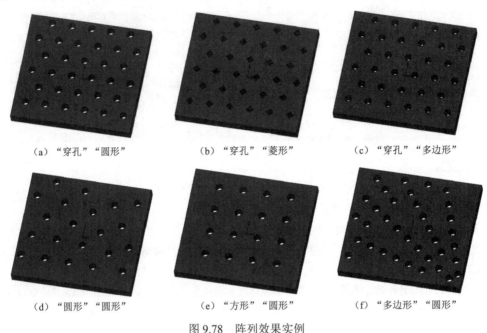

（a）"穿孔""圆形"　　　　（b）"穿孔""菱形"　　　　（c）"穿孔""多边形"

（d）"圆形""圆形"　　　　（e）"方形""圆形"　　　　（f）"多边形""圆形"

图 9.78　阵列效果实例

扫一扫，看视频

动手学——绘制置物架

本例绘制图 9.79 所示的置物架。

【操作步骤】

（1）打开文件。单击"快速访问"工具栏中的"打开"按钮📂，打开源文件\原始文件\9\置物架，如图 9.80 所示。

（2）创建填充阵列。单击"特征"选项卡中的"填充阵列"按钮▦，系统弹出"填充阵列 1"属性管理器。❶选择拉伸实体的上表面作为填充边界，❷"阵列布局"选择"穿孔▦"，❸设置"实例间距▦"为 27.00mm，❹"交错断续角度▦"为 0.00 度，❺"边距▦"为 5.00mm，❻"阵列方向▦"系统自动选择边线 1，❼在 FeatureManager 设计树中选择"切除-拉伸 1"特征，如图 9.81 所示。❽单击"确定"按钮✓，结果如图 9.82 所示。

（3）绘制草图 3。在 FeatureManager 设计树中选择"上视基准面"作为草绘基准面，单击"草图"选项卡中的"边角矩形"按钮▢，绘制草图 3，如图 9.83 所示。

（4）创建拉伸实体 2。单击"特征"选项卡中的"拉伸凸台/基体"按钮🗗，系统弹出"凸台-拉伸"属性管理器。选择草图 1，设置终止条件为"给定深度"，深度值为 28mm，单击"确定"按钮✓，生成拉伸特征，如图 9.84 所示。

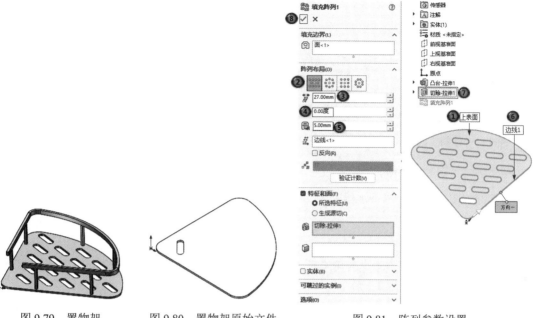

图 9.79　置物架　　　　图 9.80　置物架原始文件　　　　图 9.81　阵列参数设置

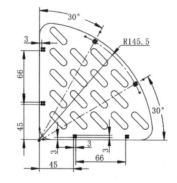

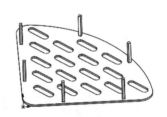

图 9.82　填充阵列结果　　　　图 9.83　绘制草图 3　　　　图 9.84　拉伸实体 2

（5）创建基准面 1。单击"特征"选项卡的"参考几何体"下拉列表中的"基准面"按钮🔲，选择"上视基准面"作为第一参考，设置偏移距离为 28mm，单击"确定"按钮✔，生成基准面 1。

（6）创建基准面 2。单击"特征"选项卡的"参考几何体"下拉列表中的"基准面"按钮🔲，选择"前视基准面"作为第一参考，设置偏移距离为 30mm，勾选"反转等距"复选框，单击"确定"按钮✔，生成基准面 2。

（7）绘制草图 4。在 FeatureManager 设计树中选择"基准面 1"作为草绘基准面，单击"草图"选项卡中的"直线"按钮✏，绘制草图 4，如图 9.85 所示。

（8）绘制草图 5。在 FeatureManager 设计树中选择"基准面 2"作为草绘基准面，单击"草图"选项卡中的"直线"按钮✏，绘制草图 5，如图 9.86 所示。

（9）创建扫描实体。单击"特征"选项卡中的"扫描"按钮🖊，选择草图 4 作为轮廓，草图 5 作为引导线，单击"确定"按钮✔，生成扫描实体，如图 9.87 所示。

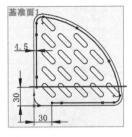

图 9.85　绘制草图 4

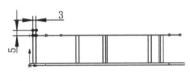

图 9.86　绘制草图 5

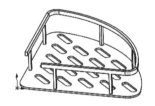

图 9.87　扫描实体

动手练——绘制下水器

本例绘制图 9.88 所示的下水器。

【操作提示】

（1）打开"下水器"源文件。

（2）利用"填充阵列"命令创建阵列，选择图 9.89 所示的面作为边界平面，在 FeatureManager 设计树中选择"切除-拉伸 1"特征，选择草图 3 中的中心线作为阵列方向参考，其他参数设置如图 9.89 所示。

图 9.88　下水器

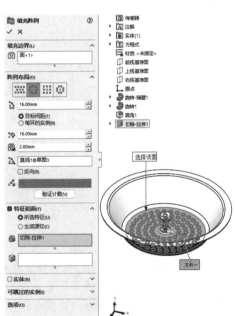

图 9.89　填充阵列参数设置

9.2　镜像特征

如果零件结构是对称的，则用户可以只创建零件模型的一半，然后使用镜像特征的方法生成整个零件。如果修改了原始特征，则镜像特征也随之更改。图 9.90 所示为用镜像特征生成的零件模型。

图 9.90　用镜像特征生成的零件模型

镜像是指对称于基准面复制所选的特征/实体。按照镜像对象的不同，可以分为镜像特征和镜像实体。

【执行方式】

➢ 工具栏：单击"特征"工具栏中的"镜像"按钮 ◧。
➢ 菜单栏：选择菜单栏中的"插入"→"阵列/镜像"→"镜像"命令。
➢ 选项卡：单击"特征"选项卡中的"镜像"按钮 ◧。

【选项说明】

执行上述操作，系统弹出"镜像"属性管理器，如图 9.91 所示。

"镜像"属性管理器中各选项的含义如下。

（1）镜像面/基准面 ◳：选择基准面或平面作为镜像面。

（2）次要镜像面/平面 ◳：仅在零件中可用。用户可以在一次操作中绕两个基准面镜像一个特征/实体。

（3）仅镜像源：只有次要基准面垂直于第一个基准面时，该选项才可用。

（4）要镜像的特征 ◳：指定要镜像的特征。可以选择一个或多个特征。

（5）要镜像的面 ◳：指定要镜像的面。

（6）要镜像的实体/曲面实体 ◳：指定要镜像的实体或曲面实体。

图 9.91　"镜像"属性管理器

动手学——绘制阀门

本例绘制图 9.92 所示的阀门。

扫一扫，看视频

【操作步骤】

（1）打开文件。单击"快速访问"工具栏中的"打开"按钮 ◳，打开源文件\原始文件\9\阀门，如图 9.93 所示。

（2）创建镜像特征 1。单击"特征"选项卡中的"镜像"按钮 ◧，系统弹出"镜像"属性管理器。❶在 FeatureManager 设计树中选择"上视基准面"作为镜像面，❷选择"右视基准面"作为次要镜像面，❸在"要镜像的面"栏中单击，❹选择孔的内圆柱面作为要镜像的面，如图 9.94 所示。❺单击"确定"按钮 ✔，结果如图 9.95 所示。

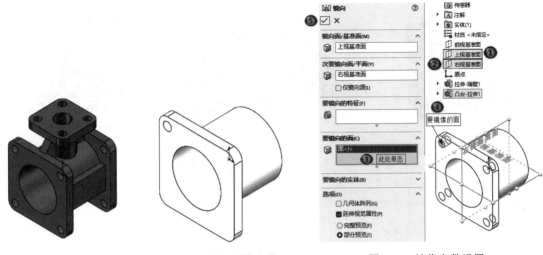

图 9.92　阀门　　　　　　图 9.93　阀门原始文件　　　　　　图 9.94　镜像参数设置

（3）创建镜像特征2。单击"特征"选项卡中的"镜像"按钮 ，系统弹出"镜像"属性管理器。在 FeatureManager 设计树中选择"前视基准面"为镜像面，在"要镜像的特征"栏中单击，在 FeatureManager 设计树中选择"凸台-拉伸1"为要镜像的特征，在"要镜像的面"栏中单击，然后在绘图区中选择图9.96所示的3个孔的内圆柱面。单击"确定"按钮 。结果如图9.97所示。

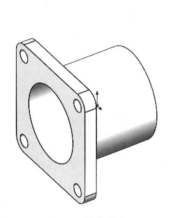　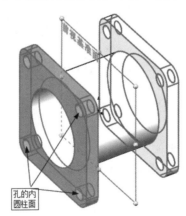　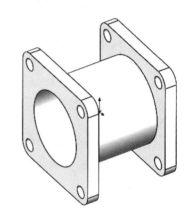

图 9.95　镜像特征1　　　　图 9.96　选择要镜像的面　　　　图 9.97　镜像特征2

（4）绘制草图3。在 FeatureManager 设计树中选择"前视基准面"作为草绘基准面，单击"草图"选项卡中的"边角矩形"按钮 ，绘制草图3，如图9.98所示。

（5）创建拉伸实体3。单击"特征"选项卡中的"拉伸凸台/基体"按钮 ，系统弹出"凸台-拉伸"属性管理器。设置拉伸终止条件为"两侧对称"，输入拉伸距离为120mm，单击"确定"按钮 ，结果如图9.99所示。

（6）绘制草图4。在 FeatureManager 设计树中选择"上视基准面"作为草绘基准面，单击"草图"选项卡中的"圆"按钮 ，绘制草图4，如图9.100所示。

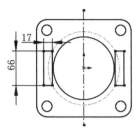
图 9.98 绘制草图 3

图 9.99 拉伸实体 3

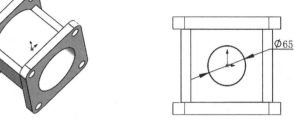
图 9.100 绘制草图 4

（7）创建拉伸实体 4。单击"特征"选项卡中的"拉伸凸台/基体"按钮🔩，系统弹出"凸台-拉伸"属性管理器。设置拉伸终止条件为"给定深度"，输入拉伸距离为 130mm，勾选"薄壁特征"复选框，设置壁厚类型为"单向"，厚度为 10mm，单击"反向"按钮↗，调整厚度方向向内。单击"确定"按钮✔，结果如图 9.101 所示。

（8）绘制草图 5。在 FeatureManager 设计树中选择"上视基准面"作为草绘基准面，单击"草图"选项卡中的"边角矩形"按钮▢ 和"圆"按钮⊙，绘制草图 5，如图 9.102 所示。

（9）创建拉伸实体 5。单击"特征"选项卡中的"拉伸凸台/基体"按钮🔩，系统弹出"凸台-拉伸"属性管理器。设置拉伸终止条件为"给定深度"，输入拉伸距离为 20mm，单击"确定"按钮✔，结果如图 9.103 所示。

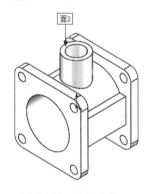
图 9.101 拉伸实体 4

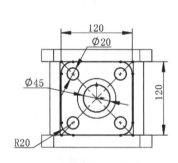
图 9.102 绘制草图 5

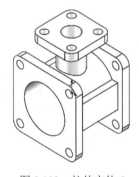
图 9.103 拉伸实体 5

（10）创建筋板。单击"特征"选项卡中的"筋"按钮🔖，系统弹出"筋 1"属性管理器。在 FeatureManager 设计树中选择"右视基准面"作为草绘基准面，单击"草图"选项卡中的"直线"按钮✎，绘制筋板草图，如图 9.104 所示。在"筋 1"属性管理器中，设置"厚度"为"两侧对称☰"，勾选"反转材料方向"复选框，调整材料方向，如图 9.105 所示。单击"确定"按钮✔，结果如图 9.106 所示。

（11）创建镜像特征 3。单击"特征"选项卡中的"镜像"按钮🔳，系统弹出"镜像"属性管理器。在 FeatureManager 设计树中选择"前视基准面"为镜像面，在"要镜像的特征"栏中单击，在 FeatureManager 设计树中选择"筋 1"为要镜像的特征，单击"确定"按钮✔，结果如图 9.107 所示。

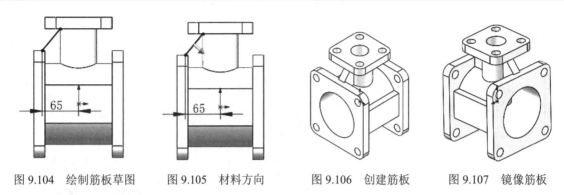

图 9.104　绘制筋板草图　　图 9.105　材料方向　　图 9.106　创建筋板　　图 9.107　镜像筋板

动手练——绘制双连杆

本例绘制图 9.108 所示的双连杆。

【操作提示】

（1）打开"双连杆"源文件。

（2）利用"镜像"命令，在 FeatureManager 设计树中，选择"前视基准面"作为镜像面，选择"凸台-拉伸 2"为要镜像的特征，如图 9.109 所示。

（3）在"前视基准面"上绘制草图 3，如图 9.110 所示。利用"拉伸切除"命令进行拉伸切除，结果如图 9.108 所示。

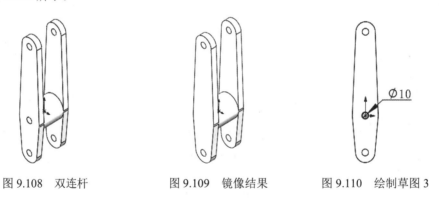

图 9.108　双连杆　　　　　图 9.109　镜像结果　　　　　图 9.110　绘制草图 3

9.3　特征的复制与删除

在零件建模过程中，如果需要创建相同的零件特征，可以利用系统提供的复制功能进行特征复制，这样可以节省大量的时间，事半功倍。

【执行方式】

➢ 工具栏：单击"标准"工具栏中的"复制"按钮 📄。

➢ 菜单栏：选择菜单栏中的"编辑"→"复制"命令。

➢ 按住 Ctrl 键，拖动特征。

SOLIDWORKS 2024 不仅可以完成同一个零件模型中的特征复制，也可以实现不同零件模型之间的特征复制。

1．将特征在同一个零件模型中复制

【操作步骤】

（1）在 FeatureManager 设计树或绘图区中选择要复制的特征，此时该特征在绘图区中高亮显示。

（2）按住 Ctrl 键，然后拖动特征到所需的位置上。

（3）如果特征具有限制其移动的定位尺寸或几何关系，则系统弹出"复制确认"对话框，如图 9.111 所示，询问对该操作的处理。

"复制确认"对话框中各选项的含义如下：

1）"删除"按钮，单击该按钮，将删除限制特征移动的几何关系和定位尺寸。

2）"悬空"按钮，单击该按钮，将不对尺寸标注、几何关系进行求解。

3）"取消"按钮，单击该按钮，将取消复制操作。

（4）要重新定义悬空尺寸，在 FeatureManager 设计树中右击对应特征的草图，在弹出的快捷菜单中选择"编辑草图"命令。

（5）此时悬空尺寸将以灰色显示，在尺寸的旁边还有对应的红色控标，如图 9.112 所示。

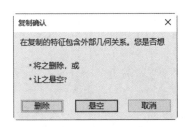

图 9.111　"复制确认"对话框

图 9.112　显示悬空尺寸

（6）将红色控标拖动到新的附加点。

（7）释放鼠标，将尺寸重新附加到新的边线或顶点上，即完成了悬空尺寸的重新定义。

2．将特征从一个零件复制到另一个零件

【操作步骤】

（1）选择菜单栏中的"窗口"→"横向平铺"或"纵向平铺"命令，以平铺方式显示多个文件。

（2）在一个文件中的 FeatureManager 设计树中选择要复制的特征。

（3）单击"标准"工具栏中的"复制"按钮 📄。

（4）在另一个文件中单击"标准"工具栏中的"粘贴"按钮 📄。

如果要删除模型中的某个特征，可以在 FeatureManager 设计树或绘图区中选择该特征，然后按 Delete 键，或者右击，在弹出的快捷菜单中选择"删除"命令，系统弹出"确认删除"对话框提出询问，如图 9.113 所示。在该对话框中单击"是"按钮，即可将特征从模型中删除。

图 9.113 "确认删除"对话框

扫一扫，看视频

◁» **注意：**

> 对于有父子关系的特征，如果删除父特征，则其所有子特征将一起被删除；而删除子特征时，其父特征不受影响。

动手学——绘制联轴器

本例绘制图 9.114 所示的联轴器。

【操作步骤】

（1）打开文件。单击"快速访问"工具栏中的"打开"按钮 📂，打开源文件\原始文件\9\联轴器，如图 9.115 所示。

（2）复制特征。在 FeatureManager 设计树中选择"切除-拉伸 1"特征，选择菜单栏中的"编辑"→"复制"命令，选择图 9.116 所示的拉伸实体的底面，选择菜单栏中的"编辑"→"粘贴"命令，系统弹出"复制确认"对话框，如图 9.117 所示。单击"悬空"按钮，系统弹出 SOLIDWORKS 对话框，如图 9.118 所示。在该对话框中单击"继续(忽略错误)"按钮，生成复制特征，如图 9.119 所示。

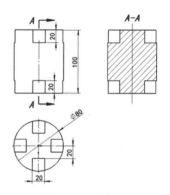

图 9.114 联轴器

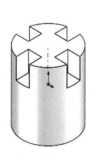

图 9.115 联轴器原始文件

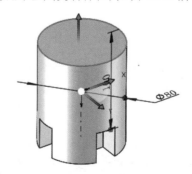

图 9.116 选择底面

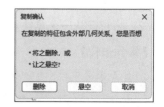

图 9.117 "复制确认"对话框

（3）编辑草图。在 FeatureManager 设计树中选择"切除-拉伸 2"特征，右击，在弹出的快捷菜单中单击"编辑草图"按钮 ☑，对复制后的草图进行编辑，如图 9.120 所示。单击"退出草图"按钮 ☑，结果如图 9.121 所示。

 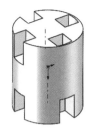 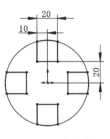 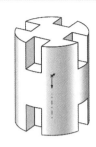

图 9.118 SOLIDWORKS 对话框 　图 9.119 复制特征 　图 9.120 编辑草图 　图 9.121 编辑结果

动手练——绘制铰链

本例绘制图 9.122 所示的铰链。

【操作提示】

（1）打开"铰链"源文件，如图 9.123 所示。

 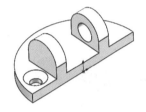

图 9.122　铰链 　　　　　　　　图 9.123　源文件

（2）复制孔。利用"复制"和"粘贴"命令，将孔进行复制，结果如图 9.122 所示。

9.4　综合实例——绘制转向器

本例绘制图 9.124 所示的转向器。

【操作步骤】

（1）新建文件。选择菜单栏中的"文件"→"新建"命令，或者单击"快速访问"工具栏中的"新建"按钮📄，在弹出的"新建 SOLIDWORKS 文件"对话框中单击"零件"按钮🐦，然后单击"确定"按钮，创建一个新的零件文件。

（2）设置背景颜色。单击"视图（前导）"工具栏中的"应用布景"按钮🖼·右侧的下拉按钮，在弹出的下拉菜单中选择"单白色"命令。

图 9.124　转向器

（3）绘制草图 1。在 FeatureManager 设计树中选择"前视基准面"作为草绘基准面，单击"草图"选项卡中的"中心线"按钮💠、"圆"按钮⊙和"3 点圆弧"按钮🎢，绘制草图 1，如图 9.125 所示。

（4）创建旋转实体 1。单击"特征"选项卡中的"旋转凸台/基体"按钮🍢，系统弹出"旋转"属性管理器。选择草图 1 的中心线作为旋转轴，设置旋转角度为 360 度，结果如图 9.126 所示。

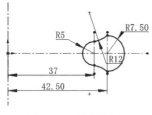

图9.125　绘制草图1　　　　　　　　　　　图9.126　创建旋转实体1

（5）绘制草图2。在 FeatureManager 设计树中选择"前视基准面"作为草绘基准面，单击"草图"选项卡中的"中心线"按钮、"直线"按钮和"3点圆弧"按钮，绘制草图2，如图9.127所示。

（6）创建旋转实体2。单击"特征"选项卡中的"旋转凸台/基体"按钮，系统弹出"旋转"属性管理器。选择草图2的中心线作为旋转轴，设置旋转角度为360度，结果如图9.128所示。

（7）绘制草图3。在 FeatureManager 设计树中选择"前视基准面"作为草绘基准面，单击"草图"选项卡中的"圆"按钮和"直线"按钮，绘制草图3，如图9.129所示。

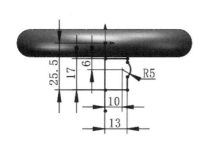

图9.127　绘制草图2　　　　　图9.128　创建旋转实体2　　　　图9.129　绘制草图3

（8）创建拉伸切除特征。单击"特征"选项卡中的"拉伸切除"按钮，系统弹出"旋转"属性管理器。选择草图3，设置"终止条件"为"完全贯穿"，结果如图9.130所示。

（9）绘制草图4。在 FeatureManager 设计树中选择"前视基准面"作为草绘基准面，单击"草图"选项卡中的"转换实体引用"按钮和"中心线"按钮，绘制草图4，如图9.131所示。

（10）创建基准面1。单击"特征"选项卡的"参考几何体"下拉列表中的"基准面"按钮，选择图9.131所示的草图4中的中心线作为第一参考，单击"垂直"按钮，设置基准面与中心线垂直，选择图9.131所示的点1为通过点，单击"确定"按钮，生成基准面1，结果如图9.132所示。

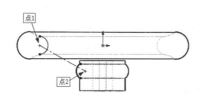

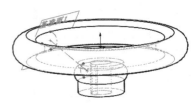

图9.130　创建拉伸切除特征（1）　　　图9.131　绘制草图4　　　　图9.132　创建基准面1

（11）创建基准面 2。单击"特征"选项卡的"参考几何体"下拉列表中的"基准面"按钮▣，选择图 9.131 所示的草图 4 中的中心线作为第一参考，单击"垂直"按钮⊥，设置基准面与中心线垂直，选择图 9.131 所示的点 2 为通过点，单击"确定"按钮✔，生成基准面 2，结果如图 9.133 所示。

（12）绘制草图 5。在 FeatureManager 设计树中选择"基准面 1"作为草绘基准面，单击"草图"选项卡中的"中心线"按钮✐、"圆"按钮⊙ 和"3 点圆弧"按钮⌒，绘制草图 5，如图 9.134 所示。

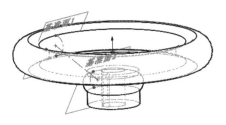

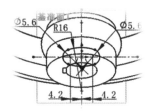

图 9.133　创建基准面 2　　　　　　　图 9.134　绘制草图 5

（13）绘制草图 6。在 FeatureManager 设计树中选择"基准面 2"作为草绘基准面，单击"草图"选项卡中的"中心线"按钮✐、"圆"按钮⊙和"3 点圆弧"按钮⌒，绘制草图 6，如图 9.135 所示。

（14）创建放样实体。单击"特征"选项卡中的"放样凸台/基体"按钮▲，系统弹出"放样"属性管理器。选择草图 5 和草图 6 作为放样轮廓，其他参数采用默认设置，如图 9.136 所示。单击"确定"按钮✔，结果如图 9.137 所示。

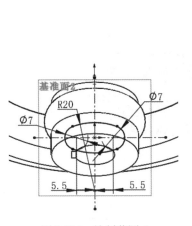

图 9.135　绘制草图 6

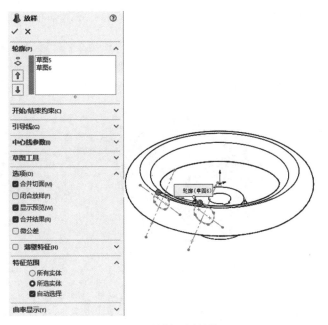

图 9.136　"放样"属性管理器

（15）创建基准轴 1。单击"特征"选项卡的"参考几何体"下拉列表中的"基准轴"按钮／，选择图 9.137 所示的内孔面，单击"确定"按钮✔，生成基准轴 1，如图 9.138 所示。

（16）创建圆周阵列。单击"特征"选项卡中的"圆周阵列"按钮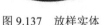，系统弹出"阵列(圆周)1"属性管理器。选择"放样1"为要阵列的特征，单击"方向1"列表框，在绘图区中选择基准轴1，选中"等间距"单选按钮，设置"实例数"为3，如图9.139所示。单击"确定"按钮✔，结果如图9.140所示。

图9.137　放样实体　　　　　图9.138　创建基准轴1　　　　图9.139　"阵列(圆周)1"属性管理器

（17）创建基准面3。单击"特征"选项卡的"参考几何体"下拉列表中的"基准面"按钮📐，选择"上视基准面"作为第一参考，设置偏移距离为9.5mm，单击"确定"按钮✔，生成基准面3，结果如图9.141所示。

图9.140　圆周阵列结果　　　　　　　图9.141　创建基准面3

（18）绘制草图7。在FeatureManager设计树中选择"基准面3"作为草绘基准面，单击"草图"选项卡中的"转换实体引用"按钮🔲和"直线"按钮╱，绘制草图7，如图9.142所示。

（19）创建拉伸实体。单击"特征"选项卡中的"拉伸凸台/基体"按钮🔩，系统弹出"凸台-拉伸"属性管理器。单击"反向"按钮⬌，调整拉伸方向向下，设置"终止条件"为"成形到下一面"，单击"确定"按钮✔，结果如图9.143所示。

（20）绘制草图 8。在 FeatureManager 设计树中选择"基准面 3"作为草绘基准面，单击"草图"选项卡中的"圆"按钮◎，绘制草图 8，如图 9.144 所示。

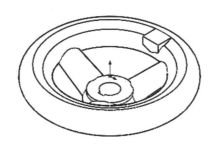

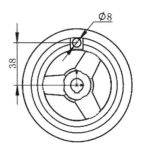

图 9.142　绘制草图 7　　　　　图 9.143　拉伸实体　　　　　图 9.144　绘制草图 8

（21）创建拉伸切除特征。单击"特征"选项卡中的"拉伸切除"按钮▣，系统弹出"切除-拉伸"属性管理器。选择草图 8，设置"终止条件"为"完全贯穿"，单击"确定"按钮✔，结果如图 9.145 所示。

（22）创建圆角。单击"特征"选项卡中的"圆角"按钮▣，系统弹出"圆角"属性管理器。在绘图区中选择图 9.146 所示的 8 条边线，设置"圆角类型"为"固定大小圆角"，设置"半径"为 1mm，如图 9.146 所示。单击"确定"按钮✔，生成固定大小圆角特征。

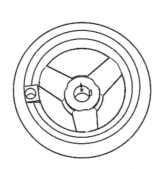

图 9.145　创建拉伸切除特征（2）　　　　图 9.146　选择边线

第 10 章　零件特征编辑

内容简介

在复杂的建模过程中，单一的特征命令有时不能完成相应的建模，因此需要利用一些特征编辑工具来完成模型的绘制或提高模型绘制的效率和规范性。这些特征编辑工具包括特征重定义、更改特征属性、返回与插入特征、压缩与解除压缩特征、动态修改特征，以及参数化设计。

内容要点

- ➤ 基本概念
- ➤ 特征重定义
- ➤ 更改特征属性
- ➤ 零件的特征管理
- ➤ 参数化设计
- ➤ 查询
- ➤ 库特征
- ➤ 综合实例 ——绘制齿轮

案例效果

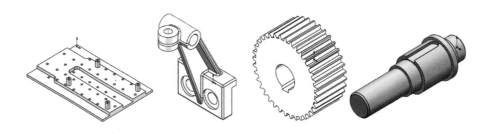

10.1　基　本　概　念

在进行特征操作时，必须注意特征之间的上下级关系，即父子关系。通常，创建一个新特征时，不可避免地要参考已有的特征，如选取已有特征的表面作为草图绘制平面或参考面，选取已有的特征边线作为标注尺寸参考等，此时便形成了特征之间的父子关系。

新生成的特征称为子特征，被参考的已有特征称为父特征。SOLIDWORKS 2024 中特征的父子关系具有以下特点。

（1）只能查看父子关系，而不能进行编辑。

（2）不能将子特征重新排序在其父特征之前。

要查看特征之间的父子关系信息，可进行以下操作。

（1）在 FeatureManager 设计树或绘图区中右击想要查看父子关系的特征。

（2）在弹出的快捷菜单中选择"父子关系"命令，系统弹出"父子关系"对话框，如图 10.1 所示。说明特征的父子关系。

特征之间父子关系的形成是特征在创建过程中对已有特征的参考所致，因此打破父子关系，也就打破了特征之间的参考关系。

对于有父子关系的特征，用户在进行特征操作时应加倍小心。通常，可以单独删除子特征而父特征不受影响；但是删除父特征时，其所有的子特征也一起被删除。对特征进行压缩操作时具有同样的效果：如果压缩父特征，则其所有子特征一起被压缩；而压缩子特征时，其父特征不受影响。

图 10.1　"父子关系"对话框

10.2　特征重定义

特征重定义是一项频繁使用的功能。一个特征生成之后，如果发现该特征的某些参数不符合要求，通常不必删除该特征，而是对特征进行重新定义，然后修改特征的参数，如拉伸特征的深度、圆角特征中处理的边线或半径等。

特征重定义的操作步骤如下。

（1）在 FeatureManager 设计树或绘图区中右击特征。

（2）在弹出的快捷菜单中单击"编辑特征"按钮，如图 10.2 所示。

（3）根据特征的类型，系统弹出相应的属性管理器。

（4）在相应的属性管理器中输入新的值或选项，从而重新定义该特征。

（5）单击"确定"按钮，以接受特征的重新定义。

图 10.2　"编辑特征"命令

10.3　更改特征属性

SOLIDWORKS 2024 中特征的属性包括特征的名称、颜色和压缩状态。压缩会将特征暂时从模型中移除，但并不删除它，通常用于简化模型和生成零件配置文件。

默认情况下，系统在每生成一个特征时，都会给该特征赋予一个名称和一个颜色。通常，特征名称是按生成的时间升序排列的，如拉伸 1、拉伸 2 等。为了使特征的名称与该特征在整个零件建模中的作用和地位相匹配，用户可以为特征定义新的名称和颜色。操作步骤如下。

（1）在 FeatureManager 设计树或绘图区中选取一个或多个特征。

（2）右击特征，在弹出的快捷菜单中选择"特征属性"命令。

（3）在弹出的"特征属性"对话框中输入新的名称，如图 10.3 所示。

（4）如果要压缩该特征，则勾选"压缩"复选框。

（5）"特征属性"对话框中还会显示该特征的创建者、创建日期和上次修改时间等属性。

（6）单击"确定"按钮，完成特征属性的修改。

图 10.3　"特征属性"对话框

📖 说明：

> 如果要同时选择多个特征，可以在选择的同时按住 Ctrl 键。

扫一扫，看视频

动手学——编辑安装板的特征属性

本例编辑图 10.4 所示的安装板的特征属性。

【操作步骤】

（1）打开文件。单击"快速访问"工具栏中的"打开"按钮📂，打开源文件\原始文件\10\安装板，如图 10.4 所示。

（2）更改特征属性。在 FeatureManager 设计树中选择"M8 六角凹头螺钉的柱形沉头孔 1"特征，右击，在弹出的快捷菜单中选择"特征属性"命令，如图 10.5 所示。系统弹出"特征属性"对话框，❶修改"名称"为"M8 沉头孔 1"，如图 10.6 所示，❷单击"确定"按钮，完成修改，此时 FeatureManager 设计树中的特征名称如图 10.7 所示。

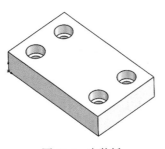

图 10.4　安装板

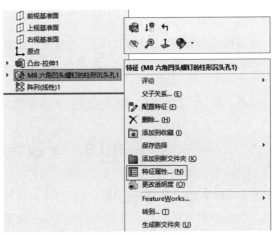

图 10.5　选择命令

图 10.6 修改名称

图 10.7 修改结果

动手练——编辑顶杆的特征属性

本例对图 10.8 所示的顶杆进行特征属性编辑。

【操作提示】

（1）打开"顶杆"源文件，如图 10.8 所示。

（2）在 FeatureManager 设计树中选择"变化圆角 1"，右击，在弹出的快捷菜单中选择"特征属性"命令，修改名称为"变半径圆角 1"。

（3）使用同样的方法将"变化圆角 2"的名称修改为"变半径圆角 2"，如图 10.9 所示。

图 10.8 顶杆

图 10.9 修改特征属性

动手学——绘制窥视孔盖

本例绘制图 10.10 所示的窥视孔盖。

【操作步骤】

（1）打开文件。单击"快速访问"工具栏中的"打开"按钮，打开源文件\原始文件\10\窥视孔盖，如图 10.11 所示。

（2）阵列孔。单击"特征"选项卡中的"线性阵列"按钮，弹出"线性阵列"属性管理器。在绘图区中选择水平边线为方向 1，输入距离为 80mm，实例数为 2；选择竖直边线为方向 2，输入距离为 45mm，实例数为 2，选择创建的孔为要阵列的特征，如图 10.12 所示。单击"确定"按钮，阵列完成。

扫一扫，看视频

图 10.10 窥视孔盖

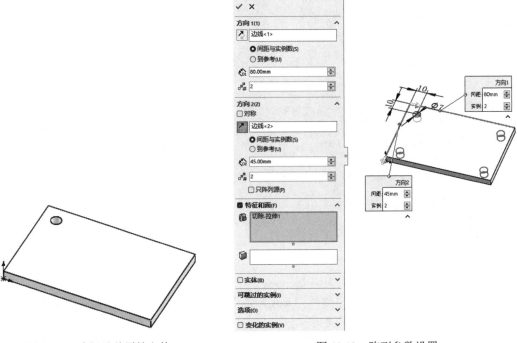

图 10.11　窥视孔盖原始文件　　　　　　　　　　　图 10.12　阵列参数设置

（3）创建螺纹孔。单击"特征"选项卡中的"异型孔向导"按钮，弹出"孔规格"属性管理器。选择"直螺纹孔"孔类型，设置孔大小为 M12，"终止条件"为"完全贯穿"，如图 10.13 所示；单击"位置"选项卡，在拉伸实体的上表面放置孔，并单击"草图"选项卡中的"智能尺寸"按钮，创建孔位置，如图 10.14 所示。单击"确定"按钮，结果如图 10.15 所示。

（4）圆角处理。单击"特征"选项卡中的"圆角"按钮，系统弹出"圆角"属性管理器。在绘图区中选择拉伸体的四条边线，如图 10.16 所示，输入圆角半径为 15mm，单击"确定"按钮，圆角处理完成。

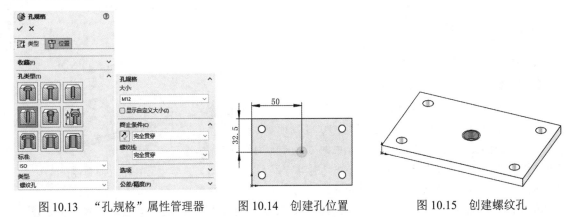

图 10.13　"孔规格"属性管理器　　　　图 10.14　创建孔位置　　　　图 10.15　创建螺纹孔

（5）特征编辑。❶在 FeatureManager 设计树中选择"圆角 1"特征，右击，❷在弹出的快捷菜单中单击"编辑特征"按钮📝，如图 10.17 所示。系统弹出"圆角 1"属性管理器，将圆角半径修改为 10mm，单击"确定"按钮✔，结果如图 10.18 所示。

图 10.16 圆角处理　　　　图 10.17 选择命令　　　　图 10.18 修改圆角结果

动手练——编辑电容

本例对图 10.19 所示的电容进行特征编辑。

【操作提示】

（1）打开"电容"源文件，如图 10.19 所示。

（2）在 FeatureManager 设计树中选择"包覆 1"特征，右击，在弹出的快捷菜单中单击"编辑特征"按钮📝，系统弹出"包覆 1"属性管理器，修改包覆类型为"浮雕"，如图 10.20 所示。

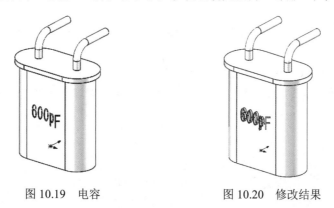

图 10.19 电容　　　　　　图 10.20 修改结果

10.4 零件的特征管理

零件的建模过程实际上是创建和管理特征的过程。本节介绍零件的特征管理，即退回与插入特征、压缩与解除压缩特征、动态修改特征。

10.4.1 退回与插入特征

退回特征命令可以查看某一特征生成前后模型的状态，退回特征有两种方式：一种是使用"退回控制棒"，在 FeatureManager 设计树的底端有一条粗实线，该线就是"退回控制棒"；另一种是使用快捷菜单，选择某一特征，右击，在弹出的快捷菜单中单击"退回"按钮 ↰，如图 10.21 所示。此时，"退回控制棒"退回到该特征上方。

插入特征命令可以在某一特征之后插入新的特征。只有将 FeatureManager 设计树中的"退回控制棒"拖到需要插入特征的位置后，才能根据设计需要生成新的特征。完成之后再将"退回控制棒"拖动到 FeatureManager 设计树的最后位置，完成特征的插入。

也可以在退回状态下，在"退回控制棒"上右击，弹出图 10.22 所示的退回快捷菜单，根据需要选择要退回的操作。在退回快捷菜单中，"退回到前"命令表示退回到上一退回特征状态；"退回到尾"命令表示退回到特征模型的末尾，即处于模型的原始状态。

图 10.21　快捷菜单　　　　　　　　　　　　　　图 10.22　退回快捷菜单

动手学——编辑铲斗支撑架

本例编辑图 10.23 所示的铲斗支撑架。

【操作步骤】

（1）打开文件。单击"快速访问"工具栏中的"打开"按钮 📂，打开源文件\原始文件\10\铲斗支撑架，如图 10.23 所示。

（2）退回特征。在 FeatureManager 设计树中选择"镜像 1"特征，右击，在弹出的快捷菜单中单击"退回"按钮 ↰，如图 10.24 所示。"退回控制棒"退回到该特征上方，如图 10.25 所示。

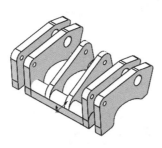

图 10.23　铲斗支撑架　　　　　　图 10.24　选择命令　　　　图 10.25　"退回控制棒"位置

（3）插入圆角特征 1。单击"特征"选项卡中的"圆角"按钮 🗔，系统弹出"圆角"属性管理器。设置圆角类型为"固定大小圆角 🗔"，设置圆角半径为 1mm，选择图 10.26 所示的边进行圆角。

（4）插入圆角特征 2。使用同样的方法选择图 10.27 所示的边进行圆角。

（5）插入圆角特征 3。使用同样的方法选择图 10.28 所示的边进行圆角。

（6）退回到前一状态。在 FeatureManager 设计树中的"退回控制棒"上右击，在弹出的快捷菜单中选择"退回到前"命令，如图 10.29 所示。插入特征后的图形如图 10.30 所示。

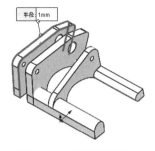

图 10.26　选择圆角边 1

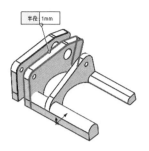

图 10.27　选择圆角边 2

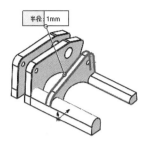

图 10.28　选择圆角边 3

图 10.29　选择命令

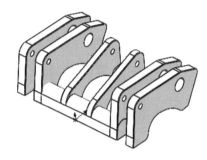

图 10.30　插入特征后的图形

✐技巧荟萃：

（1）当零件模型处于退回特征状态时，将无法访问该零件的工程图和基于该零件的装配图。

（2）不能保存处于退回特征状态的零件图，在保存零件时，系统将自动释放退回状态。

（3）在重新创建零件的模型时，处于退回状态的特征不会被考虑，即视其处于压缩状态。

动手练——编辑轴承座

本例对图 10.31 所示的轴承座进行编辑。

【操作提示】

（1）打开"轴承座"源文件，如图 10.31 所示。

（2）将"退回控制棒"拖动到"切除-拉伸 1"特征的下方，如图 10.32 所示。

（3）执行"倒角"命令，设置倒角类型为"角度距离 "，倒角距离为 1mm，角度为 45 度，选择图 10.33 所示的孔边线进行倒角，结果如图 10.34 所示。

（4）拖动"退回控制棒"到最末一个特征下方。

（5）在 FeatureManager 设计树中选择"表格阵列 1"特征，右击，在弹出的快捷菜单中单击"编辑特征"按钮 ，系统弹出"由表格驱动的阵列"对话框。将 FeatureManager 设计树中的"倒角 1"特征添加到"要复制的特征"栏中，勾选"几何体阵列"复选框，如图 10.35 所示。修改完成，结果如图 10.36 所示。

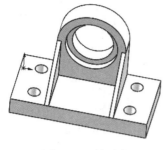

图 10.31　轴承座

图 10.32　退回特征

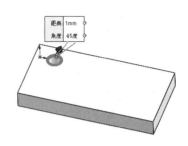

图 10.33　选择孔边线

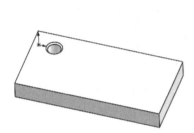

图 10.34　倒角结果

图 10.35　修改设置

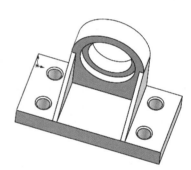

图 10.36　修改结果

10.4.2　压缩与解除压缩特征

对于一个结构比较复杂的零件，其特征数目通常很多，在对其进行零件操作时，系统运行速度较慢，为简化模型显示和加快系统运行速度，可将一些与当前操作无关的特征进行压缩。

当一个特征处于压缩状态时，系统在操作模型的过程中会暂时将其从模型中移除，就好像没有该特征一样（但不会被删除）。在工作完成后或需要该压缩特征时，可以将压缩特征恢复。

压缩不仅能暂时移除特征，而且可以避免所有可能参与的计算。当大量的细节特征（如倒角、圆角等）被压缩时，模型的重建速度会加快。

1．压缩特征

用户既可以从 FeatureManager 设计树中选择需要压缩的特征，也可以从绘图区中选择需要压缩特征的一个面。

压缩特征的操作方法有以下几种。

（1）工具栏方式。选择要压缩的特征，单击"特征"工具栏中的"压缩"按钮↓🔩。

（2）菜单栏方式。选择要压缩的特征，选择菜单栏中的"编辑"→"压缩"→"此配置"命令。

（3）快捷菜单方式。在 FeatureManager 设计树中右击需要压缩的特征，在弹出的快捷菜单中单击"压缩"按钮↓，如图 10.37 所示。

（4）对话框方式。在 FeatureManager 设计树中右击需要压缩的特征，在弹出的快捷菜单中选择"特征属性"命令，在弹出的"特征属性"对话框中勾选"压缩"复选框，然后单击"确定"按钮，如图 10.38 所示。

特征被压缩后，在模型中不再被显示，但是并没有被删除，被压缩的特征在 FeatureManager 设计树中以灰色显示。图 10.39 所示为铲斗支撑架的"凸台-拉伸 3"特征被压缩后的图形，其子特征也同时被压缩。图 10.40 所示为特征被压缩后的 FeatureManager 设计树。

图 10.37　快捷菜单

图 10.38　"特征属性"对话框

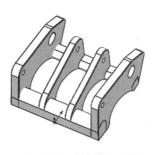

图 10.39　压缩特征后的铲斗支撑架

图 10.40　特征被压缩后的 FeatureManager 设计树

2．解除压缩特征

解除压缩特征必须从 FeatureManager 设计树中选择需要解除压缩的特征，而不能从绘图区中选择该特征的某一个面，因为在绘图区中该特征不被显示。与压缩特征相对应，解除压缩特征的方法有以下几种。

（1）工具栏方式。选择要解除压缩的特征，单击"特征"工具栏中的"解除压缩"按钮↑。

（2）菜单栏方式。选择要解除压缩的特征，选择菜单栏中的"编辑"→"解除压缩"→"此配置"命令。

（3）快捷菜单方式。在 FeatureManager 设计树中右击要解除压缩的特征，在弹出的快捷菜单中单击"解除压缩"按钮↑。

（4）对话框方式。在 FeatureManager 设计树中右击要解除压缩的特征，在弹出的快捷菜单中选择"特征属性"命令，在弹出的"特征属性"对话框中取消勾选"压缩"复选框，然后单击"确定"按钮。

特征被解除压缩以后，绘图区中将显示该特征，FeatureManager 设计树中该特征将以正常模式显示。

扫一扫，看视频

动手学——绘制承重台

本例绘制图 10.41 所示的承重台。

【操作步骤】

（1）打开文件。单击"快速访问"工具栏中的"打开"按钮，打开源文件\原始文件\10\承重台，如图 10.42 所示。

（2）创建 M6 的螺纹孔。单击"特征"选项卡中的"异型孔向导"按钮，系统弹出"孔规格"属性管理器。选择"直螺纹孔"孔类型，"标准"选择"ISO"，设置孔大小为 M6，"终止条件"为"完全贯穿"，如图 10.43 所示。单击"位置"选项卡，选择底面作为孔的放置面，并单击"草图"工具栏中的"智能尺寸"按钮，创建孔位置，如图 10.44 所示。单击"确定"按钮，螺纹孔创建完成。

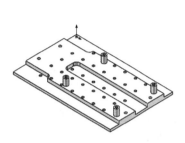
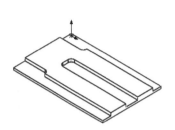

图 10.41　承重台　　　　图 10.42　承重台原始文件　　　　图 10.43　螺纹孔参数设置

（3）创建线性阵列。单击"特征"选项卡中的"线性阵列"按钮，系统弹出"线性阵列"属性管理器。选择图 10.45 中的边线 1 作为方向 1 的阵列方向，设置"间距"为 25mm，"实例数"为 7；选择图 10.45 中的边线 2 作为方向 2 的阵列方向，设置"间距"为 25mm，"实例数"为 5，在"要阵列的特征"栏中单击，然后在绘图区中选择 M6 的螺纹孔，如图 10.45 所示。单击"确定"按钮，结果如图 10.46 所示。

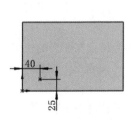

图 10.44　创建孔位置（1）

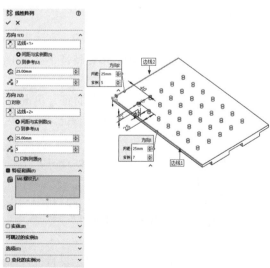

图 10.45　线性阵列参数设置

（4）压缩特征。在 FeatureManager 设计树中选择"M6 螺纹孔 1"和"阵列(线性)1"特征，右击，在弹出的快捷菜单中单击"压缩"按钮↓⏚，如图 10.47 所示。将 M6 的螺纹孔进行压缩。

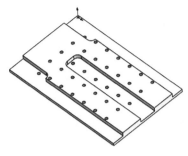

图 10.46　线性阵列结果

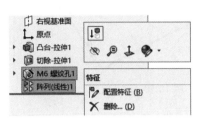

图 10.47　选择命令（1）

（5）创建沉头孔。单击"特征"选项卡中的"异型孔向导"按钮，系统弹出"孔规格"属性管理器。选择"柱形沉头孔"孔类型，"标准"选择"ISO"，设置孔大小为 M5，"终止条件"为"完全贯穿"，勾选"显示自定义大小"复选框，将"柱形沉头孔直径"设置为 13.000mm，"柱形沉头孔深度"设置为 6.000mm，如图 10.48 所示。单击"位置"选项卡，选择底面作为孔的放置面，并单击"草图"工具栏中的"智能尺寸"按钮，创建孔位置，如图 10.49 所示。单击"确定"按钮，结果如图 10.50 所示。

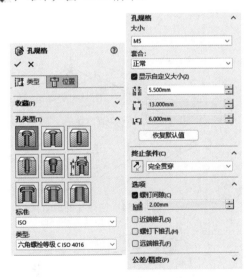

图 10.48　沉头孔参数设置

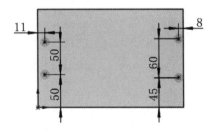

图 10.49　创建孔位置（2）

（6）绘制草图 3。选择"凸台-拉伸 1"的上表面作为草绘基准面。单击"草图"选项卡中的"圆"按钮，绘制草图 3，如图 10.51 所示。

（7）创建拉伸实体 2。单击"特征"选项卡中的"拉伸凸台/基体"按钮，系统弹出"凸台-拉伸"属性管理器。选择草图 7，设定拉伸的终止条件为"给定深度"，深度设置为 15mm，保持其他选项的系统默认值不变，单击"确定"按钮，结果如图 10.52 所示。

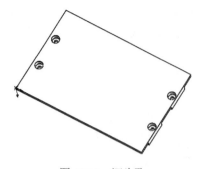

图 10.50 沉头孔

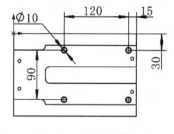

图 10.51 绘制草图 3

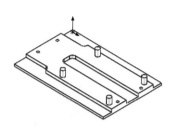

图 10.52 创建拉伸实体 2

（8）创建 M5 的螺纹孔。单击"特征"选项卡中的"异型孔向导"按钮，系统弹出"孔规格"属性管理器。选择"直螺纹孔"孔类型，"标准"选择"ISO"，设置孔大小为 M5，"终止条件"为"给定深度"，深度值设置为 12.40mm，如图 10.53 所示。单击"位置"选项卡，选择图 10.54 所示的面作为孔的放置面，选择凸台的圆心点为孔位置，如图 10.55 所示。单击"确定"按钮，结果如图 10.56 所示。

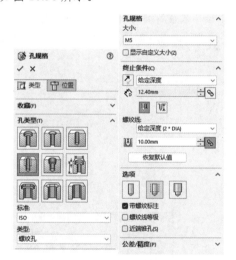

图 10.53 设置螺纹孔参数

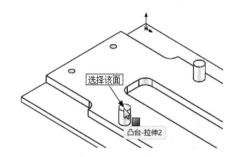

图 10.54 选择孔的放置面

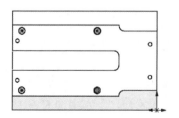

图 10.55 创建孔位置（3）

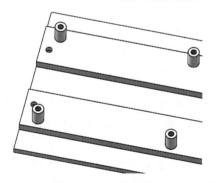

图 10.56 M5 的螺纹孔

（9）解除压缩。在 FeatureManager 设计树中选择"M6 螺纹孔 1"和"阵列(线性)1"特征，右击，在弹出的快捷菜单中单击"解除压缩"按钮，如图 10.57 所示。结果如图 10.58 所示。

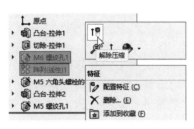

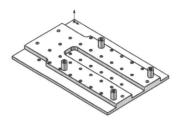

图 10.57　选择命令（2）　　　　图 10.58　解除压缩后的图形

动手练——绘制保持架

本例绘制图 10.59 所示的保持架。

【操作提示】

（1）在"前视基准面"上绘制草图 1，如图 10.60 所示。利用"旋转凸台/基体"命令进行拉伸，选择竖直直线作为旋转轴，旋转角度设置为 360 度。

（2）在"上视基准面"上绘制草图 2，如图 10.61 所示。利用"拉伸凸台/基体"命令进行拉伸，拉伸终止条件设置为"两侧对称"，拉伸深度设置为 4mm。

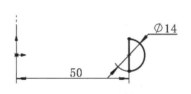

图 10.59　保持架　　　　图 10.60　绘制草图 1　　　　图 10.61　绘制草图 2

（3）利用"圆周阵列"命令创建圆周阵列，实例数设置为 10，阵列角度为 360 度，结果如图 10.62 所示。

（4）在"上视基准面"上绘制草图 3，如图 10.63 所示。利用"拉伸切除"命令进行拉伸切除，拉伸终止条件设置为"完全贯穿-两者"，拉伸切除完成。

（5）将"阵列(圆周)1"特征进行压缩。在"上视基准面"上绘制草图 4，如图 10.64 所示。利用"旋转切除"命令切除实体。

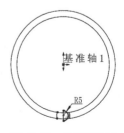

图 10.62　圆周阵列结果　　　　图 10.63　绘制草图 3　　　　图 10.64　绘制草图 4

（6）将"阵列(圆周)1"特征解除压缩。利用"圆周阵列"命令进行阵列，实例数设置为 10，结果如图 10.59 所示。

10.4.3 动态修改特征

动态修改特征（Instant3D）可以通过拖动控标或标尺快速生成和修改模型几何体，并且系统不需要退回编辑特征的位置，而是直接对特征进行动态修改。动态修改是指通过控标移动、旋转来调整拉伸及旋转特征的大小，既可以通过修改草图进行动态修改，也可以通过修改特征进行动态修改。

扫一扫，看视频

动手学——动态修改托架尺寸

本例对图 10.65 所示的托架进行动态修改。

【操作步骤】

（1）打开文件。单击"快速访问"工具栏中的"打开"按钮📂，打开源文件\原始文件\10\托架，如图 10.65 所示。

（2）启动命令。单击"特征"选项卡中的"Instant3D"按钮，开始动态修改特征操作。

（3）显示动态尺寸。在 FeatureManager 设计树中选择"凸台-拉伸 1"作为要修改的特征，绘图区中该特征被亮显，同时，出现该特征的修改控标，如图 10.66 所示。

（4）修改草图尺寸。❶拖动尺寸为 82 的控标，屏幕中出现标尺，❷将鼠标拖至 100mm 的刻度线处，如图 10.67 所示。松开鼠标，尺寸修改完成。

图 10.65　托架

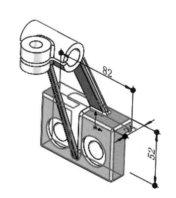

图 10.66　选择"凸台-拉伸 1"特征

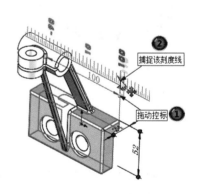

图 10.67　修改草图尺寸

（5）显示动态尺寸。在 FeatureManager 设计树中选择"凸台-拉伸 2"作为要修改的特征，绘图区中该特征被亮显，同时，出现该特征的修改控标，如图 10.68 所示。

（6）修改特征尺寸。❶拖动尺寸为 50mm 的控标，屏幕中出现标尺，❷将鼠标拖至 65mm 的刻度线处，如图 10.69 所示。松开鼠标，修改后的图形如图 10.70 所示。

（7）退出命令。单击"特征"选项卡中的"Instant3D"按钮，结束动态修改特征操作。

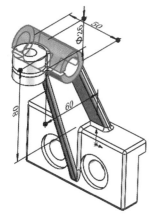

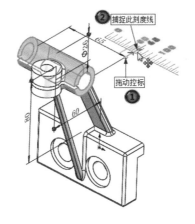

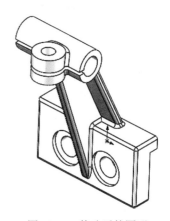

图 10.68　选择"凸台-拉伸 2"特征　　图 10.69　修改特征尺寸　　图 10.70　修改后的图形

动手练——动态修改大透盖尺寸

本例对图 10.71 所示的大透盖进行动态修改。

【操作提示】

（1）打开"大透盖"源文件，如图 10.71 所示。

（2）选择"凸台-拉伸 1"特征，将拉伸的深度尺寸 10mm 调整为 20mm，如图 10.72 所示。

图 10.71　大透盖　　　　图 10.72　修改拉伸深度

10.5　参数化设计

在设计零件的过程中，用户可以通过设置参数之间的关系或事先建立参数的规范，以达到参数化或智能化建模的目的。下面对参数化设计进行简要介绍。

10.5.1　特征尺寸

特征尺寸是标注不属于草图部分数值（如两个拉伸特征的深度）的一种方法。

显示特征尺寸的方法有以下三种。

（1）双击特征，显示该特征的特征尺寸。

（2）启动"Instant3D"命令，单击特征，显示该特征的特征尺寸。

（3）取消选择菜单栏中的"视图"→"隐藏所有类型"命令，在 FeatureManager 设计树中右击"注解"文件夹，在弹出的快捷菜单中选择"显示特征尺寸"命令。

动手学——显示和隐藏托架尺寸

本例对图 10.73 所示的托架尺寸进行显示和隐藏。

【操作步骤】

（1）打开文件。单击"快速访问"工具栏中的"打开"按钮，打开源文件\原始文件\10\托架，如图 10.73 所示。

（2）在 FeatureManager 设计树中❶右击"注解"文件夹，在弹出的快捷菜单中❷选择"显示特征尺寸"命令，如图 10.74 所示。此时绘图区中零件的所有特征尺寸都显示出来且都是蓝色的，而对应特征中的草图尺寸则显示为黑色，如图 10.75 所示。

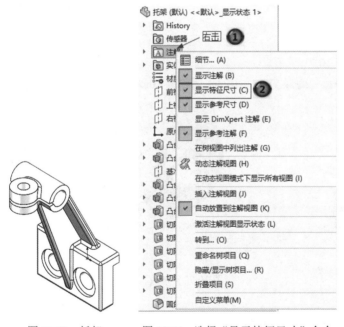

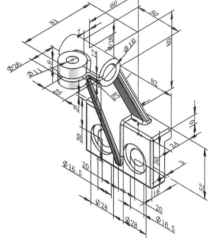

图 10.73　托架　　　　图 10.74　选择"显示特征尺寸"命令　　　　图 10.75　显示特征尺寸

（3）在 FeatureManager 设计树中❶右击"凸台-拉伸 1"特征，在弹出的快捷菜单中❷选择"隐藏所有尺寸"命令，如图 10.76 所示。隐藏"凸台-拉伸 1"特征尺寸，如图 10.77 所示。

（4）在绘图区中❶右击尺寸 81mm，在弹出的快捷菜单中❷选择"隐藏"命令，如图 10.78 所示。隐藏尺寸 81mm，如图 10.79 所示。

图 10.76 选择"隐藏所有尺寸"命令

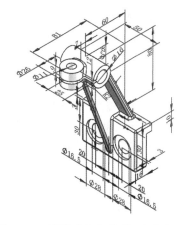

图 10.77 隐藏"凸台-拉伸 1"特征尺寸

图 10.78 选择"隐藏"命令

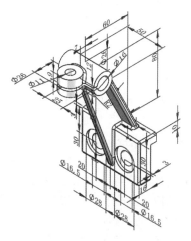

图 10.79 隐藏尺寸 81mm

动手练——显示和隐藏大透盖尺寸

本例对图 10.80 所示的大透盖尺寸进行显示和隐藏。

【操作提示】

（1）打开"大透盖"源文件。

（2）利用"显示特征尺寸"命令显示大透盖的特征尺寸。

（3）隐藏"拉伸-切除 2"的尺寸。

（4）隐藏尺寸"$\phi 280$"。

图 10.80 大透盖

10.5.2 方程式驱动尺寸

特征尺寸只能控制特征中不属于草图部分的数值，即特征定义尺寸，而方程式可以驱动任何尺寸。在模型尺寸之间生成方程式后，特征尺寸成为变量，它们之间必须满足方程式的要求，互相牵制。当删除方程式中使用的尺寸或尺寸所在的特征时，方程式也一起被删除。

方程式是用全局变量和数学函数定义尺寸，并生成零件和装配体中两个或更多尺寸之间的数学关系。

【执行方式】

➢ 工具栏：单击"工具"工具栏中的"方程式"按钮Σ。

➢ 菜单栏：选择菜单栏中的"工具"→"方程式"命令。

➢ 设计树：右击 FeatureManager 设计树中的 FeatureManager 文件夹，然后选择"管理方程式"命令。

执行上述操作，系统弹出"方程式、整体变量、及尺寸"对话框，如图 10.81 所示。该对话框中列出了"方程式视图Σ""草图方程式视图""尺寸视图""按序排列的视图"4 个视图，每个视图显示方程式、全局变量和尺寸的不同组合和顺序，以帮助用户执行各种任务。

利用该对话框可以进行以下操作。

（1）添加方程式：用户可以使用方程式视图、尺寸视图或按序排列的视图将方程式添加至零件或装配体。添加方程式之后的尺寸在绘图区中用Σ图标显示出来。

（2）添加草图方程式：用户可以使用草图方程式视图将方程式添加至草图实体。

（3）编辑方程式：对方程式进行编辑。可使用字头条目、方程式的弹出菜单、全局变量、函数和文件属性以及句法检查编辑方程式。如果发生错误，则单击"撤销"按钮清除每项连续编辑，每次单击该按钮时可清除一项编辑。

编辑方程式时需注意以下事项。

1）尺寸名称必须放在引号内。

2）方程式是从左至右求解的（左侧尺寸由右侧值驱动）。

3）方程式按其在按序排列的视图中出现的顺序求解。如果有必要，可更改顺序。

（4）删除方程式：删除全局变量或方程式的操作步骤如下。

1）选取一行或多行包含需要删除的全局变量或方程式，然后右击。

2）在弹出的快捷菜单中选择"删除"命令或按 Delete 键。

3）单击"确定"按钮以关闭"方程式、整体变量、及尺寸"对话框。

删除全局变量或方程式会导致其他方程式（包括全局变量或方程式）无效。

（5）运算符、函数和常数。

在 SOLIDWORKS 2024 中，方程式支持的运算符、函数和常数见表 10.1。

表 10.1　方程式支持的运算符、函数和常数

运算符、函数和常数	说　　明
＋	加法
－	减法
*	乘法
/	除法
^	求幂

续表

运算符、函数和常数	说　明
sin(a)	正弦，a 为以弧度表示的角度
cos(a)	余弦，a 为以弧度表示的角度
tan(a)	正切，a 为以弧度表示的角度
atn(a)	反正切，a 为以弧度表示的角度
abs(a)	绝对值，返回 a 的绝对值
exp(a)	指数，返回 e 的 a 次方
log(a)	对数，返回 a 的以 e 为底的自然对数
sqr(a)	平方根，返回 a 的平方根
int(a)	取整，返回 a 的整数部分
pi	圆周率

下面分别对图 10.81 所示的"方程式、整体变量、及尺寸"对话框中的 4 个视图进行介绍。

图 10.81　"方程式、整体变量、及尺寸"对话框

1. 方程式视图Σ

方程式视图显示零件和装配体的所有全局变量和方程式。在该视图中，用户可以添加全局变量和方程式，编辑和删除现有的全局变量和方程式，也可以添加评述，还可以压缩特征以帮助解决方程式问题。

在该视图中，用户可以定义用于有条件地压缩特征的方程式，还可以直接在方程式对话框中压缩特征，也可以使用 Visual Basic if 函数的语法有条件地压缩特征。

◀》注意：

> 如果只创建一个控制子特征压缩状态的方程，则不能压缩或解除压缩父特征。要控制父特征的压缩状态，则需要为父特征创建单独的方程或使用其他方法，如配置特征或设计表。

压缩特征的操作步骤如下。

（1）在方程式对话框的特征部分中单击空单元格。

（2）在 FeatureManager 设计树中单击要压缩的特征。

执行以上操作，特征名称会出现在特征部分中。SOLIDWORKS 2024 会使用 ＝（等号）填充下一个单元格，并显示一个列表，其中包含全局变量、函数、文件属性和计量的选项。

（3）展开全局变量，选择压缩，然后单击。

2. 草图方程式视图

草图方程式视图显示仅用于草图的全局变量和方程式。单击“草图方程式视图”按钮，草图方程式视图如图 10.82 所示。

方程式、整体变量、及尺寸
过滤所有栏区
名称
数值/方程式
估算到
评论
草图方程式
添加方程式
确定
取消
输入(I)...
输出(E)...
帮助(H)
自动重建
角度方程单位:
度数
自动求解组序
链接至外部文件:

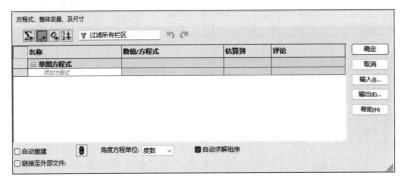

图 10.82　草图方程式视图

草图方程式与用于其他零件和装配体的方程式不同。当用户编辑某个方程式或将其添加至活动草图时，系统将自动应用草图实体间的几何关系、解出相关方程式并自动更新草图。如果方程式用于零件和装配体，则模型在重建前不会更新。

3. 尺寸视图

尺寸视图显示活动草图、零件或装配体中的所有尺寸，包括带有设定值和由方程式所决定的尺寸。该视图使重新命名数个尺寸的数值轻而易举。单击“尺寸视图”按钮，尺寸视图如图 10.83 所示。

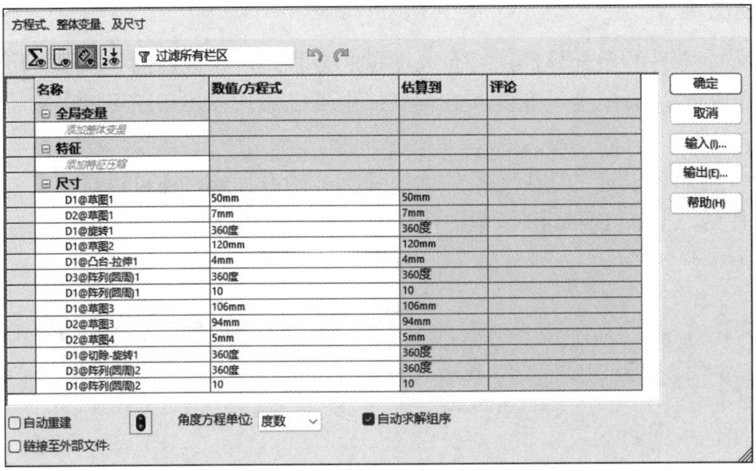

方程式、整体变量、及尺寸
过滤所有栏区
名称
数值/方程式
估算到
评论
全局变量
添加整体变量
特征
添加特征压缩
尺寸
D1@草图1 50mm 50mm
D2@草图1 7mm 7mm
D1@旋转1 360度 360度
D1@草图2 120mm 120mm
D1@凸台-拉伸1 4mm 4mm
D3@阵列(圆周)1 360度 360度
D1@阵列(圆周)1 10 10
D1@草图3 106mm 106mm
D2@草图3 94mm 94mm
D2@草图4 5mm 5mm
D1@切除-旋转1 360度 360度
D3@阵列(圆周)2 360度 360度
D1@阵列(圆周)2 10 10
确定
取消
输入(I)...
输出(E)...
帮助(H)
自动重建
角度方程单位:
度数
自动求解组序
链接至外部文件:

图 10.83　尺寸视图

带设定值的尺寸仅在该视图中可见，而在方程式视图、按序排列视图和草图方程式视图中不可见。

> 在"名称"列中，全局变量、特征和方程式的名称标有引号，而尺寸的名称则没有。在"数值/方程式"列中，由方程式决定的尺寸以"="（等号）开头，而带设定值的尺寸不以"="开头。

4. 按序排列的视图 ⋮⋮

按序排列的视图按照求解顺序显示方程式和全局变量，按序排列的视图如图 10.84 所示。

如果取消勾选"自动求解组序"复选框，则可在此视图中更改方程式和全局变量的顺序，还可以添加新的方程式和全局变量并为其重新命名，也可以编辑和删除现有方程式和变量。

图 10.84　按序排列的视图

动手学——创建低速轴的驱动方程式

本例对图 10.85 所示的低速轴创建驱动方程式。

扫一扫，看视频

【操作步骤】

（1）打开文件。单击"快速访问"工具栏中的"打开"按钮 📂，打开源文件\原始文件\10\低速轴，如图 10.85 所示。

（2）显示特征尺寸。在 FeatureManager 设计树中右击"注解"文件夹 🅰，在弹出的快捷菜单中选择"显示特征尺寸"命令，此时在绘图区中零件的所有特征尺寸都会显示出来，如图 10.86 所示。

（3）设置全局变量。选择菜单栏中的"工具"→"方程式"命令，系统弹出"方程式、整体变量、及尺寸"对话框，❶输入"全

图 10.85　低速轴

局变量"为"直径"，❷在其后的"数值/方程式"输入框中单击，❸在绘图区中选择尺寸"$\phi 140$"，❹单击"确定"按钮 ✓，如图 10.87 所示。

（4）输入方程 1。在"方程式"输入框中单击，❺在绘图区中选择尺寸"12"，❻在其后的"数值/方程式"输入框中单击，❼在弹出的下拉菜单中选择"全局变量"→"直径(140mm)"，如图 10.88 所示，然后❽继续输入方程"*12/140"，❾单击"确定"按钮 ✓，如图 10.88 所示。

（5）输入其他方程。使用同样的方法❿输入其他方程，如图 10.89 所示。

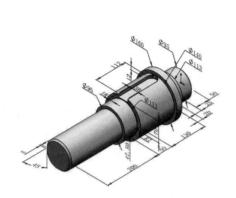

图 10.86　显示特征尺寸

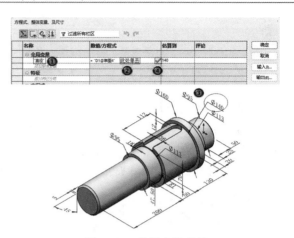

图 10.87　设置全局变量

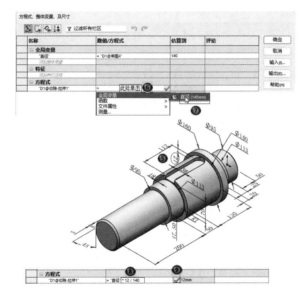

图 10.88　输入方程 1

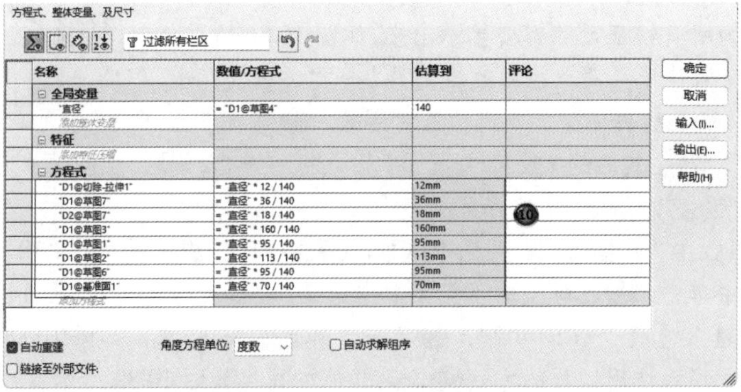

图 10.89　输入其他方程

（6）定义压缩特征。⑪单击"特征"输入框，⑫在 FeatureManager 设计树中选择"倒角 1"，⑬在其后的"数值/方程式"输入框中单击，⑭在弹出的下拉菜单中选择"函数"→"if()"，如图 10.90 所示。然后⑮在绘图区中选择尺寸"$\Sigma\phi 95$"，⑯输入函数内容"<60,"suppressed","unsuppressed""，⑰单击"确定"按钮 ✔，如图 10.91 所示。⑱单击"确定"按钮，完成压缩特征方程的定义，结果如图 10.92 所示。

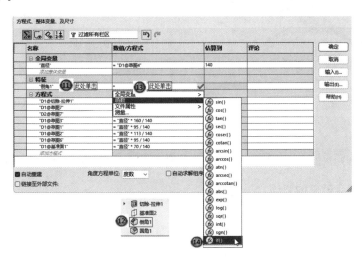

图 10.90 选择函数

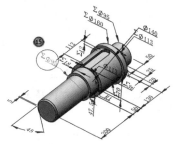

图 10.91 输入函数内容

（7）修改尺寸。将尺寸"$\phi 140$"修改为"$\phi 120$"，再单击"快速访问"工具栏中的"重建模型"按钮 ❽，结果如图 10.93 所示。

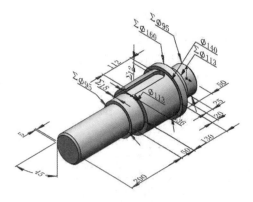

图 10.92　方程式驱动尺寸

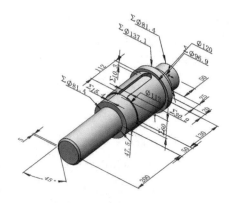

图 10.93　修改尺寸结果

⚙技巧荟萃：

> 被方程式驱动的尺寸无法在模型中以编辑尺寸值的方式来改变。

动手练——创建大透盖的驱动方程式

本例对图 10.94 所示的大透盖创建驱动方程式。

【操作提示】

（1）打开"大透盖"源文件，如图 10.94 所示。显示特征尺寸，如图 10.95 所示。

图 10.94　大透盖

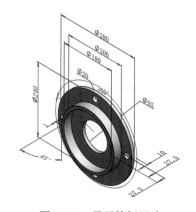

图 10.95　显示特征尺寸

（2）启动"方程式"命令，在"方程式、整体变量、及尺寸"对话框中设置尺寸"$\phi 200$"为全局变量尺寸，名称设置为"外径"，然后在绘图区中选择尺寸"$\phi 200$"，单击"确定"按钮 ✔，全局变量设置完成，如图 10.96 所示。

（3）在"方程式"输入框中选中尺寸"$\phi 180$"，在"数值/方程式"输入框中输入方程式，如图 10.96 所示。单击"确定"按钮 ✔，方程式设置完成。

（4）其他方程式设置如图 10.97 所示。

（5）选中"切除-拉伸 3"特征设置压缩条件，如图 10.98 所示。

（6）通过修改尺寸"$\phi 200$"调整大透盖的尺寸。

□ 全局变量		
"外径"	= "D1@草图2"	200.00
添加整体变量		
□ 特征		
添加特征压缩		
□ 方程式		
"D1@草图3"	="外径"-20	✓

图 10.96 设置方程式

□ 方程式		
"D1@草图3"	= "外径" - 20	180mm
"D1@草图4"	= "外径" + 40	240mm
"D1@草图1"	= "外径" + 80	280mm
"D1@草图5"	= "外径" - 105	95mm

图 10.97 设置其他方程式

□ 特征		
"切除-拉伸3"	= IIF ("D1@草图5" < 30, "suppressed", "unsuppressed")	已解除压缩
添加特征压缩		

图 10.98 设置压缩条件

10.5.3 系列零件设计表

如果用户的计算机中安装了 Microsoft Excel，就可以使用 Excel 在零件文件中直接嵌入新的配置。配置是指由一个零件或一个部件派生而成的形状相似、大小不同的一系列零件或部件集合。在 SOLIDWORKS 2024 中，大量使用的配置是系列零件设计表。利用系列零件设计表，用户可以很容易地生成一系列大小相同、形状相似的标准零件，如螺母、螺栓等，从而形成一个标准零件库。

使用系列零件设计表具有以下优点。

（1）使用简单的方法即可生成大量的相似零件，对于标准化零件管理有很大帮助。

（2）使用系列零件设计表，不必一一创建相似零件，从而可以节省大量时间。

（3）使用系列零件设计表，在零件装配中很容易实现零件的互换。

【执行方式】

选择菜单栏中的"插入"→"表格"→"Excel 设计表"命令，系统弹出"Excel 设计表"属性管理器，如图 10.99 所示。

插入系列零件设计表有以下几种不同的方法。

1. 自动插入系列零件设计表

选中"Excel 设计表"属性管理器中的"自动生成"单选按钮来自动插入系列零件设计表，操作步骤如下。

（1）创建一个原始样本零件模型。选中"Excel 设计表"属性管理器中的"自动生成"单选按钮，系统弹出"尺寸"对话框，如图 10.100 所示。

（2）选取系列零件设计表中的零件成员要包含的特征或变化尺寸，选取时要按照特征或尺寸的重要程度依次选取。在此应注意，原始样本零件中没有被选取的特征或尺寸，将是系列零件设计表中所有成员共同具有的特征或尺寸，即系列零件设计表中各成员的共性部分。

（3）单击"确定"按钮，利用 Microsoft Excel 2010 及以上的版本编辑、添加系列零件设计表的成员和要包含的特征或变化尺寸。选择要添加到系列零件设计表中的尺寸，自动插入一个设计表，如图 10.101 所示。

（4）生成的系列零件设计表保存在模型文件中，并且不会连接到原来的 Excel 文件，即在模型中所进行的更改不会影响原来的 Excel 文件。

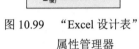

图 10.99　"Excel 设计表"　　　图 10.100　"尺寸"对话框　　　图 10.101　设计表
属性管理器

2. 在模型中插入一个新的空白系列零件设计表

选中"Excel 设计表"属性管理器中的"空白"插入一个空白的设计表，操作步骤如下。

（1）选中菜单栏中的"插入"→"表格"→"Excel 设计表"命令，系统弹出"Excel 设计表"属性管理器，在"源"选项组中选中"空白"单选按钮，然后单击"确定"按钮 ✔ 。系统弹出"添加行和列"对话框，如图 10.102 所示。在该对话框中，从"配置"和"参数"列表框中选择配置和参数。如果要在下次打开对话框时查看取消选择的项目，则需要勾选"再次显示取消选择的项目"复选框。

（2）单击"确定"按钮，系统弹出一个 Excel 工作表，Excel 工具栏取代了 SOLIDWORKS 工具栏，如图 10.103 所示。

图 10.102　"添加行和列"对话框　　　　　图 10.103　插入的 Excel 工作表

（3）在 Excel 表的第 2 行中输入要控制的尺寸名称，也可以在绘图区中双击要控制的尺寸，则相关的尺寸名称出现在第 2 行中，同时该尺寸名称对应的尺寸值出现在"第一实例"行中。

（4）重复步骤（3），直到定义完模型中所有要控制的尺寸。

（5）如果要建立多种型号，则在列 A（单元格 A4、A5、…）中输入想生成的型号名称。

（6）在对应的单元格中输入该型号对应控制尺寸的尺寸值，如图 10.104 所示。

（7）完成向工作表中添加信息后，在表格外单击，以将其关闭。

（8）系统弹出一个信息对话框，列出所生成的型号，如图 10.105 所示。

当创建完成一个系列零件设计表后，其原始样本零件就是其他所有型号的样板，原始零件的所有特征、尺寸、参数等均有可能被系列零件设计表中的型号复制使用。

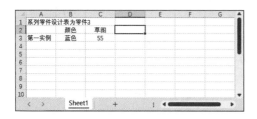

图 10.104　输入控制尺寸的尺寸值

图 10.105　信息对话框

3．将外部文件作为系列零件设计表插入

用户可以创建设计表作为单独的 Microsoft Excel 文件，然后使用"Excel 设计表"属性管理器将文件插入模型中，操作步骤如下。

（1）选择菜单栏中的"插入"→"表格"→"Excel 设计表"命令，系统弹出"Excel 设计表"属性管理器，在"源"选项组中选中"来自文件"单选按钮，单击"浏览"按钮，系统弹出"打开"对话框。选择已创建好的 Excel 文件，返回到"Excel 设计表"属性管理器，勾选"链接到文件"复选框，单击"确定"按钮✔，系统弹出一个 Excel 工作表。

（2）在表格外单击以将其关闭，模型将更新为新尺寸。

动手学——创建垫圈系列零件设计表

扫一扫，看视频

本例绘制图 10.106 所示的垫圈，并创建系列零件设计表，然后将其插入"垫片"文件中。

【操作步骤】

（1）打开文件。单击"快速访问"工具栏中的"打开"按钮，打开源文件\原始文件\10\垫圈，如图 10.106 所示。

（2）添加配置 1。在 Configuration Manager 配置管理器中选择"垫圈 配置"，右击，在弹出的快捷菜单中选择"添加配置"命令，如图 10.107 所示。系统弹出"添加配置"属性管理器，设置"配置名称"为"垫圈 1"，如图 10.108 所示。单击"确定"按钮✔，结果如图 10.109 所示。

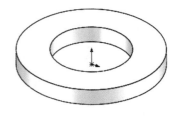

图 10.106　垫圈

（3）修改草图尺寸。在 FeatureManager 设计树中选择"凸台-拉伸 1"特征，右击，在弹出的快捷菜单中单击"编辑草图"按钮，如图 10.110 所示。进行草图编辑，修改尺寸值，如图 10.111 所示。

（4）修改草图配置 1。在绘图区中选中尺寸"φ60"，在弹出的"尺寸"属性管理器中单击"主要值"选项组中的"配置"按钮，系统弹出"垫圈"对话框，选中"此配置"单选按钮，如图 10.112 所示。单击"确定"按钮，配置应用完成。

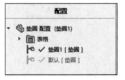

图 10.107　选择命令　　　　图 10.108　"添加配置"属性管理器　　　图 10.109　添加的配置

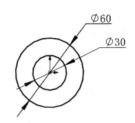

图 10.110　单击"编辑草图"按钮　　　图 10.111　编辑草图　　　图 10.112　"垫圈"对话框

（5）修改草图配置 2。使用同样的方法将尺寸 "φ30" 应用 "此配置"。编辑完成后退出草图绘制状态。

（6）修改特征配置。在 FeatureManager 设计树中选择 "凸台-拉伸 1" 特征，右击，在弹出的快捷菜单中单击"编辑特征"按钮🗔，系统弹出"凸台-拉伸 1"属性管理器。修改拉伸深度值为 6.00mm，在"配置"选项组中选中"此配置"单选按钮，如图 10.113 所示。单击"确定"按钮✔，完成修改。

（7）添加配置 2 和配置 3。重复步骤（2）～（6），添加名称为"垫圈 2"和"垫圈 3"的新配置，分别修改草图尺寸，如图 10.114 和图 10.115 所示。拉伸深度分别为 8.00mm 和 12.00mm。

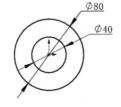

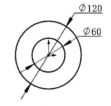

图 10.113　修改特征配置　　　图 10.114　垫圈 2 草图　　　图 10.115　垫圈 3 草图

（8）创建系列零件设计表。选择菜单栏中的"插入"→"表格"→"Excel 设计表"命令，系统弹出"Excel 设计表"属性管理器。❶在"源"选项组中选中"自动生成"单选按钮，如图 10.116 所示。❷单击"确定"按钮 ✔，系统弹出 Excel 设计表，如图 10.117 所示。

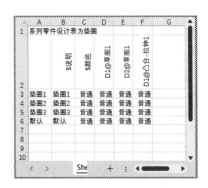

图 10.116　"Excel 设计表"属性管理器（1）　　　　图 10.117　Excel 设计表

（9）修改单元格格式。❸在 Excel 设计表中选中后三列的"普通"单元格，右击，在弹出的快捷菜单中❹选择"设置单元格格式"命令，如图 10.118 所示。系统弹出"设置单元格格式"对话框，在"数字"选项卡下的"分类"列表中❺选择"数值"，❻"小数位数"设置为 0，如图 10.119 所示。❼单击"确定"按钮，结果如图 10.120 所示。在表格外单击，将其关闭。

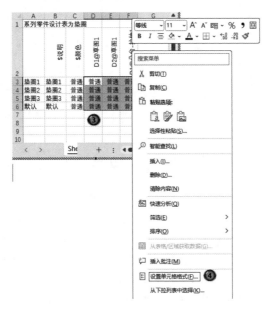

图 10.118　选择"设置单元格格式"命令

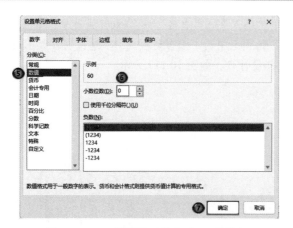

图 10.119 "设置单元格格式"对话框

图 10.120 修改后的 Excel 设计表

（10）保存 Excel 设计表。在 Configuration Manager 配置管理器中选择"Excel 设计表"，右击，在弹出的快捷菜单中选择"在单独窗口中编辑表格"命令，如图 10.121 所示。系统打开 Excel 设计表，选择菜单栏中的"文件"→"另存为"命令，系统弹出"另存为"对话框。输入名称为"垫圈工作表"，单击"保存"按钮，进行保存，然后关闭 Excel 设计表。

（11）打开文件。单击"快速访问"工具栏中的"打开"按钮，打开"垫片"源文件，如图 10.122 所示。

图 10.121 选择"在单独窗口中编辑表格"命令

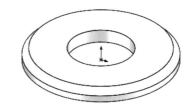

图 10.122 垫片

📢 注意：

> 在"垫片"文件中配置名称不能采用"默认"，要对其进行修改。在这里已经将"默认"修改为"垫片"。

（12）插入外部文件。选择菜单栏中的"插入"→"表格"→"Excel 设计表"命令，系统弹出"Excel 设计表"属性管理器。在"源"选项组中选中"来自文件"单选按钮，单击"浏览"按钮，系统弹出"打开"对话框，选择"垫圈工作表"文件进行插入，返回"Excel 设计表"属性管理器，勾选"链接到文件"复选框，如图 10.123 所示。单击"确定"按钮，系统生成新的 Excel 设计表，如图 10.124 所示。在表格外单击，系统弹出 SOLIDWORKS 对话框，在该对话框中列出了插入的配置，如图 10.125 所示。此时，在 Configuration Manager 配置管理器中列出了所有配置，如图 10.126 所示。

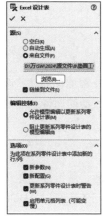

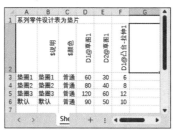

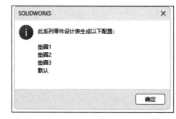

图 10.123　“Excel 设计表”属性管理器（2）

	A	B	C	D	E	F
1	系列零件设计表为垫片					
2		$说明	$颜色	D1@草图1	D2@草图1	D1@凸台-拉伸1
3	垫圈1	垫圈1	普通	60	30	6
4	垫圈2	垫圈2	普通	80	40	8
5	垫圈3	垫圈3	普通	120	60	12
6	默认	默认	普通	90	50	10

图 10.124　新的 Excel 设计表

图 10.125　SOLIDWORKS 对话框

（13）在 Configuration Manager 配置管理器中选择“垫圈 1”配置，右击，在弹出的快捷菜单中选择“显示配置”命令，在绘图区中显示该配置的图形，如图 10.127 所示。

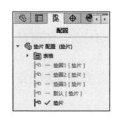

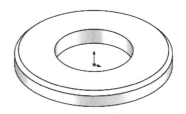

图 10.126　Configuration Manager 配置管理器

图 10.127　垫圈 1 配置图形

动手练——创建销轴的系列零件设计表

本例对图 10.128 所示的销轴创建系列零件设计表。

【操作提示】

（1）打开“销轴”源文件，添加配置。

（2）为每个配置修改草图和特征的尺寸。凸台 1 和凸台 2 的草图尺寸分别如图 10.129 和图 10.130 所示，拉伸深度分别设置为 15mm 和 2mm。

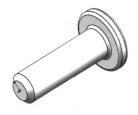

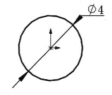

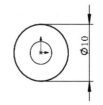

图 10.128　销轴

图 10.129　凸台 1 草图尺寸

图 10.130　凸台 2 草图尺寸

（3）利用“Excel 设计表”命令创建设计表。

10.6　查　　询

查询功能主要是查询所建模型的表面积、体积及质量等相关信息，计算设计零部件的结构强度、安全因子等。SOLIDWORKS 2024 提供了三种查询功能，即测量、质量属性与截面属性。

10.6.1　测量

测量功能可以测量草图、三维模型、装配体或者工程图中直线、点、曲面、基准面的距离、角度、半径、大小以及它们之间的距离、角度、半径或尺寸。当测量两个实体之间的距离时，Delta X、Delta Y 和 Delta Z 的距离会显示出来。当选择一个顶点或草图点时，会显示其 X、Y 和 Z 的坐标值。

【执行方式】

> 工具栏：单击"工具"工具栏中的"测量"按钮 。
> 菜单栏：选择菜单栏中的"工具"→"评估"→"测量"命令。
> 选项卡：单击"评估"选项卡中的"测量"按钮 。

【选项说明】

执行上述操作，系统弹出"测量-××"对话框（××为零件名称），如图 10.131 所示。该对话框中各选项的含义如下。

（1）圆弧/圆测量 ：在选取圆弧/圆时指定要显示的距离。圆弧/圆的测量距离有四种：中心到中心 、最小距离 、最大距离 和自定义距离 。

（2）单位/精度 ：指定自定义测量单位和精度。单击该按钮，系统弹出"测量单位/精度"对话框，如图 10.132 所示。该对话框用于修改测量工具所使用的测量单位。

图 10.131　"测量-阀体"对话框

图 10.132　"测量单位/精度"对话框

（3）显示 XYZ 测量 ：在绘图区中所选实体之间显示 dX、dY 和 dZ 测量值，如图 10.133 所示。如果清除此选项，则只显示所选实体之间的最小距离。

（4）点对点 ：启用点对点模式以测量模型上任意两点之间的距离，如图 10.134 所示。

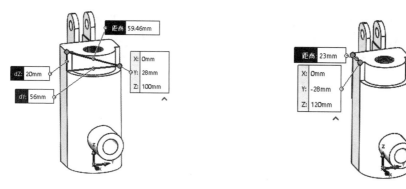

图 10.133　显示 dX、dY 和 dZ 测量值　　　　　图 10.134　点对点距离

（5）投影于 ：显示所选实体之间投影于以下选项之一上的距离。

1）无：投影和正交不计算。

2）屏幕：计算当前视角下测量距离到屏幕的投影长度和法线长度，如图 10.135 所示。

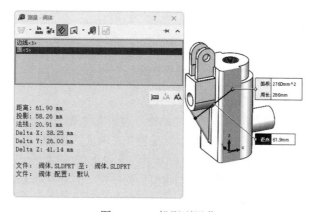

图 10.135　投影到屏幕

3）选择面/基准面：计算测量距离与所选的面/基准面间的投影长度和法线长度，如图 10.136 所示。

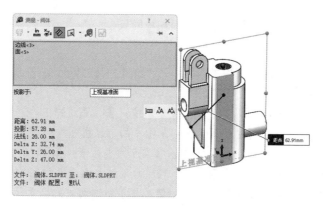

图 10.136　投影到面/基准面

（6）测量历史记录：单击该按钮，系统弹出"测量历史记录"对话框，如图 10.137 所示。以查看在此 SOLIDWORKS 当前进程期间进行的所有测量。单击"清除"按钮，清除所有历史记录。

（7）创建传感器：单击该按钮，系统弹出"传感器"属性管理器，如图 10.138 所示。在该属性管理器中可以设置传感器来监视零件和装配体的所选属性，并在值超出指定限制时发出警告。

（8）快速复制设置：单击该按钮，系统弹出"快速复制设置"对话框，如图 10.139 所示。

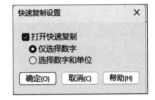

图 10.137 "测量历史记录"
对话框

图 10.138 "传感器"
属性管理器

图 10.139 "快速复制设置"
对话框

"快速复制设置"对话框中各选项的含义如下。

1）打开快速复制：勾选该复选框，启用"测量"对话框中的"快速复制"设置功能。

2）仅选择数字：选中该单选按钮，当将鼠标悬停在"测量"对话框中的测量文本上时，会突出显示该数值。

3）选择数字和单位：选中该单选按钮，当将鼠标悬停在"测量"对话框中的测量文本上时，会突出显示其数值和单位。

（9）增加字体大小：在对话框中增大字体大小。

（10）降低字体大小：在对话框中缩小字体大小。

动手学——测量铲斗支撑架的尺寸

本例将测量铲斗支撑架的点坐标、距离、面积与周长。

【操作步骤】

（1）打开文件。单击"快速访问"工具栏中的"打开"按钮，打开源文件\原始文件\10\铲斗支撑架，如图 10.140 所示。

（2）启动命令。单击"评估"选项卡中的"测量"按钮，系统弹出"测量-铲斗支撑架"对话框。

（3）测量点坐标。测量点坐标主要用于测量草图中的点、模型中的顶点坐标。单击图 10.140 中的点 1，在"测量-铲斗支撑架"对话框中便会显示该点的坐标值，如图 10.141 所示。

（4）测量距离。测量距离主要用于测量两个点、两条边和两个面之间的距离。单击图 10.140 中的点 1 和点 2，在"测量-铲斗支撑架"对话框中便会显示所选两点的绝对距离及 Delta X、Delta Y 和 Delta Z，如图 10.142 所示。

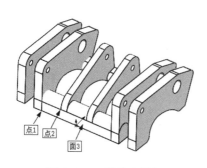

图 10.140 铲斗支撑架

图 10.141 测量点坐标的"测量-铲斗支撑架"对话框

（5）测量面积与周长。测量面积与周长主要用于测量实体某一表面的面积与周长。单击图 10.140 中的面 3，在"测量-铲斗支撑架"对话框中便会显示该表面的面积与周长，如图 10.143 所示。

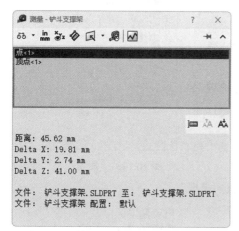

图 10.142 测量距离的"测量-铲斗支撑架"
对话框

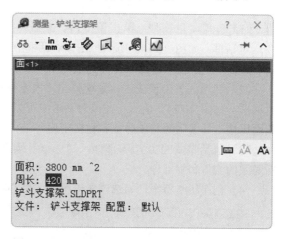

图 10.143 测量面积与周长的"测量-铲斗支撑架"
对话框

技巧荟萃：

执行"测量"命令时，可以不必关闭对话框而切换不同的文件。当前激活的文件名会出现在"测量"对话框的顶部，如果选择了已激活文件中的某一测量项目，则该对话框中的测量信息会自动更新。

动手练——测量调节轴的尺寸

本例将测量图 10.144 所示的调节轴的尺寸。

【操作提示】

（1）打开"调节轴"源文件，如图 10.144 所示。

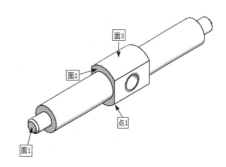

图 10.144 调节轴

（2）启动"测量"命令，测量点 1 的坐标；测量面 1 到面 2 的距离；测量面 3 的面积和周长。

10.6.2 质量属性

质量属性功能可以测量模型实体的质量、体积、表面积与惯性矩等。

【执行方式】

> 工具栏：单击"工具"工具栏中的"质量属性"按钮 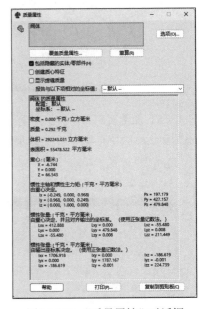。
> 菜单栏：选择菜单栏中的"工具"→"评估"→"质量属性"命令。
> 选项卡：单击"评估"选项卡中的"质量属性"按钮。

执行上述操作，系统弹出"质量属性"对话框，如图 10.145 所示。在该对话框中可以选择项目，设置选项，并查看结果进行质量属性计算。

"质量属性"对话框中部分选项的含义如下。

（1）覆盖质量属性：单击该按钮，系统弹出"覆盖质量属性"对话框，如图 10.146 所示。在该对话框中可以指定质量、质心和惯性矩的值来覆盖所计算的值。

（2）选项：单击该按钮，系统弹出"质量/截面属性选项"对话框，如图 10.147 所示。在该对话框中可以修改质量属性和截面属性工具使用的测量单位和材料密度。

（3）包括隐藏的实体/零部件：勾选该复选框，在计算中包括隐藏的实体和零部件。

（4）创建质心特征：勾选该复选框，将质心特征添加到模型。

图 10.145 "质量属性"对话框

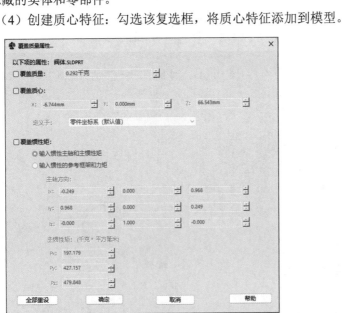

图 10.146 "覆盖质量属性"对话框

图 10.147 "质量/截面属性选项"对话框

扫一扫，看视频

动手学——测量铲斗支撑架的质量属性

本例将测量铲斗支撑架的质量属性。

【操作步骤】

（1）打开文件。单击"快速访问"工具栏中的"打开"按钮📂，打开源文件\原始文件\10\铲斗支撑架，如图 10.140 所示。

（2）启动命令。单击"评估"选项卡中的"质量属性"按钮，系统弹出"质量属性"对话框，如图 10.148 所示。在该对话框中勾选"创建质心特征"复选框，则在 FeatureManager 设计树和模型实体中显示质心，如图 10.149 所示。

（3）单击"质量属性"对话框中的"选项"按钮，系统弹出"质量/截面属性选项"对话框，选中"使用自定义设定"单选按钮，在"材料属性"选项组的"密度"文本框中修改模型实体的密度为 0.0000078 kg/mm^3，如图 10.150 所示。

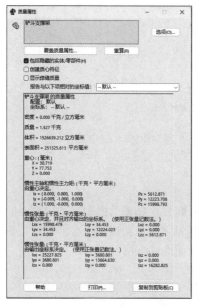

图 10.148　"质量属性"对话框

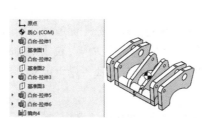

图 10.149　显示质心

图 10.150　"质量/截面属性选项"对话框

技巧荟萃：

　　在计算另一个零件的质量属性时，不需要关闭"质量属性"对话框，只需选择需要计算的零部件，然后单击"重算"按钮即可。

动手练——测量调节轴的质量属性

本例测量调节轴的质量属性。

【操作提示】

（1）打开"调节轴"源文件（图 10.144）。

（2）启动"质量属性"命令，系统弹出"质量属性"对话框，勾选"创建质心特征"复选框，如图 10.151 所示。在调节轴上创建质心，如图 10.152 所示。

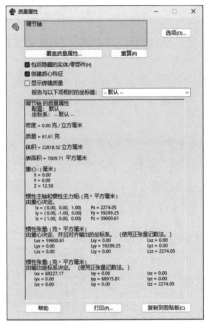

图 10.151　"质量属性"对话框

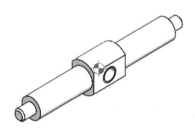

图 10.152　创建质心

10.6.3　截面属性

截面属性可以查询草图、模型实体重心平面或者截面的某些特性，如截面面积、截面重心的坐标、在重心的面惯性矩、在重心的面惯性极力矩、位于主轴和零件轴之间的角度及面心的二次矩等。截面属性不仅可以查询单个截面的属性，还可以查询多个平行截面的联合属性。

【执行方式】

➤ 工具栏：单击"工具"工具栏中的"截面属性"按钮🗿。

➤ 菜单栏：选择菜单栏中的"工具"→"评估"→"截面属性"命令。

➤ 选项卡：单击"评估"选项卡中的"截面属性"按钮🗿。

【选项说明】

执行上述操作，系统弹出"截面属性"对话框，如图 10.153 所示。该对话框中各选项的含义如下。

（1）选项：单击该按钮，系统弹出"质量/截面属性选项"对话框，如图 10.147 所示。

（2）重算：单击该按钮，计算所选面的截面属性。

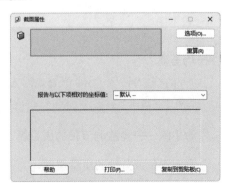

图 10.153　"截面属性"对话框

动手学——测量铲斗支撑架的截面属性

本例将测量铲斗支撑架的截面属性。

【操作步骤】

（1）打开文件。单击"快速访问"工具栏中的"打开"按钮，打开源文件\原始文件\10\铲斗支撑架，如图10.154所示。

（2）启动命令。单击"评估"选项卡中的"截面属性"按钮，系统弹出"截面属性"对话框。

（3）单击图10.154中的面1，然后单击"截面属性"对话框中的"重算"按钮，计算结果出现在该对话框中，如图10.155所示。

（4）单击图10.154中的面2，然后单击"重算"按钮，面1和面2的截面属性如图10.156所示。

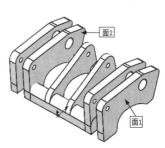

扫一扫，看视频

图 10.154　铲斗支撑架

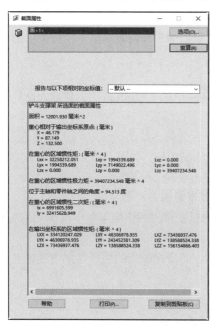

图 10.155　面 1 的截面属性

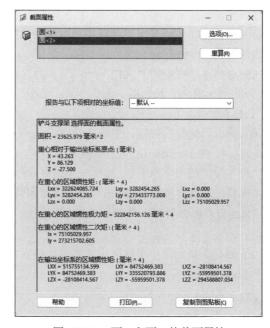

图 10.156　面 1 和面 2 的截面属性

10.7　库　特　征

SOLIDWORKS 2024允许用户将常用的特征或特征组（如具有公用尺寸的孔或槽等）保存到库中，以便于日后使用。用户可以将几个库特征作为块生成一个零件，这样既可以节省时间，又有助于保持模型中的统一性。

用户可以编辑插入零件中的库特征。当库特征被添加到零件后，目标零件与库特征零件就没有关系了。对目标零件中库特征的修改不会影响到包含该库特征的其他零件。

库特征只能应用于零件，不能添加到装配体中。

◁》 **注意：**

> 大多数类型的特征都可以作为库特征使用，但不包括基体特征本身。无法将包含基体特征的库特征添加到已经具有基体特征的零件中。

10.7.1　库特征的生成与编辑

如果要生成一个库特征，首先要生成一个基体特征来承载库特征的其他特征，也可以将零件中的其他特征保存为库特征。

要生成库特征，可执行以下操作。

（1）新建一个零件或打开一个已有的零件。如果是新建的零件，必须首先生成一个基体特征。

（2）在基体特征上生成要包括在库特征中的特征。如果要用尺寸定位库特征，则必须在基体特征上标注特征的尺寸。

（3）在 FeatureManager 设计树中选取作为库特征的特征。如果要同时选取多个特征，则在选择特征的同时按住 Ctrl 键。

（4）选择菜单栏中的"文件"→"另存为"命令。

（5）在"另存为"对话框中选择"保存类型"为"Lib Feat Part（*.sldlfp）"，并输入文件名称，如图 10.157 所示。

（6）单击"保存"按钮，生成库特征。

此时，在 FeatureManager 设计树中的零件图标变为库特征图标，如图 10.158 所示。其中库特征包括的每个特征都用字母 L 标记。

在库特征零件文件中（.sldlfp）还可以对库特征进行以下编辑。

（1）如果要添加另一个特征，可右击要添加的特征，然后在弹出的快捷菜单中选择"添加到库"命令。

（2）如果要从库特征中移除一个特征，可右击该特征，然后在弹出的快捷菜单中选择"从库中删除"命令。

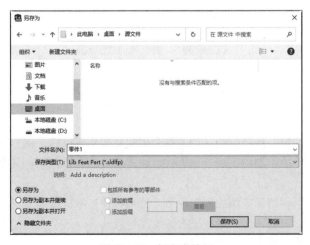

图 10.157　保存库特征

图 10.158　库特征图标

10.7.2 将库特征添加到零件中

生成库特征后，就要将库特征添加到零件中。

要将库特征添加到零件中，可执行以下操作。

（1）打开目标零件（要插入库特征的零件）。

（2）在屏幕右侧任务窗格中单击"设计库"标签[图]，系统弹出"设计库"选项卡，如图 10.159 所示。该选项卡中显示的是 SOLIDWORKS 2024 安装时预设的库特征，单击"文件探索器"标签[图]，系统弹出"文件探索器"选项卡。

图 10.159 "设计库"与"文件探索器"选项卡

（3）在"文件探索器"选项卡中浏览到库特征所在的目录，从目录中选择库特征，然后将它拖动到零件的面上。

（4）单击"确定"按钮，即可将库特征添加到零件中。

在将库特征插入零件后，可以用下列方法编辑库特征。

（1）使用"编辑特征"命令或"编辑草图"命令编辑库特征。

（2）通过修改定位尺寸，将库特征移动到零件上的另一位置。

此外，还可以将库特征分解为该库特征中包含的每个单个特征。只需在 FeatureManager 设计树中右击库特征图标，然后在弹出的快捷菜单中选择"解散库特征"命令，则库特征图标被移除，库特征中包含的所有特征都在 FeatureManager 设计树中单独列出。

动手学——绘制安装盒

本例绘制图 10.160 所示的安装盒。

扫一扫，看视频

【操作步骤】

（1）打开文件。单击"快速访问"工具栏中的"打开"按钮[图]，打开源文件\原始文件\10\安装盒，如图 10.161 所示。

（2）创建螺纹孔。单击"特征"选项卡中的"异型孔向导"按钮[图]，在弹出的"孔规格"属性管理器中选择"直螺纹孔[图]"孔类型，对螺纹孔的参数进行设置，如图 10.162 所示。单击"位置"选项卡，选择图 10.161 中的拉伸实体 2 的顶端面作为螺纹孔的放置平面，单击"智能尺寸"按钮[图]，捕捉图 10.163 所示的位置放置孔，单击"确定"按钮[图]，如图 10.164 所示。

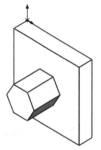
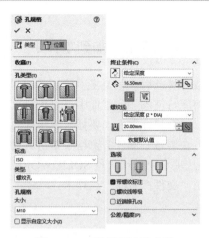

图 10.160　安装盒　　　图 10.161　安装盒原始文件　　　图 10.162　设置螺纹孔参数

（3）保存文件。单击"快速访问"工具栏中的"保存"按钮▉，保存文件名为"孔"。

（4）创建库特征。❶在 FeatureManager 设计树中选择"凸台-拉伸 2"和"M10 螺纹孔 1"作为库特征的特征，如图 10.165 所示。❷选择菜单栏中的"文件"→"另存为"命令，在弹出的"另存为"对话框中❸选择"保存类型"为"Lib Feat Part(*.sldlfp)"，❹名称设置为"孔"，如图 10.166 所示。❺单击"保存"按钮，库特征创建完成，在 FeatureManager 设计树中文件名称前的图标发生了变化，如图 10.167 所示。

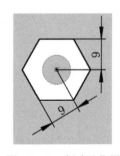
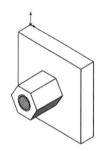

图 10.163　创建孔位置　　　图 10.164　创建螺纹孔　　　图 10.165　选择特征

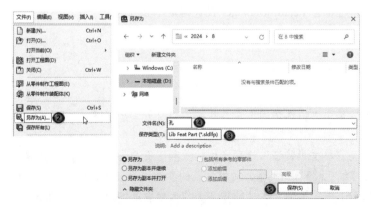

图 10.166　创建库特征

（5）打开文件。单击"快速访问"工具栏中的"打开"按钮 ，打开文件"安装盒.sldprt"。

（6）插入库特征。❶在屏幕右侧任务窗格中单击"文件探索器"标签 📁，系统弹出"文件探索器"选项卡，❷选择文件"孔.SLDLFP"，❸将其拖动到零件的面上，系统弹出"孔"属性管理器，如图 10.168 所示。❹单击"确定"按钮 ✔，库特征被插入目标零件中，如图 10.169 所示。

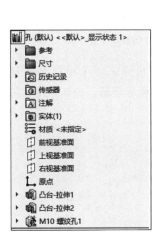

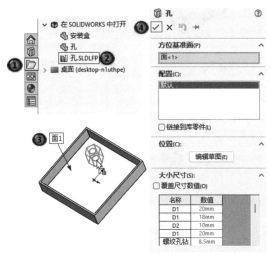

图 10.167　生成库特征　　　　图 10.168　"孔"属性管理器　　　　图 10.169　插入库特征

（7）编辑草图尺寸。在 FeatureManager 设计树中右击"孔 1"→"凸台-拉伸 2"→"草图 2"，在弹出的快捷菜单中单击"编辑草图"按钮 ，如图 10.170 所示。单击"草图"选项卡中的"智能尺寸"按钮 ，为库特征进行定位，如图 10.171 所示。

（8）镜像特征。单击"特征"选项卡中的"镜像"按钮 ，系统弹出"镜像"属性管理器。在 FeatureManager 设计树中选择"上视基准面"作为镜像面/基准面，选择"右视基准面"作为次要镜像面/平面，选择"孔<1>"库特征，单击"确定"按钮 ✔，结果如图 10.172 所示。

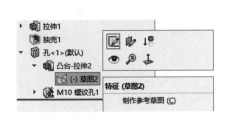

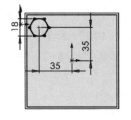

图 10.170　选择命令　　　　图 10.171　编辑草图尺寸　　　　图 10.172　镜像特征

动手练——绘制高速轴

本例绘制图 10.173 所示的高速轴。

【操作提示】

（1）绘制图 10.174 所示的键槽，并将其保存为库特征，名称为"键槽.SLDLFP"。

（2）打开"高速轴"源文件（图 10.173）。

图 10.173　高速轴

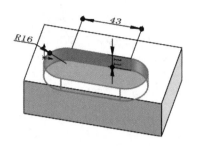

图 10.174　绘制草图 1

（3）在屏幕右侧任务窗格中单击"文件探索器"标签 <kbd>📁</kbd>，在打开的选项卡中选择"键槽.SLDLFP"库特征文件，将其拖到高速轴实体上，系统弹出"键槽"属性管理器，选择基准面 1 为方位基准面，如图 10.175 所示。

（4）按图 10.176 所示的尺寸编辑"键槽<1>"→"草图 2"。

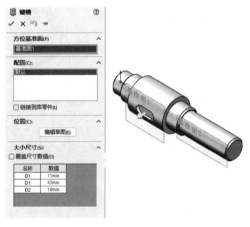

图 10.175　插入库特征 1

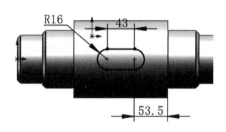

图 10.176　编辑草图 1 尺寸

（5）使用同样的方法，再次插入库特征，选择基准面 2 为方位基准面，在系统弹出的"库特征"属性管理器中修改参数，如图 10.177 所示。

（6）按图 10.178 所示的尺寸编辑"键槽<2>"→"草图 21"。

图 10.177　修改库特征参数

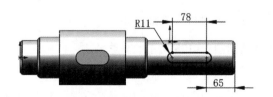

图 10.178　编辑草图 21 尺寸

10.8 综合实例——绘制齿轮

本例利用"方程式"命令绘制图 10.179 所示的齿轮，再利用库特征进行键槽的插入。

【操作步骤】

（1）新建文件。单击"快速访问"工具栏中的"新建"按钮 ，在弹出的"新建 SOLIDWORKS 文件"对话框中单击"零件"按钮，然后单击"确定"按钮，创建一个新的零件文件。

（2）设置背景颜色。单击"视图（前导）"工具栏中的"应用布景"按钮 右侧的下拉按钮，在弹出的下拉菜单中选择"单白色"命令。

（3）设置标注样式。选择菜单栏中的"工具"→"选项"命令，系统弹出"系统选项-普通"对话框。单击"文档属性"选项卡，选择"尺寸"

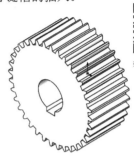

图 10.179 齿轮

选项，单击"字体"按钮 字体(f)...，系统弹出"选择字体"对话框。设置字体为"仿宋"，高度选择"单位"选项，大小设置为 5mm；在"主要精度"选项组中设置标注尺寸精度为".1"；在"箭头"选项组中勾选"以尺寸高度调整比例"复选框。选择"角度"选项，修改文本位置为"折断引线，文字水平"，设置标注尺寸精度为".123"；选择"直径"选项，修改文本位置为"折断引线，文字水平"，勾选"显示第二向外箭头"复选框；选择"半径"选项，修改文本位置为"折断引线，文字水平"。

（4）绘制草图 1。在 FeatureManager 设计树中选择"前视基准面"作为草绘基准面。单击"草图"选项卡中的"圆"按钮，以原点为圆心绘制直径为 435mm 的圆，如图 10.180 所示。

（5）创建拉伸实体 1。单击"特征"选项卡中的"拉伸凸台/基体"按钮，选择草图 1，系统弹出"凸台-拉伸"属性管理器。设置深度为 140mm，然后单击"确定"按钮，结果如图 10.181 所示。

（6）绘制草图 2。

1）绘制圆。在 FeatureManager 设计树中选择"前视基准面"作为草绘基准面。单击"草图"选项卡中的"圆"按钮，绘制两个直径分别为 480mm 和 460mm 的圆，并选择直径为 460mm 的圆，右击，在弹出的快捷菜单中单击"构造几何线"按钮，将其转换为中心线。单击"草图"选项卡中的"转换实体引用"按钮，将拉伸体的边线转换为草图轮廓，作为齿轮的齿根圆，如图 10.182 所示。

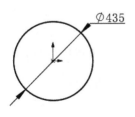

图 10.180 绘制草图 1

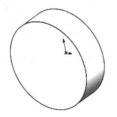

图 10.181 创建拉伸实体 1

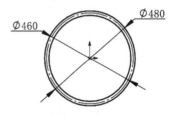

图 10.182 绘制圆

2）绘制中心线。单击"草图"选项卡中的"中心线"按钮，绘制一条通过原点竖直向上的中心线和一条斜中心线，再绘制两条与竖直中心线平行的中心线，如图 10.183 所示。

3）剪裁中心线。单击"草图"选项卡中的"剪裁实体"按钮，按照图 10.184 所示对中心线 1、中心线 2 和中心线 3 进行剪裁。

4）绘制圆弧。单击"草图"选项卡中的"3 点圆弧"按钮，选择中心线 3 和齿根圆的交点为第一点，选择中心线 1 和齿顶圆的交点为第二点，在适当位置单击确定第三点，绘制圆弧。单击"草图"选项卡中的"添加几何关系"按钮，添加中心线 2 与分度圆的交点与圆弧的"重合"约束，如图 10.185 所示。

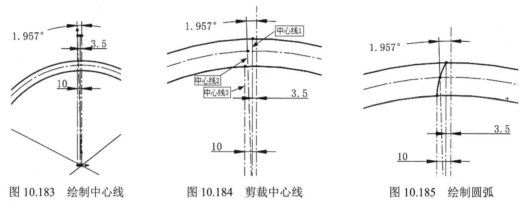

图 10.183　绘制中心线　　　　图 10.184　剪裁中心线　　　　图 10.185　绘制圆弧

5）镜像圆弧。单击"草图"选项卡中的"镜像实体"按钮，以竖直中心线为镜像轴将圆弧进行镜像，单击"草图"选项卡中的"剪裁实体"按钮，结果如图 10.186 所示。

（7）创建拉伸实体 2。单击"特征"选项卡中的"拉伸凸台/基体"按钮，系统弹出"凸台-拉伸"属性管理器。设置拉伸深度为 140mm，单击"确定"按钮，生成单齿，如图 10.187 所示。

（8）绘制草图 3。在 FeatureManager 设计树中选择"前视基准面"作为草绘基准面。单击"草图"选项卡中的"圆"按钮，以原点为圆心绘制直径为 140mm 的圆，如图 10.188 所示。

图 10.186　镜像圆弧　　　　图 10.187　创建拉伸实体 2　　　　图 10.188　绘制草图 3

（9）创建拉伸切除特征 1。单击"特征"选项卡中的"拉伸切除"按钮，选择草图 3，系统弹出"切除-拉伸"属性管理器。设置终止条件为"完全贯穿"，单击"确定"按钮，结果如图 10.189 所示。

（10）绘制草图 4。在 FeatureManager 设计树中选择"前视基准面"作为草绘基准面。单击"草图"选项卡中的"圆"按钮⊙，以原点为圆心绘制直径为 200mm 和 400mm 的圆，如图 10.190 所示。

（11）创建拉伸切除特征 2。单击"特征"选项卡中的"拉伸切除"按钮▣，选择草图 4，系统弹出"切除-拉伸"属性管理器。设置终止条件为"给定深度"，设置深度为 30mm，单击"拔模开/关"按钮▣，设置拔模角度为 30°。单击"确定"按钮✔，结果如图 10.191 所示。

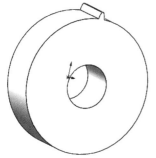

图 10.189 拉伸切除特征 1

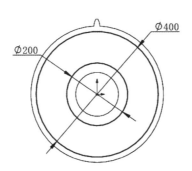

图 10.190 绘制草图 4

图 10.191 拉伸切除特征 2

（12）显示特征尺寸。在 FeatureManager 设计树中选择"注解"文件夹，右击，在弹出的快捷菜单中选择"显示特征尺寸"命令，在绘图区中显示模型的特征尺寸。

（13）创建方程式。选择菜单栏中的"工具"→"方程式"命令，系统弹出"方程式、整体变量、及尺寸"对话框，设置全局变量、特征及方程式，如图 10.192 所示。

扫一扫，看视频

图 10.192 方程式参数设置

（14）修改尺寸。双击修改尺寸"$\phi 460$"为"$\phi 300$"，然后单击"快速访问"工具栏中的"重建模型"按钮 🔘，结果如图10.193所示。

（15）隐藏特征尺寸。在FeatureManager设计树中选择"注解"文件夹，右击，在弹出的快捷菜单中选择"显示特征尺寸"命令，在绘图区中隐藏模型的特征尺寸。

（16）阵列轮齿。单击"特征"选项卡中的"圆周阵列"按钮 🔂，在FeatureManager设计树中选择"凸台-拉伸 2"特征，设置阵列实例数为36。单击"视图（前导）"工具栏中的"隐藏/显示项目"下拉按钮，在弹出的下拉菜单中单击"观阅临时轴"按钮 🔲，在绘图区中选择图10.194所示的临时轴作为阵列轴，结果如图10.195所示。

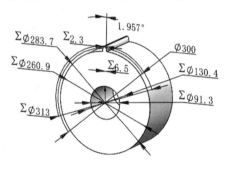

图 10.193 修改尺寸结果

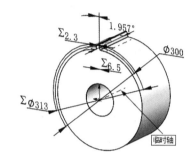

图 10.194 选择临时轴

（17）保存文件。单击"快速访问"工具栏中的"保存"按钮 💾，对文件进行保存，名称设置为"齿轮"。

（18）创建键槽的库特征。

1）新建文件。单击"快速访问"工具栏中的"新建"按钮 📄，在弹出的"新建SOLIDWORKS文件"对话框中单击"零件"按钮 🧩，然后单击"确定"按钮，创建一个新的零件文件。

2）绘制草图1。在FeatureManager设计树中选择"上视基准面"作为草绘基准面。单击"草图"选项卡中的"边角矩形"按钮 ⬜，绘制草图1，如图10.196所示。

3）创建拉伸实体1。单击"特征"选项卡中的"拉伸凸台/基体"按钮 🔲，系统弹出"凸台-拉伸"属性管理器。选择草图1，设置拉伸深度为90mm，单击"确定"按钮 ✔，拉伸完成。

4）绘制草图2。选择拉伸实体1的上表面作为草绘基准面。单击"草图"选项卡中的"边角矩形"按钮 ⬜，绘制草图2，如图10.197所示。

图 10.195 阵列轮齿

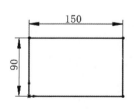

图 10.196 绘制草图 1

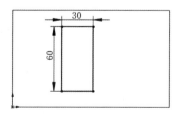

图 10.197 绘制草图 2

5）创建拉伸切除特征。单击"特征"选项卡中的"拉伸切除"按钮 🔲，系统弹出"切除-拉伸"属性管理器。选择草图2，设置拉伸深度为50mm，单击"确定"按钮 ✔，结果如图10.198所示。

6）创建库特征。在 FeatureManager 设计树中选择"切除-拉伸 1"特征，选择菜单栏中的"文件"→"另存为"命令，在弹出的"另存为"对话框中选择"保存类型"为"Lib Feat Part（*.sldlfp）"，名称设置为"键槽"，单击"保存"按钮，库特征创建完成，如图 10.199 所示。

图 10.198　创建拉伸切除特征

图 10.199　创建库特征

（19）切换窗口。选择菜单栏中的"窗口"→"齿轮"命令，切换到"齿轮"窗口。

（20）显示基准面。在 FeatureManager 设计树中选择"上视基准面"，右击，在弹出的快捷菜单中单击"显示"按钮 👁 ，显示该基准面。

（21）插入库特征。在屏幕右侧任务窗格中单击"文件探索器"标签 📂 ，在打开的任务窗格中选择"键槽.SLDLFP"库特征，将其拖到上视基准面上，系统弹出"库特征"属性管理器，勾选"覆盖尺寸数值"复选框，修改尺寸，如图 10.200 所示。

（22）编辑草图。在 FeatureManager 设计树中选择"键槽"→"切除-拉伸 12"特征，右击，在弹出的快捷菜单中单击"编辑草图"按钮 🖉 ，进入草图绘制状态，进行草图编辑，如图 10.201 所示。单击"退出草图"按钮，结果如图 10.179 所示。

图 10.200　"库特征"属性管理器

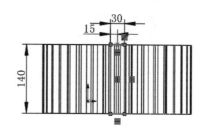

图 10.201　编辑草图

第 11 章　装配体设计

内容简介

在 SOLIDWORKS 2024 中生成新零部件时，用户可以直接参考其他零部件并保持这种参考关系；在装配环境中，用户可以方便地设计和修改零部件，使 SOLIDWORKS 2024 的性能得到极大提高。

内容要点

- ➤ 基本概念
- ➤ 创建装配体的基本操作
- ➤ 定位零部件
- ➤ 零部件的复制、阵列与镜像
- ➤ 设计方法
- ➤ 装配体检查
- ➤ 爆炸视图
- ➤ 综合实例 ——齿轮泵装配

案例效果

11.1　基本概念

零件设计完成后，用户可以根据要求对其进行装配。零件之间的装配关系实际上就是零件之间的位置约束关系。因为可以把一个大型的零件装配模型看作是由多个子装配体组成的，因此在创建大型的零件装配模型时，可先创建各个子装配体，再将各个子装配体按照它们之间的位置约束关系进行装配，最终形成一个大型的零件装配模型。

图 11.1 所示为利用 SOLIDWORKS 2024 设计的装卸车装配体模型。

图 11.1　装卸车装配体模型

11.1.1　设计方法

装配体是指在一个 SOLIDWORKS 文件中，两个或多个零件的组合。用户可以使用配合关系来确定零件的位置和方向，既可以自下而上或自上而下设计一个装配体，也可以将两种方法结合使用。

所谓自下而上的设计方法，是指先生成零件并将其插入装配体中，然后根据设计要求配合零件。这种方法比较传统，因为零件是独立设计的，所以设计师可以更加专注于单个零件的设计工作，而不用建立控制零件大小和尺寸的参考关系等复杂的概念。

所谓自上而下的设计方法，是指从装配体开始设计工作，用户可以使用一个零件的几何体来帮助定义另一个零件，或者生成组装零件后再添加加工特征；还可以将草图布局作为设计的开端，定义固定的零件位置、基准面等，然后参考这些定义来设计零件。

11.1.2　零件装配步骤

用户进行零件装配时，必须合理选取第一个装配零件。该零件应满足以下两个条件。

➢　该零件是整个装配体模型中最为关键的零件。

➢　用户在以后的工作中不会删除该零件。

通常零件的装配步骤（针对自下而上的设计方法）如下。

（1）建立一个装配体文件（.sldasm），进入零件装配模式。

（2）调入第一个零件模型。默认情况下，装配体中的第一个零件是固定的，但是用户可以随时将其解除固定。

（3）调入其他与装配体有关的零件模型或子装配体。

（4）分析并建立零件之间的装配关系。

（5）检查零部件之间的干涉关系。

（6）全部零件装配完毕，保存装配体模型。

📢 注意：

当用户将一个零部件（单个零件或子装配体）放入装配体中时，该零部件文件会与装配体文件形成链接。虽然零部件出现在装配体中，但是零部件的数据还保存在源零部件文件中。对零部件文件所作的任何更改都会更新装配体。

11.2 创建装配体的基本操作

要实现对零部件进行装配，必须先创建一个装配体文件。本节将介绍创建装配体的基本操作，包括创建装配体文件、插入装配零部件与删除装配零部件。

11.2.1 创建装配体文件

本小节介绍创建装配体文件的步骤。

【执行方式】

➢ 工具栏：单击"标准"/"快速访问"工具栏中的"新建"按钮 📄。

➢ 菜单栏：选择菜单栏中的"文件"→"新建"命令。

执行上述操作，系统弹出"新建 SOLIDWORKS 文件"对话框，如图 11.2 所示。单击"装配体 🐾"→"确定"按钮，进入装配体设计界面，如图 11.3 所示。同时系统弹出"打开"对话框，选择一个零件作为装配体的基准零件，单击"打开"按钮，在绘图区中的合适位置单击以放置零件。调整视图为"等轴测"，即可得到导入零件后的界面，如图 11.4 所示。

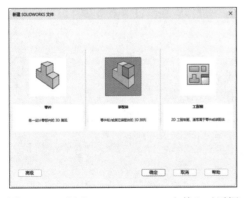

图 11.2 "新建 SOLIDWORKS 文件"对话框

图 11.3 装配体设计界面

装配体设计界面与零件设计界面基本相同。特征管理器中会出现一个配合组，在装配体设计界面中出现图 11.5 所示的"装配体"选项卡，对"装配体"选项卡的操作与前面介绍的选项卡的操作

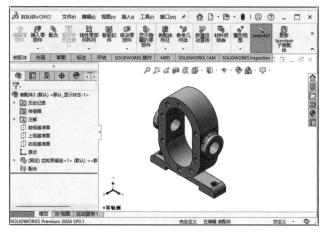

图 11.4　导入零件后的界面

图 11.5　"装配体"选项卡

相同，这里不再介绍。

　　将一个零部件（单个零件或子装配体）放入装配体中时，这个零部件文件会与装配体文件链接。此时零部件出现在装配体中，但该零部件的数据还保存在源零部件文件中。

🖋技巧荟萃：

　　　　对零部件文件所进行的任何改变都会更新装配体。保存装配体时文件的扩展名为 "*.sldasm"，其文件名前的图标也与零件的图标不同。

11.2.2　插入装配零部件

装配体文件创建完成后，只有进行零部件的插入和配合，才能将其装配成装配体。

【执行方式】

➢ 工具栏：单击"装配体"工具栏中的"插入零部件"按钮🖼。

➢ 菜单栏：选择菜单栏中的"插入"→"零部件"→"现有零件/装配体"命令。

➢ 选项卡：单击"装配体"选项卡中的"插入零部件"按钮🖼。

制作装配体需要按照装配的过程依次插入相关零部件，有多种方法可以将零部件插入一个新的或现有的装配体中。

（1）使用"插入零部件"属性管理器。

（2）从任何窗格中的"文件探索器"选项卡中拖动。

（3）从一个打开的文件窗口中拖动。

（4）从资源管理器中拖动。

（5）从 Internet Explorer 中拖动超文本链接。

（6）在装配体中拖动以增加现有零部件的实例。

（7）从任何窗格的"设计库"选项卡中拖动。

（8）使用插入、智能扣件添加螺栓、螺钉、螺母、销钉及垫圈。

11.2.3　删除装配零部件

下面介绍删除装配零部件的操作步骤。

（1）在绘图区或 FeatureManager 设计树中单击零部件。

（2）按 Delete 键或选择菜单栏中的"编辑"→"删除"命令；或者右击，在弹出的快捷菜单中选择"删除"命令，此时系统弹出图 11.6 所示的"确认删除"对话框。

（3）单击"是"按钮以确认删除，此零部件及其所有相关项目（配合、零部件阵列、爆炸步骤等）都会被删除。

📌**技巧荟萃：**

> （1）第一个插入的零部件在装配图中的默认状态是固定的，即不能移动和旋转，在 FeatureManager 设计树中显示为"固定"。如果不是第一个零部件，则状态是浮动的，在 FeatureManager 设计树中显示为"（—）"。固定和浮动显示状态如图 11.7 所示。
>
> （2）系统默认第一个插入的零部件是固定的，也可以将其设置为浮动状态，在 FeatureManager 设计树中右击固定的文件，在弹出的快捷菜单中选择"浮动"命令。反之，也可以将其设置为固定状态。

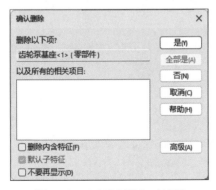

图 11.6　"确认删除"对话框

图 11.7　固定和浮动显示状态

扫一扫，看视频

动手学——装配机械臂零部件

本例通过基座、大臂的装配及删除操作辅助熟悉新建装配体文件、插入和删除装配体零部件的操作。

【操作步骤】

（1）新建文件。单击"快速访问"工具栏中的"新建"按钮📄，在弹出的"新建 SOLIDWORKS 文件"对话框中单击"装配体"按钮🛞，再单击"确定"按钮，创建一个新的装配文件，系统弹出图 11.8 所示的"开始装配体"属性管理器。单击"浏览"按钮，弹出图 11.9 所示的"打开"对话框。

图 11.8　"开始装配体"属性管理器

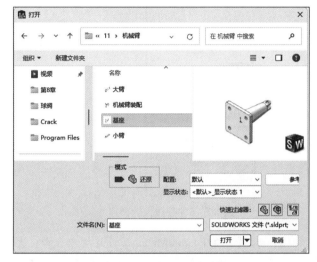

图 11.9　"打开"对话框

（2）装配基座。选择已创建的"基座"零部件，图 11.9 所示的预览区中将显示零部件的预览结果。单击"打开"按钮，系统进入装配界面，光标变为 形状，选择菜单栏中的"视图"→"隐藏/显示"→"原点"命令，显示坐标原点，将光标移动至原点位置，光标变为 形状，如图 11.10 所示，在目标位置单击，将基座插入装配界面中，如图 11.11 所示。

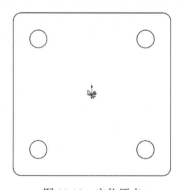

图 11.10　定位原点

图 11.11　插入基座

（3）插入大臂。单击"装配体"选项卡中的"插入零部件"按钮 ，系统弹出图 11.12 所示的"插入零部件"属性管理器，单击"浏览"按钮，在弹出的"打开"对话框中选择"大臂"，将其插入装配界面中，如图 11.13 所示。

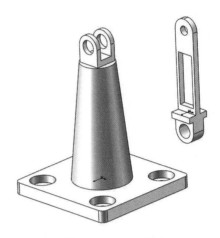

图 11.12 "插入零部件"属性管理器　　　　图 11.13 插入大臂

（4）删除大臂。在 FeatureManager 设计树中选择"大臂"零部件，右击，在弹出的快捷菜单中选择"删除"命令，如图 11.14 所示。系统弹出图 11.15 所示的"确认删除"对话框，单击"是"按钮，删除零部件。

图 11.14 选择"删除"命令　　　　图 11.15 "确认删除"对话框

11.3　定位零部件

将零部件插入装配体中后，用户可以固定、移动或旋转零部件的位置，从而能够大致确定零部件的位置，然后使用配合关系精确地定位零部件。

11.3.1 固定零部件

当一个零部件被固定后，它就不能相对于装配体原点移动了。默认情况下，装配体中的第一个零件是固定的。如果装配体中至少有一个零部件被固定下来，它就可以为其余零部件提供参考，以防止其他零部件在添加配合关系时意外移动。

要固定零部件，只要在 FeatureManager 设计树或绘图区中右击要固定的零部件，在弹出的快捷菜单中选择"固定"命令即可。如果要解除固定关系，只要在弹出的快捷菜单中选择"浮动"命令即可。

当一个零部件被固定后，在 FeatureManager 设计树中，该零部件名称之前会出现字符"（固定）"，表明该零部件已被固定。

11.3.2 移动零部件

移动零部件只适用于没有固定关系且没有被添加完全配合关系的零部件。

【执行方式】

➢ 工具栏：单击"装配体"工具栏中的"移动零部件"按钮 。

➢ 菜单栏：选择菜单栏中的"工具"→"零部件"→"移动"命令。

➢ 选项卡：单击"装配体"选项卡中的"移动零部件"按钮 。

【选项说明】

执行上述操作，系统弹出"移动零部件"属性管理器，如图 11.16 所示。该属性管理器中部分选项的含义如下。

（1）SmartMates：SmartMates（智慧组装）用于快速将零部件结合在一起，结合方式为重合和同轴心。

移动零部件时生成智慧组装的操作步骤如下。

1）在"移动零部件"属性管理器中单击"SmartMates"按钮 ，启动智慧组装功能。

2）双击选取第一个零部件的结合面（该零部件必须为非固定状态）。

3）用鼠标拖动第一个零部件至第二个零部件的配合面，产生配合。如果要反转对齐状态，可按 Tab 键，也可以用鼠标选取第二个零部件的配合面产生配合，如图 11.17 所示。

智慧组装支持以下几种配合实体以及对应的配合类型。

1）两个线性边线之间的重合关系，当推理到这种配合类型后，鼠标指针变为 形状。

2）两个平面之间的重合关系，当推理到这种配合类型后，鼠标指针变为 形状。

3）两个顶点之间的重合关系，当推理到这种配合类型后，鼠标指针变为 形状。

4）两个圆锥面、两个轴或一个圆锥面和一个轴之间的同心关系，当推理到这种配合类型后，鼠标指针变为 形状。

5）两条圆形边线之间的同轴心或重合关系，当推理到这种配合类型后，鼠标指针变为 形状。

（2）移动方式：可在"移动 "下拉列表中选择移动方式。

图 11.16 "移动零部件"属性管理器

图 11.17 智慧组装零件

1）自由拖动：选择零部件并沿任意方向拖动。

2）沿装配体 XYZ：选择零部件并沿装配体的 X、Y 或 Z 方向拖动。绘图区中会显示坐标系以帮助确定方向。

3）沿实体：选择实体，然后选择零部件并沿该实体拖动。如果实体是一条直线、边线或轴，则所移动的零部件具有一个自由度。如果实体是一个基准面或平面，则所移动的零部件具有两个自由度。

4）由 Delta XYZ：选择零部件，在"移动零部件"属性管理器中输入 X、Y 或 Z 值，则零部件按照指定的数值移动。

5）到 XYZ 位置：选择零部件的一点，在"移动零部件"属性管理器中输入 X、Y 或 Z 值，则该点将移动到指定坐标。如果选择的项目不是顶点或点，则零部件的原点会被置于所指定的坐标处。

用户也可以在 FeatureManager 设计树中选择要移动的零部件，绘图区中的零部件上会出现一个动态坐标系，如图 11.18 所示。用户既可以拖动 X、Y、Z 三轴移动零部件，也可以拖动一个环旋转零部件。

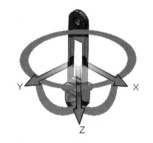

图 11.18 动态坐标系

11.3.3 旋转零部件

用户无法旋转一个位置已经固定或被完全定义了配合关系的零部件。

【执行方式】

➢ 工具栏：单击"装配体"工具栏中的"旋转零部件"按钮 ⌘ 。

➢ 菜单栏：选择菜单栏中的"工具"→"零部件"→"旋转"命令。

➢ 选项卡：单击"装配体"选项卡中的"旋转零部件"
　　按钮 。

【选项说明】

执行上述操作，系统弹出"旋转零部件"属性管理器，
如图 11.19 所示。

用户可以从图 11.19 中"旋转"栏的下拉列表中选择
以下旋转方式。

（1）自由拖动：选择零部件并沿任意方向拖动旋转。

（2）对于实体：选择一条直线、边线或轴，然后围绕
所选实体旋转零部件。

（3）由 Delta XYZ：选择零部件，在"旋转零部件"
属性管理器中输入 X、Y、Z 的值，然后零部件将按照指定
的角度分别绕 X 轴、Y 轴和 Z 轴旋转。

图 11.19　"旋转零部件"属性管理器

11.3.4　添加配合关系

使用配合关系，用户既可以相对于其他零部件精确地定位零部件，还可以定义零部件如何相对
于其他零部件进行移动和旋转。只有添加了完整的配合关系，才算完成了装配体模型的设计。

【执行方式】

➢ 工具栏：单击"装配体"工具栏中的"配合"按钮 。
➢ 菜单栏：选择菜单栏中的"工具"→"零部件"→"配合"
　　命令。
➢ 选项卡：单击"装配体"选项卡中的"配合"按钮。

【选项说明】

执行上述操作，系统弹出"配合"属性管理器，如图 11.20 所示。
"配合"属性管理器中部分选项的含义如下。

（1）配合对齐。

在"配合"属性管理器的"配合对齐"选项组中选择所需的对齐
条件。

1）同向对齐：以所选面的法向或轴向的相同方向放置零部件。

2）反向对齐：以所选面的法向或轴向的相反方向放置零部件。

（2）配合类型。

1）重合：面与面、面与直线（轴）、直线与直线（轴）、点
与面、点与直线之间重合。

2）平行：面与面、面与直线（轴）、直线与直线（轴）、曲
线与曲线之间平行。

图 11.20　"配合"属性管理器

3）垂直⊥：面与面、直线（轴）与面之间垂直。

4）相切♂：放置所选项，使它们彼此相切。至少一个选定项必须为圆柱、圆锥或球面。

5）同轴心◎：圆柱与圆柱、圆柱与圆锥、圆形与圆弧边线之间具有相同的轴。

11.3.5　删除配合关系

如果装配体中的某个配合关系有错误,用户可以随时将它从装配体中删除。

要删除配合关系，可执行以下操作。

（1）在 FeatureManager 设计树中右击要删除的配合关系。

（2）在弹出的快捷菜单中选择"删除"命令，或按 Delete 键。

（3）在弹出的"确认删除"对话框中单击"是"按钮，即可完成配合关系的删除，如图 11.21 所示。

图 11.21　"确认删除"对话框

11.3.6　修改配合关系

用户可以像重新定义特征一样，对已经存在的配合关系进行修改。

要修改配合关系，可执行以下操作。

（1）在 FeatureManager 设计树中右击要修改的配合关系。

（2）在弹出的快捷菜单中选择"编辑特征"命令。

（3）在"配合"属性管理器中修改相应选项。

（4）如果要替换配合实体，可在"要配合的实体"🔧右侧的要配合实体显示框中删除原来的实体，然后重新选择实体。

（5）单击"确定"按钮✅，完成配合关系的重新定义。

扫一扫，看视频

动手学——装配盒子

本例装配图 11.22 所示的盒子。

【操作步骤】

（1）新建文件。单击"快速访问"工具栏中的"新建"按钮📄，弹出"新建 SOLIDWORKS 文件"对话框。在该对话框中单击"装配体"按钮🔩，再单击"确定"按钮，进入新建的装配体编辑模式。

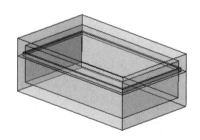

图 11.22　盒子装配体

（2）插入"盒子下盖"零部件。系统弹出"开始装配体"属性管理器和"打开"对话框，选择"盒子下盖"文件，单击"打开"按钮导入文件，在装配体界面中的任意位置单击放置文件，如图 11.23 所示。该零部件为固定零部件。

（3）插入"盒子上盖"零部件。单击"装配体"选项卡中的"插入零部件"按钮🗃，系统弹出"插入零部件"属性管理器和"打开"对话框，选择"盒子上盖"文件，单击"打开"按钮，在绘图区中单击放置文件，如图 11.24 所示。

图 11.23　放置盒子下盖　　　　　　　　图 11.24　放置盒子上盖

（4）创建配合关系。

1）单击"装配体"选项卡中的"配合"按钮 🔗，系统弹出图 11.25 所示的"配合"属性管理器。
❶选取图 11.26 中的面 1 和❷面 2，❸在弹出的小工具栏中设置配合类型为"重合" ⼈，❹单击"反转配合对齐"按钮 🖼，如图 11.27 所示。❺单击"确定"按钮 ✔，添加"重合"配合关系，结果如图 11.28 所示。

 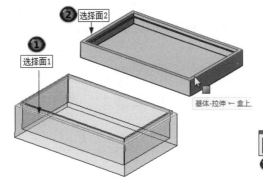

图 11.25　"配合"属性管理器　　　图 11.26　选择配合面　　　图 11.27　小工具栏

2）选取图 11.28 中的面 1 和面 2，设置配合类型为"重合"，单击"确定"按钮 ✔，添加"重合"配合关系，结果如图 11.29 所示。

3）选取图 11.29 中的面 1 和面 2，设置配合类型为"重合"，单击"确定"按钮✔，添加"重合"配合关系，结果如图 11.30 所示。

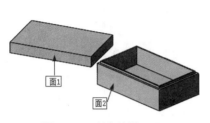

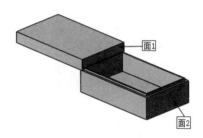

图 11.28　配合结果（1）　　　　　　　图 11.29　配合结果（2）

（5）零件透明显示。在 FeatureManager 设计树中选择"盒子下盖"和"盒子上盖"，右击，在弹出的快捷菜单中单击"更改透明度"按钮👁，将零件透明显示，如图 11.31 所示。

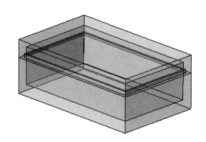

图 11.30　配合结果（3）　　　　　　　图 11.31　零件透明显示

11.4　零部件的复制、阵列与镜像

在同一个装配体中可能存在多个相同的零部件，用户在装配时可以不必重复地插入零部件，而是利用复制、阵列或者镜像的方法，快速完成具有规律性的零部件的插入和装配。

11.4.1　零部件的复制

SOLIDWORKS 2024 可以复制已经存在于装配体文件中的零部件。

1．复制一个零部件

在 FeatureManager 设计树中选择需要复制的零部件，按住 Ctrl 键将其拖动到绘图区中合适的位置。

2．复制多个零部件

在 FeatureManager 设计树中选择需要复制的零部件，按住 Ctrl 键和 Shift 键的同时拖动选定零部件并将其放置到绘图区中。

3. 复制带配合的零部件

【执行方式】

> 工具栏：单击"装配体"工具栏中的"随配合复制"按钮 。
> 菜单栏：选择菜单栏中的"工具"→"零部件"→"随配合复制"命令。
> 选项卡：单击"装配体"选项卡中的"随配合复制"按钮 。

【选项说明】

执行上述操作，系统弹出"随配合复制"步骤 1 属性管理器，如图 11.32 所示。"随配合复制"命令无法用于含有高级、机械或锁定配合的零部件。

"随配合复制"步骤 1 属性管理器中部分选项的含义如下。

（1）所选零部件：列出要复制的选定零部件。在绘图区或 FeatureManager 设计树中选择一个或多个零部件。

（2）下一步 ⊕：单击该按钮，系统弹出"随配合复制"步骤 2 属性管理器，如图 11.33 所示。该属性管理器中列出与选定零部件关联的配合。

图 11.32 "随配合复制"步骤 1 属性管理器　　　　　图 11.33 "随配合复制"步骤 2 属性管理器

"随配合复制"步骤 2 属性管理器中部分选项的含义如下。

（1）重复：以与原始配合中相同的使用方式为新配合使用相同的参考和配合对齐。用户可为所有配合选择重复，并在稍后更改一个或多个配合。根据配合方案，将复制的组件添加到相同位置或原有偏移。

（2）要配合到的新实体：为配合指定一个新参考。在绘图区中选择新配合参考。单击"反转配合对齐" ，以翻转零部件方向。

（3）锁定旋转：勾选该复选框，可以避免在同轴心配合中出现旋转。

动手学——装配链节

本例介绍链节的装配，如图 11.34 所示。

【操作步骤】

（1）新建文件。单击"快速访问"工具栏中的"新建"按钮，在弹出的"新建SOLIDWORKS文件"对话框中单击"装配体"按钮，再单击"确定"按钮，创建一个新的装配文件，系统弹出"开始装配体"属性管理器和"打开"对话框。

（2）插入"链片"零部件。在"打开"对话框中选择"链片"文件，单击"打开"按钮，单击"视图（前导）"工具栏中的"关闭可见性 ● -"下拉列表，单击"观阅原点"按钮，打开坐标原点，当鼠标指针变为 形状时单击，结果如图11.35所示。

图11.34　链节装配体

（3）插入"销"零部件。单击"装配体"选项卡中的"插入零部件"按钮，系统弹出"插入零部件"属性管理器和"打开"对话框。选择"销"文件，将其插入装配界面中，如图11.36所示。

（4）创建"重合"配合。单击"装配体"选项卡中的"配合"按钮，系统弹出"配合"属性管理器。在绘图区中选择图11.36所示的面1和面2。在"配合"属性管理器中选择配合类型为"重合"，单击"反向对齐"按钮，单击"确定"按钮，添加"重合"配合关系。

（5）创建"同轴心"配合。在绘图区中选择孔的内表面和销的外表面，在"配合"属性管理器中选择配合类型为"同轴心"，单击"确定"按钮，添加"同轴心"配合关系。

（6）复制销2。在FeatureManager设计树中选择"销"的同时按住Ctrl键，将其拖动到绘图区中合适的位置，如图11.37所示。

图11.35　插入链片

图11.36　插入销

图11.37　复制销2

（7）创建配合。重复步骤（4）和步骤（5）创建"重合"和"同轴心"配合，结果如图11.38所示。

（8）复制链片2。在FeatureManager设计树中选择"链片"的同时按住Ctrl键，将其拖动到绘图区中合适的位置，如图11.39所示。

（9）创建"重合"配合。单击"装配体"选项卡中的"配合"按钮，系统弹出"配合"属性管理器。选择图11.40所示的面1和面2，在"配合"属性管理器中选择配合类型为重合，单击"确定"按钮，添加"重合"配合关系。

（10）创建"同轴心"配合。在绘图区中选择孔的内表面和销的外表面，在"配合"属性管理器中选择配合类型为"同轴心"，单击"确定"按钮，添加"同轴心"配合关系，结果如图11.41所示。

图 11.38　装配销 2　　　　　图 11.39　复制链片 2　　　　

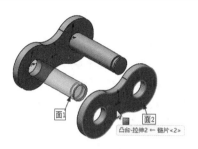

图 11.40　选择配合面（1）

（11）复制链片 3。在 FeatureManager 设计树中选择"链片"的同时按住 Ctrl 键，将其拖动到绘图区中合适的位置，如图 11.42 所示。

（12）创建"重合"配合。单击"装配体"选项卡中的"配合"按钮 ✎，系统弹出"配合"属性管理器。选择图 11.43 所示的面 1 和面 2，在"配合"属性管理器中选择配合类型为"重合" ⼈，单击"确定"按钮 ✔，添加"重合"配合关系。

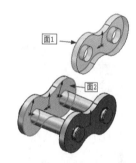

图 11.41　装配链片 2　　　　图 11.42　复制链片 3　　　　图 11.43　选择配合面（1）

（13）创建"同轴心"配合。在绘图区中选择链片上孔的内表面和销的外表面，在"配合"属性管理器中选择配合类型为"同轴心" ◎，单击"确定"按钮 ✔，添加"同轴心"配合关系，结果如图 11.44 所示。

（14）装配链片 4。重复步骤（11）～（13）装配链片 4，结果如图 11.45 所示。

（15）插入"滚筒"零部件。单击"装配体"选项卡中的"插入零部件"按钮 ，系统弹出"插入零部件"属性管理器和"打开"对话框，选择"滚筒"文件，将其插入装配界面中，如图 11.46 所示。

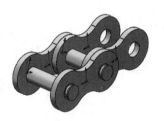
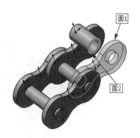

图 11.44　装配链片 3　　　　图 11.45　装配链片 4　　　　图 11.46　插入滚筒

（16）创建"重合"配合。单击"装配体"选项卡中的"配合"按钮🖇，系统弹出"配合"属性管理器。选择图11.46所示的面1和面2，在"配合"属性管理器中选择配合类型为"重合"🔏，单击"确定"按钮✔，添加"重合"配合关系。

（17）创建"同轴心"配合。在绘图区中选择链片上孔的内表面和滚筒的内表面。在"配合"属性管理器中选择配合类型为"同轴心"◎，单击"确定"按钮✔，添加"同轴心"配合关系，结果如图11.47所示。

（18）复制滚筒2。在FeatureManager设计树中选择"滚筒"的同时按住Ctrl键，将其拖动到绘图区中合适的位置，如图11.48所示。

（19）创建"重合"配合。单击"装配体"选项卡中的"配合"按钮🖇，系统弹出"配合"属性管理器。选择图11.48所示的面1和面2，在"配合"属性管理器中选择配合类型为"重合"🔏，单击"确定"按钮✔，添加"重合"配合关系。

（20）创建"同轴心"配合。在绘图区中选择销的外表面和滚筒的内表面。在"配合"属性管理器中选择配合类型为"同轴心"◎，单击"确定"按钮✔，添加"同轴心"配合关系，结果如图11.49所示。

图11.47 装配滚筒1

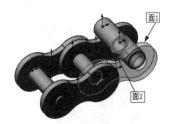
图11.48 复制滚筒2

图11.49 装配滚筒2

（21）插入"卡簧"零部件。单击"装配体"选项卡中的"插入零部件"按钮📑，系统弹出"插入零部件"属性管理器和"打开"对话框，选择"卡簧"文件，将其插入装配界面中，如图11.50所示。

（22）创建"重合"配合。单击"装配体"选项卡中的"配合"按钮🖇，系统弹出"配合"属性管理器。选择图11.50所示的面1和面2，在"配合"属性管理器中选择配合类型为"重合"🔏，单击"确定"按钮✔，添加"重合"配合关系。

（23）创建"同轴心"配合。在绘图区中选择卡簧的孔内表面和销的外表面。在"配合"属性管理器中选择配合类型为"同轴心"◎，单击"确定"按钮✔，添加"同轴心"配合关系，结果如图11.51所示。

图11.50 插入卡簧

图11.51 装配卡簧

（24）隐藏坐标系。单击"视图（前导）"工具栏中的"隐藏所有图素"按钮 ，隐藏坐标系，结果如图 11.34 所示。

11.4.2　零部件的阵列

零部件的阵列分为线性零部件阵列、圆周零部件阵列、阵列驱动零部件阵列、草图驱动零部件阵列、曲线驱动零部件阵列和链零部件阵列六种。如果装配体中具有相同的零部件，可以使用这些与阵列相关的命令进行操作。本章中线性零部件阵列、圆周零部件阵列、草图驱动零部件阵列、曲线驱动零部件阵列的使用方法与前面章节介绍的线性阵列、圆周阵列、草图驱动阵列、曲线驱动阵列相同，这里不再赘述。下面只对阵列驱动零部件阵列和链零部件阵列进行详细介绍。

1.　阵列驱动零部件阵列

阵列驱动零部件阵列根据一个现有阵列来生成一个零部件阵列。

【执行方式】

➤ 工具栏：单击"装配体"工具栏中的"阵列驱动零部件阵列"按钮 。
➤ 菜单栏：选择菜单栏中的"插入"→"零部件阵列"→"阵列驱动零部件阵列"命令。
➤ 选项卡：单击"装配体"选项卡的"线性零部件阵列"下拉列表中的"阵列驱动零部件阵列"按钮 。

【选项说明】

执行上述操作，系统弹出"阵列驱动"属性管理器，如图 11.52 所示。

"阵列驱动"属性管理器中部分选项的含义如下。

（1）要阵列的零部件 ：指定源零部件。
（2）驱动特征或零部件 ：指定驱动特征或零部件。
（3）选取源位置：单击该按钮，将阵列实例指定为源特征。
（4）对齐方法：当选择"异型孔向导"特征作为驱动特征时可用。

1）对齐到孔：选中该单选按钮，将实例与异型孔向导特征对齐。新阵列特征的默认对齐方法。

2）对齐到源：选中该单选按钮，将实例与源实例对齐。现有阵列特征的默认对齐方法。

（5）被驱动特征跳过：显示被驱动特征阵列或零部件阵列跳过的实例。

2.　链零部件阵列

链零部件阵列沿链路径阵列链节。

【执行方式】

➤ 工具栏：单击"装配体"工具栏中的"链零部件阵列"

图 11.52　"阵列驱动"属性管理器

按钮。

> 菜单栏：选择菜单栏中的"插入"→"零部件阵列"→"链零部件阵列"命令。
> 选项卡：单击"装配体"选项卡的"线性零部件阵列"下拉列表中的"链零部件阵列"按钮。

【选项说明】

执行上述操作，系统弹出"链阵列"属性管理器，如图 11.53 所示。

"链阵列"属性管理器中部分选项的含义如下。

（1）搭接方式。

1）距离 ：沿链路径将零部件与单一链接阵列。

2）间隙链接 ：沿链路径将零部件与两个不相连的链接阵列。

3）相连链接 ：沿链路径将一个或两个相连的零部件阵列。

（2）链路径：指定链阵列的路径。选择一个二维草图、三维草图或模型边线，单击"反向"按钮 ，反转链阵列的方向。

（3）SelectionManager：单击该按钮，弹出图 11.54 所示的 SelectionManager 对话框。用户可以在该对话框中选择实体。

图 11.53　"链阵列"属性管理器

图 11.54　SelectionManager 对话框

（4）填充路径：勾选该复选框，系统自动指定要填充路径的阵列实例的数量。

（5）实例数 ：定义阵列实例的数量。

（6）要阵列的零部件 ：指定要阵列的零部件。

（7）间距方法。

1）沿路径的距离：选中该单选按钮，以沿路径测量的指定距离分隔阵列实例。

2）线性距离：选中该单选按钮，以作为线性距离测量的指定距离分隔阵列实例。

（8）间隔 ：定义阵列实例之间的间距。

（9）等间距：单击该按钮，指定每个阵列实例之间的等间距。

（10）路径链接 ：指定阵列要沿着的实体。 选择圆柱面、圆形边线、线性边线、草图点、顶点或参考轴。

（11）路径对齐平面：指定被阵列的零部件相对路径的位置。 选择零部件基准面或平面。单击"反向"按钮 ，反转位置基准面的方向。

（12）对齐方法。

1）与曲线相切：选中该单选按钮，指定要与链路径相切的阵列实例。

2）对齐到源：选中该单选按钮，指定阵列实例以重复源零部件的方向。

动手学——装配链条

本例介绍链条的装配，如图 11.55 所示。

【操作步骤】

（1）新建文件。单击"快速访问"工具栏中的"新建"按钮 ，在弹出的"新建 SOLIDWORKS 文件"对话框中单击"装配体"按钮 ，再单击"确定"按钮，创建一个新的装配文件，系统弹出"开始装配体"属性管理器和"打开"对话框。

（2）插入"链节"装配体。在"打开"对话框中选择"链片"文件，单击"打开"按钮，单击"视图（前导）"工具栏中的"关闭可见性 "下拉列表，单击"观阅原点"按钮 ，打开坐标原点，当鼠标指针变为 形状时单击，结果如图 11.56 所示。

图 11.55 链条

（3）绘制草图。在 FeatureManager 设计树中选择"前视基准面"作为草绘基准面。单击"草图"选项卡中的"圆"按钮 和"直线"按钮 ，绘制草图，如图 11.57 所示。

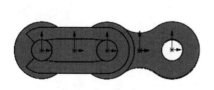

图 11.56 插入链节

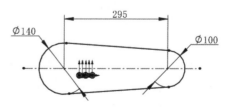

图 11.57 绘制草图

（4）创建链零部件阵列。单击"装配体"选项卡的"线性零部件阵列"下拉列表中的"链零部件阵列"按钮 ，弹出"链阵列"属性管理器。❶选择搭接方式为"相连链接 "，❷在 FeatureManager 设计树中选择"草图 1"作为链路径，❸勾选"填充路径"复选框，❹单击"要阵列的零部件"列表框，❺在 FeatureManager 设计树中选择"链节"装配体，❻选择图 11.58 中的孔 1 作为链接路径 1，

⑦销外圆柱面作为链接路径2，⑧选择图11.58中的面1作为路径对齐平面，⑨单击"确定"按钮✔，结果如图11.59所示。

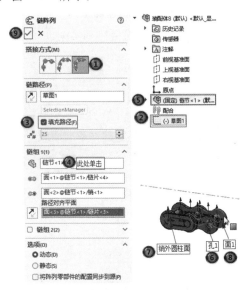

图11.58　链阵列参数设置　　　　　图11.59　链零部件阵列结果

（5）隐藏坐标系。单击"视图（前导）"工具栏中的"隐藏所有图素"按钮，隐藏所有类型的图素，结果如图11.55所示。

扫一扫，看视频

动手学——装配法兰上螺栓

本例介绍法兰上螺栓的装配，如图11.60所示。

【操作步骤】

（1）新建文件。单击"快速访问"工具栏中的"新建"按钮，在弹出的"新建SOLIDWORKS文件"对话框中单击"装配体"按钮，再单击"确定"按钮，创建一个新的装配文件，系统弹出"开始装配体"属性管理器和"打开"对话框。

（2）插入"法兰"零部件。在"打开"对话框中选择"法兰"文件，单击"打开"按钮，单击"视图（前导）"工具栏中的"关闭可见性"下拉列表，单击"观阅原点"按钮，打开坐标原点，当鼠标指针变为形状时单击，结果如图11.61所示。

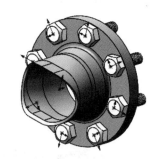

图11.60　法兰上螺栓装配体

（3）插入"螺栓"零部件。单击"装配体"选项卡中的"插入零部件"按钮，系统弹出"插入零部件"属性管理器和"打开"对话框。选择"螺栓"文件，将其插入装配界面中，如图11.62所示。

（4）创建"重合"配合。单击"装配体"选项卡中的"配合"按钮，系统弹出"配合"属性管理器。在绘图区中选择螺栓的面1和法兰的面2。在"配合"属性管理器中选择配合类型为"重合"，如图11.63所示。单击"确定"按钮✔，添加"重合"配合关系。

图 11.61 插入法兰

图 11.62 插入螺栓

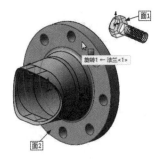
图 11.63 选择配合面

（5）创建"同轴心"配合。在绘图区中选择孔的内表面和螺栓的外表面。在"配合"属性管理器中选择配合类型为"同轴心" ⊚，如图 11.64 所示，单击"确定"按钮 ✔，添加"同轴心"配合关系，结果如图 11.65 所示。

（6）创建阵列驱动零部件阵列。单击"装配体"选项卡的"线性零部件阵列"下拉列表中的"阵列驱动零部件阵列"按钮 🀫，系统弹出"阵列驱动"属性管理器。❶ 在 FeatureManager 设计树中选择螺栓作为要阵列的零部件，❷ 在"驱动特征或零部件"列表中单击，❸ 然后在绘图区中选择孔的内表面，如图 11.66 所示。❹ 单击"确定"按钮 ✔，阵列完成，结果如图 11.60 所示。

图 11.64 "配合"属性管理器

图 11.65 装配螺栓

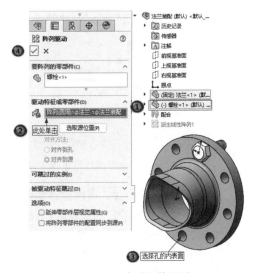
图 11.66 阵列参数设置

11.4.3 零部件的镜像

装配体环境中的镜像操作与零部件设计环境中的镜像操作类似。在装配体环境中，有相同且对称的零部件时，可以使用镜像零部件操作来完成。

【执行方式】

➢ 工具栏：单击"装配体"工具栏中的"镜像零部件"按钮 ⫴⫴。

➢ 菜单栏：选择菜单栏中的"插入"→"镜像零部件"命令。

➢ 选项卡：单击"装配体"选项卡的"线性零部件阵列"下拉列表中的"镜像零部件"按钮 ⫴⫴。

【选项说明】

执行上述操作，系统弹出"镜像零部件"步骤1属性管理器，如图11.67所示。

"镜像零部件"步骤1属性管理器中各选项的含义如下。

（1）镜像基准面：定义零部件镜像的基准面。选择基准面或平面。

（2）要镜像的零部件：定义要镜像的零部件（零件或子装配体）。

（3）下一步 ➡：单击该按钮，系统弹出"镜像零部件"步骤2属性管理器，如图11.68所示。

图11.67　"镜像零部件"步骤1属性管理器　　图11.68　"镜像零部件"步骤2属性管理器

"镜像零部件"步骤2属性管理器中部分选项的含义如下。

（1）镜像类型：确定轴的旋转，包括以下类型。

1）边界框中心：定位镜像，以便围绕镜像基准面镜像所选零部件的边界框中心。如果对非对称零部件使用此选项，则将镜像部件包含在边界框内并计算相对于边界框中心的方位。

2）质心：定位镜像，以便围绕镜像平面镜像所选零部件的质心。

3）零部件原点：绕选定参考基准面的零部件原点镜像零部件实例。

（2）动态帮助：当将鼠标悬停在控件上时显示详细帮助。

（3）定向零部件：添加现有零部件的实例。 在零部件列表中选择一个项目，然后选择以下方向选项。

1）X已镜像，Y已镜像 ⫴：绕基准面镜像X轴和Y轴。

2）X 已镜像并反转，Y 已镜像 ▔▎▎：绕基准面镜像 X 轴和 Y 轴，并且反转 X 轴方向。

3）X 已镜像，Y 已镜像并反转 ▔▎▎：绕基准面镜像 X 轴和 Y 轴，并且反转 Y 轴方向。

4）X 已镜像并反转，Y 已镜像并反转 ▎▎：绕基准面镜像 X 轴和 Y 轴，并且反转 X 轴和 Y 轴方向。

5）生成相反方位版本 ▟▙：通过现有零部件的镜像映像生成新零部件。在零部件列表中选择一个项目，然后单击"生成相反方位版本"按钮 ▟▙ 即可。

（4）零部件方向轴。

1）对齐到零部件原点：通过绕零部件的 X 轴和 Y 轴镜像和翻转零部件来计算零部件方向。

2）对齐到所选项：通过绕局部 X 轴和 Y 轴镜像和翻转零部件来计算零部件方向。 在计算中，X 轴与镜像平面平行，Y 轴与在"对齐参考"中选择的面或平面垂直。

3）对齐参考：指定一个实体以对齐镜像实体。

动手学——装配基座上螺钉

本例介绍基座上螺钉的装配，如图 11.69 所示。

【操作步骤】

（1）新建文件。单击"快速访问"工具栏中的"新建"按钮 ▯，在弹出的"新建 SOLIDWORKS 文件"对话框中单击"装配体"按钮 ▩，再单击"确定"按钮，创建一个新的装配文件，系统弹出"开始装配体"属性管理器和"打开"对话框。

图 11.69 基座上螺钉的装配

（2）插入"基座"装配体。在"打开"对话框中选择"基座"文件，单击"打开"按钮，单击"视图（前导）"工具栏中的"关闭可见性 ◉ ·"下拉列表，单击"观阅原点"按钮 ▟，打开坐标原点，当鼠标指针变为 ▟ 形状时单击，结果如图 11.70 所示。

（3）插入"螺钉"零部件。单击"装配体"选项卡中的"插入零部件"按钮 ▧，系统弹出"插入零部件"属性管理器和"打开"对话框，选择"螺钉"文件，将其插入装配界面中，如图 11.71 所示。

（4）创建"重合"配合。单击"装配体"选项卡中的"配合"按钮 ▧，系统弹出"配合"属性管理器。在绘图区中选择图 11.72 所示的面 1 和面 2。在"配合"属性管理器中选择配合类型为"重合" ▨，单击"反向对齐"按钮 ▧，单击"确定"按钮 ✔，添加"重合"配合关系。

图 11.70 插入基座

图 11.71 插入螺钉

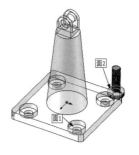

图 11.72 选择配合面

（5）创建"同轴心"配合。在绘图区中选择沉孔的内圆柱面和螺钉的外圆柱面。在"配合"属性管理器中选择配合类型为"同轴心" ⊚，单击"确定"按钮 ✓，添加"同轴心"配合关系，结果如图 11.73 所示。

（6）镜像螺钉 1。单击"装配体"选项卡的"线性零部件阵列"下拉列表中的"镜像零部件"按钮 ⚏，系统弹出"镜像零部件"步骤 1 属性管理器。❶在 FeatureManager 设计树中选择"右视基准面"作为镜像基准面，❷选择螺钉作为要镜像的零部件，如图 11.74 所示。❸单击"下一步"按钮 ➔，系统弹出"镜像零部件"步骤 2 属性管理器，如图 11.75 所示。

图 11.73　装配螺钉　　　　　　图 11.74　镜像参数设置 1　　　　　图 11.75　镜像参数设置 2

（7）设置参数。❹镜像类型选中"零部件原点"单选按钮，❺定向零部件选择"X 已镜像并反转，Y 已镜像 ⊣⊢"，❻零部件方向轴选中"对齐到零部件原点"单选按钮，❼单击"确定"按钮 ✓，结果如图 11.76 所示。

（8）镜像螺钉 2。使用同样的方法将"螺钉 1"和"镜像零部件 1"关于"上视基准面"进行镜像，参数设置同上，结果如图 11.77 所示。

图 11.76　镜像螺钉 1　　　　　　　　　图 11.77　镜像螺钉 2

11.5 设 计 方 法

设计方法分为自下而上和自上而下两种。在零件的某些特征上、完整零件上或整个装配体上使用自上而下设计方法。在实践中，设计师通常使用自上而下设计方法来布局其装配体，并捕捉对其装配体特定的自定义零件的关键方面。

11.5.1 自下而上设计方法

自下而上设计方法是比较传统的方法。首先，设计并创建零件；其次，将零件插入装配体；最后，使用配合来定位零件。如果想更改零件，则必须单独编辑零件，更改后的零件在装配体中可见。该设计方法对于先前建造、现售的零件或者金属器件、皮带轮、发动机等标准零件是优先技术，这些零件不会根据设计而更改形状和大小。本书中的装配文件都采用自下而上设计方法。

11.5.2 自上而下设计方法

在自上而下装配设计中，零件的一个或多个特征由装配体中的某项命令定义，如布局草图或另一个零件的几何体。设计意图来自顶层，即装配体，并下移至零件中，因此称为"自上而下"。

用户可以在关联装配体中生成一个新零件，也可以生成新的子装配体。下面分别进行介绍。

1．在关联装配体中生成一个新零件

（1）新建一个装配体文件。

（2）单击"装配体"选项卡中的"新零件"按钮📎，在 FeatureManager 设计树中添加一个新零件，如图 11.78 所示。

📢 注意：

> 在 FeatureManager 设计树中可以看出新插入的零部件为"固定"状态，若想解除"固定"状态，可选中该零部件，右击，在弹出的快捷菜单中选择"浮动"命令。

（3）在 FeatureManager 设计树中的新建零件上右击，弹出图 11.79 所示的快捷菜单，单击"编辑零件"按钮📎，进入零件编辑模式。

（4）编辑完零件后，单击右上角的📎按钮，返回到装配环境中。

2．在关联装配体中生成新的子装配体

当某个装配体是另一个装配体的零部件时，则称它为子装配体。用户可以生成一个单独的装配体文件，然后将其插入更高层的装配体，使其成为一个子装配体；也可以将装配体中的组装好的一组零部件定义为子装配体，再将该组零部件在装配体层次关系中向下移动一个层次；还可以在装配体中的任何一个层次中插入空的子装配体，然后将零部件添加到子装配体中。

（1）在装配体中插入一个已有的装配体文件，使其成为一个子装配体，可执行以下操作。

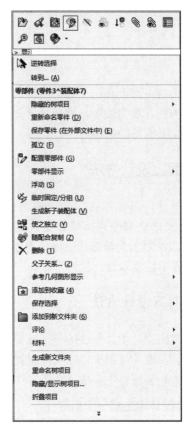

图 11.78　FeatureManager 设计树　　　　　　图 11.79　快捷菜单

1）在打开母装配体文件的环境下，选择菜单栏中的"插入"→"零部件"→"现有零件/装配体"命令。

2）在"打开"对话框的"文件类型"下拉列表中选择装配体文件（*.asm；*.sldasm）。

3）导航到作为子装配体的装配体文件所在的目录。

4）选择装配体文件并单击"打开"按钮。该装配体文件便成为母装配体中的一个子装配体文件，并在 FeatureManager 设计树中列出。

（2）将装配体中的一组组装好的零部件定义为子装配体，可执行以下操作。

1）在 FeatureManager 设计树中按住 Ctrl 键，然后选择要作为子装配体的多个零部件（这些零部件中至少有一个已经组装好）。

2）右击所选的零部件，在弹出的快捷菜单中选择"生成新子装配体"命令。

3）在弹出的"新建 SOLIDWORKS 文件"对话框中单击"装配体"按钮，再单击"确定"按钮。

4）单击"快速访问"工具栏中的"另存为"按钮，定义子装配体的文件名和保存的目录。

5）单击"保存"按钮，将新的装配体文件保存在指定的文件夹中。

动手学——装配轴承 6315

扫一扫，看视频

本例创建图 11.80 所示的轴承 6315 的装配。

【操作步骤】

（1）创建新的装配体文件。单击"快速访问"工具栏中的"新建"按钮 ，在弹出的"新建 SOLIDWORKS 文件"对话框中单击"装配体"按钮 ，再单击"确定"按钮，创建一个新的装配体文件，系统弹出"开始装配体"属性管理器和"打开"对话框。

（2）插入零部件。在"打开"对话框中选择零件"轴承 6315 内外圈.sldprt"文件，在预览区中将显示零部件的预览结果，如图 11.81 所示。在"打开"对话框中单击"打开"按钮，将零件"轴承 6315 内外圈.sldprt"插入装配体中。单击"视图（前导）"工具栏中的"关闭可见性   ▾"下拉列表，单击"观阅原点"按钮 ，打开坐标原点，当鼠标指针变为 形

图 11.80　轴承 6315

状时单击。使轴承外圈的基准面和装配体基准面重合，此时"轴承 6315 内外圈"零件的位置被固定，如图 11.82 所示。

图 11.81　"打开"对话框

（3）插入零部件。单击"装配体"选项卡中的"插入零部件"按钮 ，系统弹出"插入零部件"属性管理器和"打开"对话框。选择"保持架"，将其插入装配界面中，如图 11.83 所示。

图 11.82　固定"轴承 6315 内外圈"零件

图 11.83　插入零部件后的装配体

（4）创建子装配体。单击"装配体"选项卡中的"插入新装配体"按钮 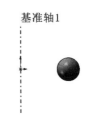，在 FeatureManager 设计树中选择创建的子装配体，右击，在弹出的快捷菜单中单击"打开"按钮 ，如图 11.84 所示。打开子装配体文件。

（5）插入"滚珠"零部件。单击"装配体"选项卡中的"插入零部件"按钮 ，系统弹出 "插入零部件"属性管理器和"打开"对话框。选择"滚珠"文件，单击"视图（前导）"工具栏中的"关闭可见性 "下拉列表，单击"观阅原点"按钮 ，打开坐标原点，当鼠标指针变为 形状时单击，将滚珠插入子装配体文件中。

（6）创建基准轴 1。单击"装配体"选项卡中的"基准轴"按钮 ，系统弹出"基准轴"属性管理器，选择"前视基准面"和"右视基准面"创建基准轴1，如图 11.85 所示。

图 11.84　选择命令

图 11.85　创建基准轴 1

（7）创建圆周阵列。单击"装配体"选项卡中的"圆周零部件阵列"按钮 ，系统弹出"圆周阵列"属性管理器。选择基准轴1作为阵列轴，勾选"等间距"复选框，在"实例数" 文本框中设置圆周阵列的个数为 8，选择滚珠为要阵列的零部件，如图 11.86 所示。单击"确定"按钮 ，完成零件的圆周阵列，如图 11.87 所示。

（8）保存文件。选择菜单栏中的"文件"→"另存为"命令，输入文件名"滚珠装配体"。关闭子装配体窗口。

（9）移动零部件。在"轴承 6315"窗口中单击"装配体"选项卡中的"移动零部件"按钮 ，弹出"移动零部件"属性管理器。选择移动方式为"自由拖动"，并且光标变为 形状，在绘图区中选择"滚珠装配体"文件，对其进行移动。单击"确定"按钮 ，完成零部件的移动，如图 11.88 所示。

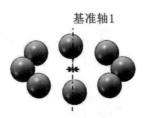

图 11.86　圆周阵列参数设置　　　图 11.87　圆周阵列结果　　　图 11.88　移动零部件

（10）旋转零部件 1。在 FeatureManager 设计树中选择"滚珠装配体"文件，在绘图区中显示动态坐标系，拖动绕 X 轴旋转的环，如图 11.89 所示。拖动"滚珠装配体"绕 X 轴旋转 90 度，再拖动绕 Y 轴旋转的环旋转 90 度，结果如图 11.90 所示。

（11）旋转零部件 2。使用同样的方法旋转"保持架"文件。

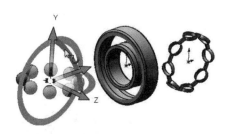

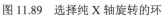

图 11.89　选择纯 X 轴旋转的环

图 11.90　旋转结果

（12）装配"滚珠装配体"和"保持架"。

1）单击"装配体"选项卡中的"配合"按钮 ⚲，系统弹出"配合"属性管理器。在绘图区中选择"保持架"的基准轴和"滚珠装配体"的基准轴。在"配合"属性管理器中自动选择配合类型为"重合" 人，如图 11.91 所示。单击"确定"按钮 ✔，添加"重合"配合关系。

2）选择"保持架"零件的"前视基准面"和"滚珠装配体"的"上视基准面"，选择配合类型为"重合" 人，单击"确定"按钮 ✔，添加"重合"配合关系。

3）选择"保持架"零件的"右视基准面"和"滚珠装配体"的"前视基准面"，选择配合类型为"重合" 人，单击"确定"按钮 ✔，添加"重合"配合关系。

至此，"滚珠装配体"和"保持架"的装配就完成了，装配好的"滚珠装配体"和"保持架"如图 11.92 所示。

图 11.91　设置配合参数

图 11.92　"滚珠装配体"和"保持架"

（13）装配"保持架"和"轴承6315内外圈"。

1）单击"装配体"选项卡中的"配合"按钮，系统弹出"配合"属性管理器。选择"保持架"零件的"前视基准面"和"轴承6315内外圈"的"右视基准面"，选择配合类型为"重合"，单击"确定"按钮，添加"重合"配合关系，如图11.93所示。

2）选择"轴承6315内外圈"的基准轴和"滚珠装配体"的基准轴，选择配合类型为"重合"，单击"确定"按钮，添加"重合"配合关系，如图11.94所示。

3）选择"保持架"零件的"上视基准面"和"轴承6315内外圈"的"上视基准面"，选择配合类型为"重合"，单击"确定"按钮，添加"重合"配合关系，如图11.95所示。

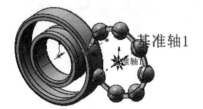
图11.93　基准面重合后
的效果（1）

图11.94　中心轴同轴后
的效果

图11.95　基准面重合后
的效果（2）

（14）保存文件。

1）单击"视图（前导）"工具栏中的"隐藏所有类型"按钮，将所有草图或参考轴等元素隐藏起来，完全定义好装配关系的轴承6315装配体如图11.96所示。

2）单击"快速访问"工具栏中的"保存"按钮，将零件保存为"轴承6315.sldasm"。

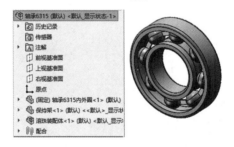
图11.96　完全定义好装配关系的轴承6315装配体

11.6　装配体检查

装配体检查主要包括碰撞测试、动态间隙、干涉检查和装配体性能评估等，用于检查装配体各个零部件装配后的装配正确性、装配信息等。

11.6.1　碰撞测试

在SOLIDWORKS 2024装配体环境中，用户在移动或旋转零部件时，系统提供了检查其与其他零部件的碰撞情况。在进行碰撞测试时，零部件必须做适当的配合，但是不能完全限制配合，否则将无法移动零部件。

【执行方式】

➢ 工具栏：单击"装配体"工具栏中的"移动零部件"按钮 🔁 / "旋转零部件"按钮 🔁。

➢ 菜单栏：选择菜单栏中的"工具"→"零部件"→"随配合复制"命令。

➢ 选项卡：单击"装配体"选项卡中的"移动零部件"按钮 🔁 / "旋转零部件"按钮 🔁。

【选项说明】

执行上述操作，系统弹出"移动零部件"/"旋转零部件"属性管理器，在"选项"选项组中选中"碰撞检查"单选按钮，此时"选项"选项组如图 11.97 所示。该选项组中部分选项的含义如下。

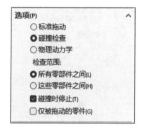

图 11.97　"选项"选项组

（1）物理动力学：物理动力学是碰撞检查中的一个选项，选中"物理动力学"单选按钮时，相当于向被撞零部件施加一个碰撞力。

（2）检查范围。

1）所有零部件之间：选中该单选按钮，移动的零部件接触到装配体中任何其他的零部件时，系统都会检查出碰撞。

2）这些零部件之间：选中该单选按钮，被选择供碰撞检查的零部件框中的零部件，然后单击"恢复拖动"按钮，如果被移动的零部件接触到选定的零部件，则系统会检测出碰撞。与不在零部件框中的项目的碰撞被忽略。

（3）碰撞时停止：勾选该复选框，碰撞时停止零部件的移动。

（4）仅被拖动的零件：勾选该复选框，只检查与选择要移动的零部件的碰撞。取消勾选该复选框，则除了选择要移动的零部件外，其他与所选零部件有配合关系而被移动的任何零部件都会被检查。

动手学——撞台装配体的碰撞检查

本例对图 11.98 所示的撞台装配体进行碰撞检查。

扫一扫，看视频

【操作步骤】

（1）打开文件。单击"快速访问"工具栏中的"打开"按钮 🗁，系统弹出"打开"对话框，选择"撞台装配体"源文件，单击"打开"按钮，如图 11.98 所示。然后为两个撞块与撞台添加配合，使撞块只能沿撞台长度方向移动。

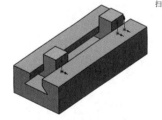

图 11.98　撞台装配体

（2）碰撞检查参数设置。单击"装配体"选项卡中的"移动零部件"按钮 🔁，系统弹出"移动零部件"属性管理器。❶移动方式选择"自由拖动"，❷在"选项"选项组中选中"碰撞检查"和❸"所有零部件之间"单选按钮，❹勾选"碰撞时停止"复选框，则碰撞时零件会停止移动；❺在"高级选项"选项组中勾选"高亮显示面"和"声音"复选框，则碰撞时零件会亮显且计算机会发出碰撞的声音。碰撞设置如图 11.99 所示。

（3）拖动撞块。❻拖动图 11.100 所示的撞块 1 向撞块 2 移动，在碰撞撞块 2 时，撞块 1 会停止移动，并且撞块 1 会亮显。碰撞时的装配体如图 11.101 所示。

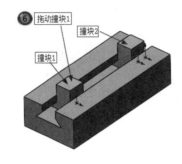

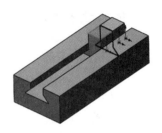

图 11.99　碰撞设置　　　　　图 11.100　拖动撞块（1）　　　　图 11.101　碰撞时的装配体

（4）物理动力学参数设置。单击"快速访问"工具栏中的"撤销"按钮，将撞块 1 恢复原位。在"移动零部件"属性管理器的"选项"选项组中❶选中"物理动力学"和❷"所有零部件之间"单选按钮，❸用"敏感度"工具条可以调节施加的力，❹在"高级选项"选项组中勾选"高亮显示面"和"声音"复选框，则碰撞时零部件会亮显且计算机会发出碰撞的声音。物理动力学参数设置如图 11.102 所示。

（5）拖动撞块。❺拖动图 11.103 所示的撞块 1 向撞块 2 移动，在碰撞撞块 2 时，撞块 1 和撞块 2 会以给定的力一起向前移动。此时的装配体如图 11.104 所示。

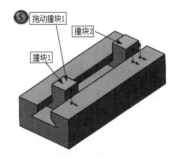

图 11.102　物理动力学参数设置　　图 11.103　拖动撞块（2）　图 11.104　物理动力学检查时的装配体

11.6.2　动态间隙

动态间隙用于零部件移动过程中，动态显示两个零部件之间的距离。用户可以在移动或旋转零部件时动态检查零部件之间的间隙。当移动或旋转零部件时，会出现一个尺寸指示所选零部件之间的最小距离。另外，用户可以阻止两个零部件在相互之间指定距离内移动或旋转。

【执行方式】

➤ 工具栏：单击"装配体"工具栏中的"移动零部件"按钮 / "旋转零部件"按钮 。

➤ 菜单栏：选择菜单栏中的"工具"→"零部件"→"随配合复制"命令。

➤ 选项卡：单击"装配体"选项卡中的"移动零部件"按钮 / "旋转零部件"按钮 。

执行上述操作，系统弹出"移动零部件"/"旋转零部件"属性管理器，"动态间隙"选项组如图 11.105 所示。该选项组中部分选项的含义如下。

（1）供碰撞检查的零部件 ：在该列表框中单击并选择要检查的零部件，然后单击"恢复拖动"按钮。

（2）在指定间隙停止 ：单击该按钮并在输入框中输入数值以阻止所选组件移动到指定距离之内。

图 11.105 "动态间隙"选项组

动手学——撞台装配体的动态间隙放置

本例对图 11.106 所示的撞台装配体进行动态间隙设置。

扫一扫，看视频

【操作步骤】

（1）打开文件。单击"快速访问"工具栏中的"打开"按钮 ，系统弹出"打开"对话框。选择"撞台装配体"源文件，单击"打开"按钮，如图 11.106 所示。然后为两个撞块与撞台添加配合，使撞块只能沿撞台长度方向移动。

（2）参数设置。单击"装配体"选项卡中的"移动零部件"按钮 ，系统弹出"移动零部件"属性管理器。❶勾选"动态间隙"复选框，❷在"供碰撞检查的零部件"列表框 中单击，❸在绘图区中选择图 11.107 所示的撞块 1 和❹撞块 2，❺单击"恢复拖动"按钮，❻再单击"在指定间隙停止"按钮 ，❼动态间隙设置为 8.00mm，如图 11.107 所示。

（3）拖动撞块。拖动图 11.107 中的撞块 1 移动，则两个撞块之间的距离会实时地改变，直至距离达到设置的间隙值，撞块 1 停止。动态间隙图形如图 11.108 所示。

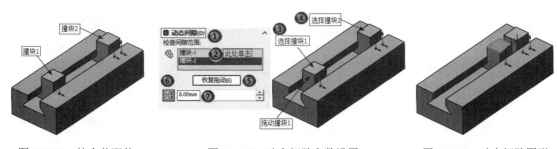

图 11.106　撞台装配体　　　　图 11.107　动态间隙参数设置　　　　图 11.108　动态间隙图形

11.6.3　干涉检查

用户可以在移动或旋转零部件时检查其与其他零部件之间的冲突。软件可以检查与整个装配体或所选的零部件组之间的碰撞。

用户可以发现对所选的零部件的碰撞，或者对由于与所选的零部件有配合关系而移动的所有零部件的碰撞。

零部件装配好以后，系统要将其进行装配体的干涉检查。在一个复杂的装配体中，如果想用视觉来检查零部件之间是否有干涉的情况是件困难的事。利用干涉检查可以进行以下操作。

（1）确定零部件之间是否发生干涉。

（2）显示干涉的真实体积为上色体积。

（3）更改干涉和不干涉零部件的显示设定以更好显示干涉。

（4）选择忽略想排除的干涉，如紧密配合、螺纹扣件的干涉等。

（5）选择将实体之间的干涉包括在多实体零部件内。

（6）选择将子装配体看成单一零部件，这样子装配体零部件之间的干涉将不被报出。

（7）将重合干涉和标准干涉区分开来。

【执行方式】

➢ 工具栏：单击"装配体"工具栏中的"干涉检查"按钮 。

➢ 菜单栏：选择菜单栏中的"工具"→"评估"→"干涉检查"命令。

➢ 选项卡：单击"评估"选项卡中的"干涉检查"按钮 。

【选项说明】

执行上述操作，系统弹出"干涉检查"属性管理器，如图11.109所示。

"干涉检查"属性管理器中部分选项的含义如下。

（1）所选零部件：显示为干涉检查所选择的零部件。根据默认，除非预选了其他零部件，否则将显示顶层装配体。当检查某个装配体的干涉情况时，其所有零部件将被检查。

（2）计算：单击该按钮，检查零件之间是否发生干涉。

（3）排除的零部件。

1）要排除的零部件：该列表框显示选择的要排除的零部件。

2）从视图中隐藏已排除的零部件：勾选该复选框，则隐藏选定的零部件，直至关闭"干涉检查"属性管理器。

3）记住已排除的零部件：勾选该复选框，则保存零部件列表，使其在下次打开"干涉检查"属性管理器时被自动选定。

图11.109　"干涉检查"属性管理器

（4）结果：显示检测到的干涉。每个干涉的体积出现在每个列举项的右边，当在结果下选择一个干涉时，该干涉将在绘图区中以红色高亮显示。

1）忽略/解除忽略：单击该按钮，为所选干涉在忽略和解除忽略模式之间转换。如果干涉设定到忽略，则会在以后的干涉计算中保持忽略。

2）零部件视图：勾选该复选框，则按零部件名称而不按干涉号显示干涉。

（5）选项：设置干涉检查的条件。

1）视重合为干涉：勾选该复选框，则将重合实体报告为干涉。

2）显示忽略的干涉：勾选该复选框，则选择在结果清单中以灰色按钮显示忽略的干涉。取消勾选此选项，则不列举忽略的干涉。

3）视子装配体为零部件：勾选该复选框，则当被消除选择时，子装配体被看成单一零部件，这样子装配体的零部件之间的干涉将不报出。

4）包括多实体零件干涉：勾选该复选框，则报告多实体零件中实体之间的干涉。

5）使干涉零件透明：勾选该复选框，则以透明模式显示所选干涉的零部件。

6）生成扣件文件夹：勾选该复选框，则将扣件（如螺母和螺栓）之间的干涉隔离为在结果下的单独文件夹。

7）忽略隐藏实体/零部件：勾选该复选框，则忽略隐藏实体的干涉。

（6）非干涉零部件：该选项组以所选模式显示非干涉的零部件，包括"线架图""隐藏""透明""使用当前项"4 个选项。

动手学——移动轮装配体的干涉检查

本例对图 11.110 所示的移动轮装配体进行干涉检查。

【操作步骤】

（1）打开文件。单击"快速访问"工具栏中的"打开"按钮，系统弹出"打开"对话框。选择"移动轮装配体"源文件，单击"打开"按钮，如图 11.110 所示。

（2）干涉检查参数设置。单击"评估"选项卡中的"干涉检查"按钮，系统弹出"干涉检查"属性管理器。在所选零部件项目中，系统默认选择窗口内的整个装配体，❶勾选"视重合为干涉"复选框，❷单击"计算"按钮，进行干涉检查，在干涉信息中列出发生干涉情况的干涉零件。单击清单中的一个项目时，相关的干涉体会在绘图区中高亮显示，如图 11.111 所示。

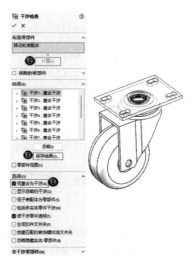

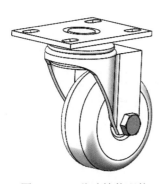

图 11.110　移动轮装配体　　　　　　　　图 11.111　干涉检查参数设置

（3）保存结果。❸单击"保存结果"按钮，系统弹出"另存为"对话框，输入文件名称"移动轮干涉检查"进行保存。

（4）单击"确定"按钮 ✔，即可完成对干涉体的干涉检查操作。

因为干涉检查对设计工作非常重要，所以在每次移动或旋转一个零部件后都要进行干涉检查。

11.6.4 装配体性能评估

SOLIDWORKS 通过性能评估可以分析装配体的性能并向用户建议可以提高性能的操作。当操作大型、复杂的装配体时，此分析会很有用。 在某些情况下，用户可以选择使用软件对装配体进行更改以提高性能。

尽管性能评估识别出的条件可能会降低装配体性能，但它们没有错误。用户可以根据自己的设计意图来权衡性能评估所提供的建议。 在某些情况下，实施建议能够改进装配体的性能，但也可能影响设计意图。

【执行方式】

➢ 工具栏：单击"装配体"工具栏中的"性能评估"按钮 🐞。

➢ 菜单栏：选择菜单栏中的"工具"→"评估"→"性能评估"命令。

➢ 选项卡：单击"评估"选项卡中的"性能评估"按钮 🐞。

【选项说明】

执行上述操作，系统弹出"性能评估"对话框，如图 11.112 所示。

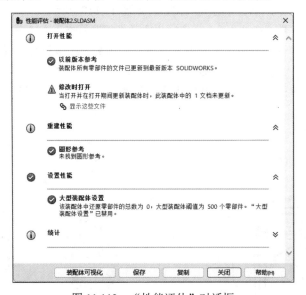

图 11.112 "性能评估"对话框

"性能评估"对话框中部分选项的含义如下。

（1）打开性能：提供与打开装配体相关的信息。

（2）重建性能：提供与重建装配体相关的信息。

（3）设置性能：表明重建模型时验证选项是否已启用，大型装配体设置是否已启用。

（4）统计：显示关于零件、子装配体、零部件和装配体的统计信息的性能评估报告。

1）零部件：统计的零部件数包括装配体中的所有零部件，无论是否被压缩，但是被压缩的子装配体的零部件不包括在统计中。

2）子装配体：统计装配体文件中包含的子装配体个数。

3）还原零部件：统计装配体文件中处于还原状态的零部件个数。

4）压缩零部件：统计装配体文件中处于压缩状态的零部件个数。

5）顶层配合：统计最高层装配体文件中所包含的配合关系个数。

动手学——移动轮装配体的性能评估

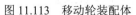
扫一扫，看视频

本例对图 11.113 所示的移动轮装配体进行性能评估。

【操作步骤】

（1）打开文件。单击"快速访问"工具栏中的"打开"按钮，系统弹出"打开"对话框。选择"移动轮装配体"源文件，单击"打开"按钮，如图 11.113 所示。

（2）单击"评估"选项卡中的"性能评估"按钮，系统弹出"性能评估-移动轮装配体.SLDASM"属性管理器，如图 11.114 所示。在该对话框中可以查看移动轮装配体中的总零部件数、配合总数及顶层配合等信息。

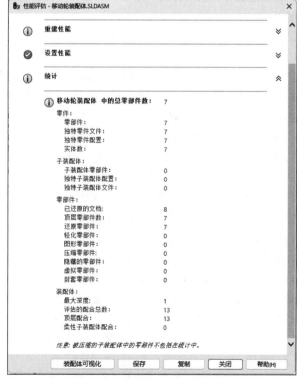

图 11.113　移动轮装配体

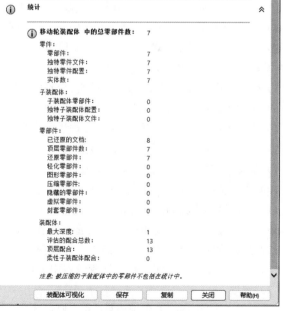

图 11.114　显示统计信息

11.7　爆　炸　视　图

在零部件装配体完成后，为了在制造、维修及销售中直观地分析各个零部件之间的相互关系，将装配图按照零部件的配合条件来产生爆炸视图。装配体爆炸以后，用户不可以对装配体添加新的配合关系。

11.7.1　生成爆炸视图

利用爆炸视图可以很形象地查看装配体中各个零部件之间的配合关系，它也常称为系统立体图。爆炸视图通常用于介绍零部件的组装流程、仪器的操作手册及产品使用说明书中。

【执行方式】

> ➤ 工具栏：单击"装配体"工具栏中的"爆炸视图"按钮 ✦。
> ➤ 菜单栏：选择菜单栏中的"插入"→"爆炸视图"命令。
> ➤ 选项卡：单击"装配体"选项卡中的"爆炸视图"按钮 ✦。

【选项说明】

执行上述操作，系统弹出"爆炸"属性管理器，如图11.115所示。该属性管理器中部分选项的含义如下。

（1）爆炸步骤：在该列表框中列出爆炸的零部件。可以拖动爆炸步骤以重新排序。

（2）添加阶梯。

1）常规步骤 ✦：单击该按钮时，可通过平移和旋转零部件对其进行爆炸。

2）径向步骤 ✿：围绕一个轴，按径向对齐或圆周对齐爆炸零部件。

3）爆炸步骤名称 ◢/◉：显示爆炸步骤的名称，可编辑该名称。

4）爆炸步骤零部件 ◈：显示选定零部件。

5）爆炸方向：显示爆炸方向。 单击"反转方向"按钮 ↗ 来反转方向。

6）爆炸距离 ◈：显示零部件要移动的距离。

7）旋转轴：对于带零部件旋转的爆炸步骤，指定旋转轴。单击反转方向 ↻ 来反转方向。

8）旋转角度 ◢：指定零部件旋转程度。

9）绕每个零部件的原点旋转：勾选该复选框，则将零部件指定为绕零部件原点旋转。

10）离散轴：勾选该复选框，则通过沿角度远离轴来爆炸零部件。

11）径向爆炸步骤的离散方向 ◈：指定离散角度。选择圆柱面、圆锥面、线性边线或轴，已选实体必须利用爆炸轴来创建角度。仅当选择离散轴时可用。

12）添加阶梯：单击该按钮，添加爆炸步骤。

13）重设：单击该按钮，将属性管理器中的选项重置为初始状态。

（3）选项。

1）选择子装配体零件：勾选该复选框，则可选择子装配体的单个零部件；否则选择整个子装配体。

2）沿原点爆炸零部件：勾选该复选框，则沿零部件原点爆炸零部件；否则零部件沿其边界框中心爆炸。

　　3）重新使用爆炸：使用子装配体或多实体零部件的爆炸步骤。

　　① 从子装配体：单击该按钮，重新使用子装配体的爆炸步骤。当子装配体具有爆炸视图时可用。

　　② 从零件：单击该按钮，重新使用多实体零件的爆炸步骤。当多实体零件具有爆炸视图时可用。

（a）

（b）

图 11.115　"爆炸"属性管理器

动手学——创建平移台装配体爆炸视图

本例对图 11.116 所示的平移台装配体创建爆炸视图。

【操作步骤】

　　（1）打开文件。单击"快速访问"工具栏中的"打开"按钮，系统弹出"打开"对话框。选择"平移台装配体"源文件，单击"打开"按钮，如图 11.116 所示。

　　（2）设置爆炸参数。单击"装配体"选项卡中的"爆炸视图"按钮，系统弹出"爆炸"属性管理器。❶选择"常规步骤"选项，❷勾选"选择子装配体零件"复选框，在绘图区中❸选择"后挡板堵盖"零部件，此时装配体中被选中的零件被亮显，并且出现一个动态坐标系，如图 11.117 所示。

◀» 注意：

　　　若要一次移动多个零部件，可按住 Shift 键，依次选择多个零部件即可。

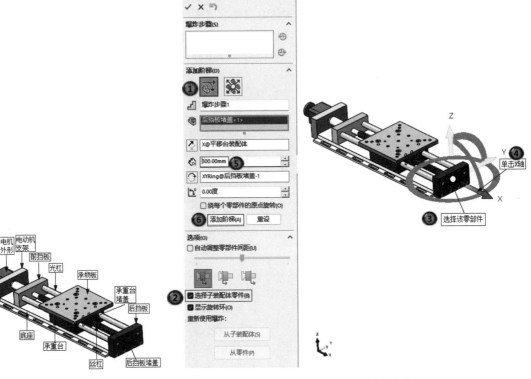

图 11.116　平移台装配体　　　　　　　　　　　图 11.117　爆炸参数设置

（3）移动零部件。④单击动态坐标系的 X 轴，⑤设置"爆炸距离"为 300.00mm，⑥单击"添加阶梯"按钮，第一个零部件爆炸完成。在"爆炸步骤"列表框中生成"爆炸步骤 1"，如图 11.118 所示。

图 11.118　第一个爆炸零部件视图

（4）使用同样的方法移动其他零部件，共有 8 个爆炸步骤。在爆炸步骤 6 中选择了两个光杠一起移动，在爆炸步骤 7 中选择了手轮、电机外形、电动机支架和前挡板一起移动，如图 11.119 所示。最终生成的爆炸视图如图 11.120 所示。

⚐技巧荟萃：

　　在生成爆炸视图时，建议将每个零部件在每个方向上的爆炸设置为一个爆炸步骤。如果一个零部件需要在三个方向上爆炸，建议使用三个爆炸步骤，这样可以很方便地修改爆炸视图。

图 11.119　生成的爆炸步骤

图 11.120　最终生成的爆炸视图

11.7.2　编辑爆炸视图

用户可以在装配体爆炸后编辑要添加、删除或重新定位零部件的爆炸步骤，也可以在生成爆炸视图时或保存爆炸视图之后编辑爆炸步骤。

编辑爆炸视图的方法有以下两种。

（1）在不重新打开"爆炸"属性管理器的情况下，沿其当前轴重新定位零部件。

（2）在 ConfigurationManager中展开爆炸视图，然后选择要更改的步骤，右击，在弹出的快捷菜单中选择"编辑爆炸步骤"命令，系统弹出"爆炸视图 1"属性管理器，此时可以对选择的爆炸步骤进行编辑。另外，还可以在 ConfigurationManager中通过绘图区显示的动态坐标轴进行拖动，如图 11.121 所示。

图 11.121　动态坐标轴

动手学——编辑移动轮装配体爆炸图

本例对图 11.122 所示的移动轮装配体爆炸图进行编辑。

【操作步骤】

（1）打开文件。单击"快速访问"工具栏中的"打开"按钮，系统弹出"打开"对话框。选择"移动轮装配体爆炸图"源文件，单击"打开"按钮，如图 11.122 所示。

（2）编辑爆炸图。单击 FeatureMannger 设计树右侧的 ConfigurationManager 按钮，打开配置。展开"爆炸视图 1"，❶右击"爆炸步骤 1"，❷在弹出的快捷菜单中选择"编辑爆炸步骤"命令，如图 11.123 所示。系统弹出"爆炸视图 1"属性管理器，此时"爆炸步骤 1"的爆炸设置显示在"在编辑爆炸步骤 1"选项组中。❸修改"在编辑爆炸步骤 1"选项组中的距离参数为 350.00mm，如图 11.124 所示。单击"完成"按钮，即可完成对爆炸视图的编辑。

扫一扫，看视频

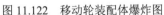

图 11.122　移动轮装配体爆炸图　　　　图 11.123　选择命令　　　　图 11.124　修改距离

（3）添加爆炸图。①在绘图区中选择"手轮"零部件，如图 11.125 所示。此时，在"爆炸步骤名称"列表框中显示爆炸名称为"爆炸步骤 9"，②拖动绘图区中的动态坐标轴的 X 轴向左移动，移动零部件，移动后的参数如图 11.126 所示。③单击"完成"按钮，完成爆炸图的添加，此时，在"爆炸步骤"列表框中增加了"爆炸步骤 9"，如图 11.127 所示。

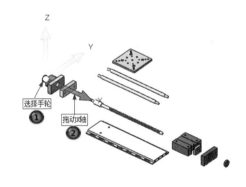

图 11.125　选择手轮　　　　图 11.126　移动参数　　　　图 11.127　"爆炸步骤"列表框

（4）删除爆炸步骤。①在"爆炸步骤"列表框中选择"爆炸步骤 6"，右击，②在弹出的快捷菜单中选择"删除"命令，如图 11.128 所示。该爆炸步骤就会被删除，"光杠"零部件恢复爆炸前的配合状态，如图 11.129 所示。

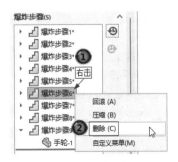

图 11.128　选择"删除"命令　　　　图 11.129　删除爆炸步骤 6 的结果

11.8　综合实例——齿轮泵装配

本例介绍齿轮泵的装配。齿轮泵装配体如图 11.130 所示。

图 11.130　齿轮泵装配体

11.8.1　支撑轴组件装配

本小节介绍支撑轴与齿轮的装配,如图 11.131 所示。

【操作步骤】

（1）新建装配体。单击"快速访问"工具栏中的"新建"按钮 📄,在弹出的"新建 SOLIDWORKS 文件"对话框中单击"装配体"按钮 🗒,然后单击"确定"按钮,创建一个新的装配体文件。

（2）插入支撑轴。系统弹出"开始装配体"属性管理器和"打开"对话框,选择"支撑轴"零部件,在绘图区中单击将其插入装配界面中,如图 11.132 所示。

图 11.131　支撑轴组件装配

（3）插入直齿圆柱齿轮 2。单击"装配体"选项卡中的"插入零部件"按钮 🖇,在弹出的"打开"对话框中选择"直齿圆柱齿轮 2",将其插入装配界面中,如图 11.133 所示。

（4）添加"同轴心"配合。单击"装配体"选项卡中的"配合"按钮 🖇,添加配合关系。选择直齿圆柱齿轮 2 的内孔和支撑轴的圆柱面,添加"同轴心"配合,结果如图 11.134 所示。

图 11.132　插入支撑轴

图 11.133　插入直齿圆柱齿轮 2

图 11.134　添加"同轴心"配合

（5）添加"重合"配合。在绘图区中拖动直齿圆柱齿轮 2 向左移动，如图 11.135 所示。选择直齿圆柱齿轮 2 的端面和支撑轴轴肩面，如图 11.136 所示。添加"重合"配合，结果如图 11.137 所示。

图 11.135　移动直齿圆柱齿轮 2　　　图 11.136　拾取配合面　　　图 11.137　添加"重合"配合

（6）保存文件。选择菜单栏中的"文件"→"保存"命令，将装配体文件保存为"支撑轴组件装配"。

11.8.2　传动轴组件装配

本小节介绍齿轮泵中的传动轴组件装配，如图 11.138 所示。

【操作步骤】

（1）新建装配体。单击"快速访问"工具栏中的"新建"按钮，在弹出的"新建 SOLIDWORKS 文件"对话框中单击"装配体"按钮，然后单击"确定"按钮，创建一个新的装配体文件。

（2）插入传动轴。系统弹出"开始装配体"属性管理器和"打开"对话框，选择"传动轴"零部件，在"打开"对话框中单击"打开"按钮，系统进入装配界面，光标变为　形状。选择菜单栏中的"视图"→"隐藏/显示"→"原点"命令，显示坐标原点。将光标移动至原点位置，光标变为　形状。在目标位置单击，将传动轴插入装配界面中，如图 11.139 所示。

（3）插入平键 1。单击"装配体"选项卡中的"插入零部件"按钮，在弹出的"打开"对话框中选择"平键 1"，将其插入装配界面中，结果如图 11.140 所示。

图 11.138　传动轴组件装配　　　图 11.139　插入传动轴　　　图 11.140　插入平键 1

（4）添加"重合"配合。单击"装配体"选项卡中的"配合"按钮，系统弹出"配合"属性管理器。选择平键 1 的底面 1 和传动轴键槽的底面 2 作为配合面，如图 11.141 所示。在"配合"属性管理器中系统自动选择"重合"配合，单击"确定"按钮，结果如图 11.142 所示。

（5）选择平键 1 的侧面和传动轴键槽的侧面添加"重合"配合，平键 1 的圆弧面和传动轴键槽的圆弧面添加"同轴心"配合，结果如图 11.143 所示。

图 11.141　选择配合面（1）

图 11.142　添加"重合"配合

图 11.143　键与键槽的配合

（6）插入直齿圆柱齿轮 1。单击"装配体"选项卡中的"插入零部件"按钮 🗃，在弹出的"打开"对话框中选择"直齿圆柱齿轮 1"，将其插入装配界面中，如图 11.144 所示。

（7）添加"重合"配合。单击"装配体"选项卡中的"配合"按钮 🖉，选择"直齿圆柱齿轮 1"键槽的侧面 1 和传动轴上平键 1 的侧面 2，如图 11.145 所示。添加"重合"配合，结果如图 11.146 所示。

图 11.144　插入直齿圆柱齿轮 1

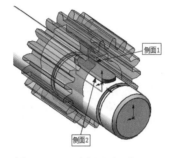
图 11.145　选择配合面（2）

图 11.146　重合配合结果

（8）添加"重合"配合。继续选择直齿圆柱齿轮 1 的端面和传动轴的轴肩面，如图 11.147 所示，添加"重合"配合。

（9）添加"同轴心"配合。选择直齿圆柱齿轮 1 的内孔和传动轴的圆柱面，添加"同轴心"配合。完成直齿圆柱齿轮 1 的装配，结果如图 11.148 所示。

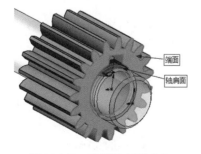
图 11.147　选择配合面（3）

图 11.148　直齿圆柱齿轮 1 的装配

（10）插入平键2。单击"装配体"选项卡中的"插入零部件"按钮💕，在弹出的"打开"对话框中选择"平键2"，将其插入装配界面中。

（11）添加配合关系。单击"装配体"选项卡中的"配合"按钮◎，添加平键2和传动轴的配合关系。其配合关系与平键1和传动轴的配合关系相同，即添加"重合"配合和"同轴心"配合，结果如图11.149所示。

（12）保存文件。选择菜单栏中的"文件"→"保存"命令，将装配体文件保存为"传动轴组件装配"。

图11.149　装配平键2

11.8.3　齿轮泵总装配

总装配是三维实体建模的最后阶段，也是建模过程的关键。用户可以使用配合关系来确定零件的位置和方向，既可以自下而上设计一个装配体，又可以自上而下地进行设计，或者两种方法结合使用。

齿轮泵总装配如图11.150所示。

【操作步骤】

1．插入齿轮泵基座

（1）新建装配体。单击"快速访问"工具栏中的"新建"按钮📄，在弹出的"新建SOLIDWORKS文件"对话框中单击"装配体"按钮📦，然后单击"确定"按钮，创建一个新的装配体文件。

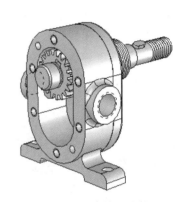

图11.150　齿轮泵总装配

（2）插入齿轮泵基座。系统弹出"开始装配体"属性管理器和"打开"对话框，选择"齿轮泵基座"零部件，单击"打开"按钮，系统进入装配界面，光标变为🔩形状。在绘图区中单击，将齿轮泵基座插入装配界面中，如图11.151所示。

2．装配齿轮泵后盖

（1）插入齿轮泵后盖。单击"装配体"选项卡中的"插入零部件"按钮💕，在弹出的"打开"对话框中选择"齿轮泵后盖"，将其插入装配界面中，如图11.152所示。

（2）添加"同轴心"配合1。单击"装配体"选项卡中的"配合"按钮◎，系统弹出"配合"属性管理器。选择图11.152中的齿轮泵基座的面1和齿轮泵后盖的轴孔的面2，添加"同轴心"配合。

（3）添加"同轴心"配合2。选择图11.152中的齿轮泵基座的面3和齿轮泵后盖的轴孔的面4，添加"同轴心"配合。

（4）添加"重合"配合。选择齿轮泵后盖的内端面和齿轮泵基座的端面，如图11.153所示。添加"重合"配合，单击"反转对齐"按钮📐，调整配合方向，结果如图11.154所示。

图 11.151　插入齿轮泵基座

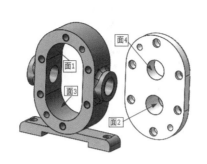

图 11.152　插入齿轮泵后盖

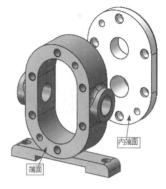

图 11.153　选择重合配合面 1

3. 插入传动轴组件装配

（1）插入传动轴组件装配。单击"装配体"选项卡中的"插入零部件"按钮，在弹出的"打开"对话框中选择文件类型为"装配体(*.asm；*.sldasm)"，然后选择"传动轴组件装配"文件，单击"打开"按钮，将其插入装配界面中，如图 11.155 所示。

（2）添加"重合"配合。单击"装配体"选项卡中的"配合"按钮，选择传动轴子装配体中的圆柱齿轮端面和齿轮泵后盖内端面，添加"重合"配合，单击"反转对齐"按钮，调整配合方向，结果如图 11.156 所示。

（3）添加"同轴心"配合。选择传动轴的圆柱面和齿轮泵后盖的上方内孔，添加"同轴心"配合，如图 11.157 所示。

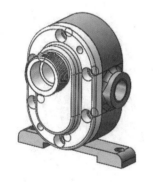

图 11.154　齿轮泵后盖装配

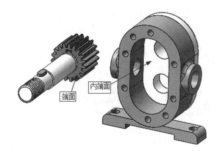

图 11.155　插入传动轴组件装配

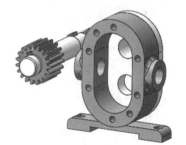

图 11.156　重合配合结果

4. 插入支撑轴组件装配

（1）插入支撑轴组件装配。单击"装配体"选项卡中的"插入零部件"按钮，在弹出的"打开"对话框中选择文件类型为"装配体(*.asm；*.sldasm)"，然后选择"支撑轴组件装配"文件，单击"打开"按钮，将其插入装配界面中，如图 11.158 所示。

（2）添加配合。选择图 11.158 中的支撑轴的圆柱面和齿轮泵后盖的内孔面，添加"同轴心"配合；选择图 11.158 所示的支撑轴子装配体中的直齿圆柱齿轮 2 的端面和齿轮泵后盖内端面，添加"重合"配合。单击"反转对齐"按钮，调整配合方向，装配结果如图 11.159 所示。

图 11.157　同轴心配合结果

图 11.158　插入支撑轴组件装配

图 11.159　支撑轴组件装配
配合结果

（3）旋转支撑轴组件装配体。单击"装配体"选项卡中的"旋转零部件"按钮 🔄，旋转支撑轴组件装配体，使其齿轮的轮齿与传动轴装配体齿轮的轮齿相互啮合，如图 11.160 所示。

5．装配齿轮泵前盖

（1）插入齿轮泵前盖。单击"装配体"选项卡中的"插入零部件"按钮 📂，插入"齿轮泵前盖"零部件，并通过动态坐标系将其旋转一定角度，如图 11.161 所示。

（2）添加配合关系。单击"装配体"选项卡中的"配合"按钮 🔗，选择图 11.161 中的传动轴的圆柱面 1 和齿轮泵前盖的内孔面 1，添加"同轴心"配合；选择图 11.161 中的支撑轴的圆柱面 2 和齿轮泵前盖的内孔面 2，添加"同轴心"配合；选择图 11.161 中的齿轮泵前盖的内端面和齿轮泵基座端面，添加"重合"配合，装配结果如图 11.162 所示。

图 11.160　旋转支撑轴
组件装配体

图 11.161　插入齿轮泵前盖

图 11.162　装配齿轮泵前盖

6．装配压紧螺母

（1）插入压紧螺母。单击"装配体"选项卡中的"插入零部件"按钮 📂，选择"压紧螺母"，将压紧螺母插入装配界面中，旋转后如图 11.163 所示。

（2）添加配合关系。选择图 11.163 中的压紧螺母的内圆柱面和齿轮泵后盖的外圆柱面，添加"同轴心"配合；选择图 11.163 中的压紧螺母的端面 1 和齿轮泵后盖的端面 2，添加"重合"配合，结果如图 11.164 所示。

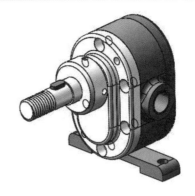

图 11.163　插入压紧螺母　　　　　　　　　　图 11.164　装配压紧螺母

7. 装配圆锥齿轮

（1）插入圆锥齿轮。单击"装配体"选项卡中的"插入零部件"按钮，选择"圆锥齿轮"，将圆锥齿轮插入装配界面中，如图 11.165 所示。

（2）添加配合关系。选择图 11.165 中的传动轴轴肩面和圆锥齿轮端面，添加"重合"配合；选择图 11.165 中的传动轴圆柱面和圆锥齿轮内孔面，添加"同轴心"配合；选择图 11.165 中的平键侧面和圆锥齿轮侧面，添加"重合"配合，结果如图 11.166 所示。

图 11.165　插入圆锥齿轮　　　　　　　　　　图 11.166　装配圆锥齿轮

8. 装配密封件和紧固件

（1）装配垫片。将垫片插入装配体中，分别添加垫片内孔和传动轴圆柱面的"同轴心"配合、垫片端面和圆锥齿轮端面的"重合"配合，结果如图 11.167 所示。

（2）装配螺母 M14。将螺母 M14 插入装配体中，分别添加螺母和传动轴的"同轴心"配合、螺母端面和垫片端面的"重合"配合，结果如图 11.168 所示。

（3）装配螺钉 M6×12。将螺钉 M6×12 插入装配体中，分别添加螺钉和螺钉通孔的"同轴心"配合、螺钉帽端面和螺钉通孔台阶面的"重合"配合，如图 11.169 所示。

（4）复制并装配其他螺钉。在 FeatureManager 设计树中选择螺钉 M6×12，然后按住 Ctrl 键，将螺钉 M6×12 拖入装配界面中，如图 11.170 所示。采用与上一步相同的方法添加配合，然后插入其他 4 个螺钉并进行装配，结果如图 11.171 所示。

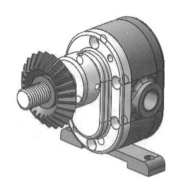
图 11.167　装配垫片

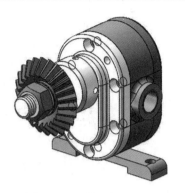
图 11.168　装配螺母 M14

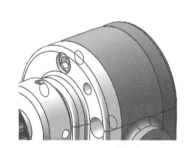
图 11.169　装配螺钉 M6×12

图 11.170　复制螺钉

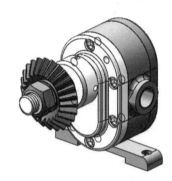
图 11.171　装配螺钉

（5）装配销。将齿轮泵中用于定位的销插入装配体中，分别添加销和销孔的"同轴心"配合、销端面和齿轮泵后盖端面的"重合"配合。复制并装配另一个销，结果如图 11.172 所示。

（6）镜像螺钉和销。单击"装配体"选项卡的"线性零部件阵列"下拉列表中的"镜像零部件"按钮，系统弹出"镜像零部件"属性管理器。在 FeatureManager 设计树中选择装配体的前视基准面作为镜像平面，按住 Shift 键，选中所有的螺钉和销，单击"下一步"按钮，再单击"X 已镜像并反转，Y 已镜像"按钮，最后单击"确定"按钮，结果如图 11.173 所示。

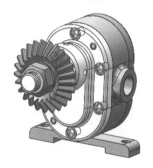
图 11.172　装配销

图 11.173　镜像螺钉和销

（7）保存文件。选择菜单栏中的"文件"→"另存为"命令，将装配体文件保存为"齿轮泵总装配"，结果如图 11.130 所示。

扫一扫，看视频

11.8.4　创建齿轮泵的爆炸视图

【操作步骤】

（1）执行"爆炸视图"命令。选择菜单栏中的"插入"→"爆炸视图"命令，系统弹出"爆炸"属性管理器，如图 11.174 所示。

（2）爆炸螺母 M14。在绘图区或装配体 FeatureManager 设计树中选择"螺母 M14"零件，设置沿 Z 轴的爆炸距离为−200.00mm，单击"反向"按钮，如图 11.175 所示。单击"添加阶梯"按钮，完成对"螺母 M14"零件的爆炸并生成"爆炸步骤 1"，结果如图 11.176 所示。

图 11.174　"爆炸"属性管理器　　　　图 11.175　爆炸设置 1　　　　图 11.176　螺母 M14 爆炸视图

（3）爆炸垫片。在绘图区或装配体 FeatureManager 设计树中选择"垫片"零件，设置沿 Z 轴的爆炸距离为 170.00mm，单击"反向"按钮，单击"添加阶梯"按钮，完成对"垫片"零件的爆炸并生成"爆炸步骤 2"，结果如图 11.177 所示。

（4）爆炸圆锥齿轮。在绘图区或装配体 FeatureManager 设计树中选择"圆锥齿轮"零件，设置沿 Z 轴的爆炸距离为−140.00mm，单击"添加阶梯"按钮，完成对"圆锥齿轮"零件的爆炸并生成"爆炸步骤 3"，结果如图 11.178 所示。

（5）爆炸压紧螺母。在绘图区或装配体 FeatureManager 设计树中选择"压紧螺母"零件，设置沿 Z 轴的爆炸距离为−130.00mm，单击"添加阶梯"按钮，完成对"压紧螺母"零件的爆炸并生成"爆炸步骤 4"，结果如图 11.179 所示。

（6）爆炸齿轮泵后盖上的螺栓。在绘图区或装配体 FeatureManager 设计树中选择齿轮泵后盖上的 6 个螺钉及 2 个销钉，设置沿 Z 轴的爆炸距离为-140.00mm，单击"添加阶梯"按钮，完成对齿轮泵后盖上螺栓的爆炸并生成"爆炸步骤5"，结果如图 11.180 所示。

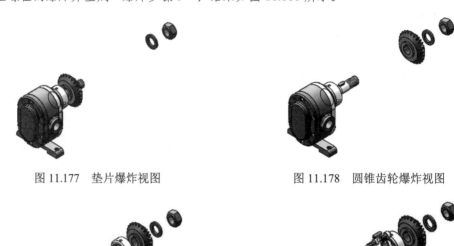

图 11.177　垫片爆炸视图　　　　　　　　　图 11.178　圆锥齿轮爆炸视图

图 11.179　压紧螺母爆炸视图　　　　　　　图 11.180　齿轮泵后盖上的螺栓爆炸视图

（7）爆炸齿轮泵后盖。在绘图区或装配体 FeatureManager 设计树中选择"齿轮泵后盖"零件，设置沿 Z 轴的爆炸距离为-90.00mm，单击"添加阶梯"按钮，完成对"齿轮泵后盖"零件的爆炸并生成"爆炸步骤6"，结果如图 11.181 所示。

（8）爆炸齿轮泵前盖上的螺栓。选择齿轮泵前盖上的 6 个螺钉及 2 个销钉，单击绘图区显示爆炸方向坐标中水平向左的方向，设置沿 Z 轴的爆炸距离为 100.00mm，单击"添加阶梯"按钮，完成对齿轮泵前盖上螺栓的爆炸并生成"爆炸步骤7"，结果如图 11.182 所示。

图 11.181　齿轮泵后盖爆炸视图　　　　　　图 11.182　齿轮泵前盖上的螺栓爆炸视图

（9）爆炸齿轮泵前盖。在绘图区或装配体 FeatureManager 设计树中选择"齿轮泵前盖"零件，设置沿 Z 轴的爆炸距离为 70.00mm，单击"添加阶梯"按钮，完成对"齿轮泵前盖"零件的爆炸并生成"爆炸步骤 8"，结果如图 11.183 所示。

（10）爆炸齿轮泵基座。在绘图区或装配体 FeatureManager 设计树中选择"齿轮泵基座"零件，设置沿 Z 轴的爆炸距离为 50.00mm，单击"添加阶梯"按钮，完成对"齿轮泵基座"零件的爆炸并生成"爆炸步骤 9"，结果如图 11.184 所示。

图 11.183　齿轮泵前盖爆炸视图　　　　图 11.184　齿轮泵基座爆炸视图

（11）爆炸支撑轴组件装配。在装配体 FeatureManager 设计树中选择"支撑轴组件装配"零件，单击绘图区中动态坐标系的 Y 轴，设置爆炸距离为−30.00mm，单击"添加阶梯"按钮，完成对"支撑轴组件装配"零件的爆炸并生成"爆炸步骤 10"。最终的爆炸视图如图 11.185 所示。

（12）若要解除爆炸，则在 ConfigurationManager 配置中右击"爆炸视图 1"，在弹出的快捷菜单中选择"解除爆炸"命令，如图 11.186 所示。

图 11.185　最终的爆炸视图　　　　　图 11.186　解除爆炸